MySQL数据库基础教程（云课版）

吴宁 ◉ 编著

人民邮电出版社
北京

图书在版编目（CIP）数据

MySQL数据库基础教程 ： 云课版 / 吴宁编著. -- 北京 ： 人民邮电出版社, 2021.1
（从零开始）
ISBN 978-7-115-51637-4

Ⅰ. ①M… Ⅱ. ①吴… Ⅲ. ①SQL语言－程序设计－教材 Ⅳ. ①TP311.132.3

中国版本图书馆CIP数据核字(2020)第208267号

内容提要

本书用实例引导读者学习，深入浅出地介绍了 MySQL 的相关知识和实战技能。

本书第 1～3 章主要讲解 MySQL 数据库的基础知识、MySQL 管理工具的使用以及数据库的基本操作等，第 4～10 章主要讲解数据表的基本操作、MySQL 的数据类型和运算符、MySQL 函数、查询语句、存储过程与函数、触发程序以及视图等，第 11 章主要讲解 MySQL 的备份和恢复。

本书适合任何想学习 MySQL 的读者，无论您是否从事计算机相关行业，是否接触过 MySQL，均可通过阅读本书快速掌握 MySQL 的开发方法和技巧。

◆ 编　　著　吴　宁
　责任编辑　李永涛
　责任印制　马振武

◆ 人民邮电出版社出版发行　　北京市丰台区成寿寺路 11 号
　邮编　100164　　电子邮件　315@ptpress.com.cn
　网址　https://www.ptpress.com.cn
　山东百润本色印刷有限公司印刷

◆ 开本：787×1092　1/16
　印张：19
　字数：486 千字　　　　2021 年 1 月第 1 版
　印数：1 – 2 000 册　　　2021 年 1 月山东第 1 次印刷

定价：69.80 元

读者服务热线：(010)81055410　印装质量热线：(010)81055316
反盗版热线：(010)81055315
广告经营许可证：京东市监广登字 20170147 号

前　言

计算机是人类社会进入信息时代的重要标志，掌握丰富的计算机知识、正确熟练地操作计算机已成为信息时代对每个人的要求。鉴于此，我们认真总结教材编写经验，深入调研各地、各类学校的教材需求，组织优秀的、具有丰富教学和实践经验的作者团队，精心编写了这套“从零开始”丛书，以帮助各类学校或培训班快速培养优秀的技能型人才。

本着“学用结合”的原则，我们在教学方法、教学内容以及教学资源上都做出了自己的特色。

教学方法

本书采用“本章导读→课堂讲解→范例实战→疑难解析→实战练习”五段教学法，旨在激发读者学习兴趣，细致讲解理论知识，重点训练动手能力，有针对性地解答常见问题，并通过课后练习帮助读者强化巩固所学的知识和技能。

◎ 本章导读：对本课相关知识点应用于哪些实际情况，以及其与前后知识点之间的联系进行概述，并给出学习课时和学习目标的建议，以便读者明确学习方向。

◎ 课堂讲解：深入浅出地讲解理论知识，在贴近实际应用的同时，突出重点、难点，帮助读者深化理解所学知识，触类旁通。

◎ 范例实战：紧密结合课堂讲解的内容和实际工作要求，逐一讲解MySQL数据库的实际应用，通过范例的形式，帮助读者在实战中掌握知识，轻松拥有项目经验。

◎ 疑难解析：我们根据十多年的教学经验，精选出读者在理论学习和实际操作中经常会遇到的问题并进行答疑解惑，以帮助读者吃透理论知识和掌握其应用方法。

◎ 课后练习：结合每课内容给出难度适中的上机操作题，帮助读者通过练习，强化巩固每课所学知识，达到温故而知新。

教学内容

本书教学目标是循序渐进地帮助学生掌握MySQL数据库的相关知识。全书共有11章，可分为3部分，具体内容如下。

◎ 第1部分（第1～3章）：MySQL入门基础。主要讲解MySQL数据库的基础知识、MySQL管理工具的使用以及数据库的基本操作等。

◎ 第2部分（第4～10章）：MySQL核心技术。主要讲解数据表的基本操作、MySQL的数据类型和运算符、MySQL函数、查询语句、存储过程与函数、触发程序以及视图等。

◎ 第3部分（第11章）：MySQL高级应用。主要讲解MySQL的备份和恢复。

课时计划

为方便阅读本书，特提供如下表所示的课程课时分配建议表。

课程课时分配（66课时版44+22）

章号	标题	总课时	理论课时	实践课时
1	MySQL 数据库基础	2	2	0
2	MySQL 的安装与配置	4	2	2
3	数据库的基本操作	4	2	2
4	数据表的基本操作	8	6	2
5	MySQL 的数据类型和运算符	6	4	2
6	MySQL 函数	4	2	2
7	查询语句详解	10	8	2
8	存储过程与函数	8	6	2
9	触发程序	6	4	2
10	视图	6	4	2
11	数据库的高级操作	6	4	2
合计		64	44	20

学习资源

◎ 9小时全程同步教学录像

涵盖本书所有知识点，详细讲解每个范例及项目的开发过程与关键点，帮助读者更轻松地掌握MySQL数据库知识。

◎ 超多资源大放送

赠送大量资源，包括软件开发文档模板、MySQL数据库远程连接开启方法电子书、MySQL安全配置电子书、MySQL常用维护管理工具电子书、MySQL数据备份电子书、MySQL常用命令电子书、MySQL数据库优化——SQL、MySQL修改root密码方法电子书、PHP连接MySQL实例、MySQL常见面试题等。

◎ 资源获取

读者可以申请加入编程语言交流学习群（QQ：829094243）和其他读者进行交流。

读者可以使用微信扫描封底二维码，关注“职场精进指南”公众号，发送“51637”后，将获得资源下载链接和提取码。将下载链接复制到任何浏览器中并访问下载页面，即可通过提取码下载本书的学习资源。

作者团队

本书由吴宁编著，参与本书编写、资料整理、多媒体开发及程序调试的人员还有岳福丽、冯国香、王会月、贾子禾、胡波等。

在编写过程中，我们竭尽所能地将优秀的讲解呈现给读者，但也难免有疏漏和不妥之处，敬请广大读者不吝指正。若读者在阅读本书过程中产生疑问或有任何建议，均可发送电子邮件至liyongtao@ptpress.com.cn。

龙马高新教育

2020年11月

目　录

第1章　MySQL数据库基础 1

1.1　数据库的基本概念 2

1.2　关系型数据模型 3

　1.2.1　关系型数据模型的结构 3

　1.2.2　关系型数据模型的操作与完整性 5

　1.2.3　关系型数据模型的存储结构 7

1.3　关系型数据模型中的数据依赖与范式 8

1.4　常见的关系型数据库管理系统 9

1.5　MySQL简介 11

　1.5.1　MySQL的版本 11

　1.5.2　MySQL的优势 11

　1.5.3　MySQL数据库系统的体系结构 ... 12

1.6　本章小结 13

1.7　疑难解答 13

1.8　实战练习 14

第2章　MySQL的安装与配置 15

2.1　安装MySQL 16

　2.1.1　开源软件的特点 16

　2.1.2　在Windows系统环境下的安装 16

　2.1.3　在Linux系统环境下的安装 23

2.2　可视化管理工具的选择与安装 ... 24

　2.2.1　选择和下载可视化管理工具 24

　2.2.2　在Linux系统环境下的安装 25

　2.2.3　在Windows系统环境下的安装 26

　2.2.4　可视化管理工具的使用 28

2.3　测试安装环境 36

2.4　卸载MySQL 39

2.5　本章小结 39

2.6　疑难解答 39

2.7　实战练习 40

第3章　数据库的基本操作 41

3.1　创建数据库 42

3.2　删除数据库 42

3.3　数据库的存储引擎 43

　3.3.1　MySQL 5.6所支持的存储引擎 43

　3.3.2　InnoDB存储引擎 45

　3.3.3　MyISAM存储引擎 45

　3.3.4　MEMORY存储引擎 46

　3.3.5　选择存储引擎 46

3.4　综合案例——数据库的创建、查看和删除 47

3.5　本章小结 48

3.6　疑难解答 48

3.7　实战练习 48

第4章　数据表的基本操作 49

4.1　创建数据表 50

　4.1.1　创建表的语法形式 50

　4.1.2　主键约束 51

　4.1.3　外键约束 52

　4.1.4　非空约束 54

　4.1.5　唯一性约束 54

4.1.6 默认约束 55

4.1.7 设置数据表的属性值自动增加 55

4.2 查看数据表结构 56

4.2.1 查看表基本结构 57

4.2.2 查看表详细结构 58

4.3 修改数据表 58

4.3.1 修改表名 58

4.3.2 修改字段数据类型 59

4.3.3 修改字段名 60

4.3.4 添加字段 61

4.3.5 删除字段 64

4.3.6 修改字段排序 65

4.3.7 更改表的存储引擎 66

4.3.8 删除表的外键约束 67

4.4 删除数据表 68

4.4.1 删除没有被关联的表 68

4.4.2 删除被其他表关联的主表 68

4.5 综合案例——解除主表和从表间的关联关系 70

4.6 本章小结 71

4.7 疑难解答 71

4.8 实战练习 72

第5章 MySQL的数据类型和运算符 73

5.1 MySQL数据类型 74

5.1.1 整数类型 74

5.1.2 浮点数类型和定点数类型 76

5.1.3 日期与时间类型 77

5.1.4 字符串类型 89

5.1.5 二进制类型 95

5.2 如何选择数据类型 99

5.3 常见运算符 101

5.3.1 运算符概述 101

5.3.2 算术运算符 101

5.3.3 比较运算符 103

5.3.4 逻辑运算符 111

5.3.5 位运算符 114

5.4 综合案例——系统时区的改变 118

5.5 本章小结 119

5.6 疑难解答 120

5.7 实战练习 120

第6章 MySQL函数 121

6.1 数学函数 122

6.2 字符串函数 126

6.3 日期和时间函数 133

6.4 控制流函数 147

6.5 系统信息函数 149

6.6 加密函数 152

6.7 其他函数 154

6.8 综合案例——查询系统中当前用户的连接信息 157

6.9 本章小结 158

6.10 疑难解答 158

6.11 实战练习 160

第7章 查询语句详解 161

7.1 学生—课程数据库 162

7.2 基本查询语句 162

7.2.1 单表查询 163

7.2.2 查询表中的部分字段 163

7.2.3 查询表中的所有字段 163

7.2.4 查询经过计算的值 164

7.2.5 查询表中的若干记录 165

7.3 对查询结果进行排序 172

7.4 统计函数和分组记录查询 173

7.5 GROUP BY 子句 176

7.6 使用LIMIT限制查询结果的数量 179

7.7 连接查询 180

7.8 子查询 184

7.9 合并查询结果 189

7.10 使用正则表达式表示查询 191

7.11 综合案例——查询课程数据库 196

7.12 本章小结 199

7.13 疑难解答 199

7.14 实战练习 200

第8章 存储过程与函数 201

8.1 存储过程的定义 202

8.2 存储过程的创建 202

8.3 存储过程的操作 204

8.3.1 存储过程的调用 205

8.3.2 存储过程的查看 205

8.3.3 存储过程的删除 209

8.4 自定义函数 210

8.4.1 自定义函数的创建 210

8.4.2 自定义函数的调用 211

8.4.3 变量 212

8.4.4 流程控制语句 213

8.4.5 光标的使用 217

8.4.6 定义条件和处理程序 218

8.5 综合案例——统计雇员表 220

8.6 本章小结 223

8.7 疑难解答 223

8.8 实战练习 224

第9章 触发程序 225

9.1 触发程序的定义 226

9.2 触发程序的创建 226

9.3 触发程序的操作 230

9.3.1 查看触发程序 230

9.3.2 删除触发程序 233

9.4 综合案例——触发程序的使用 233

9.5 本章小结 238

9.6 疑难解答 238

9.7 实战练习 238

第10章 视图 239

10.1 视图的定义 240

10.2 视图的创建、修改和删除 240

10.2.1 创建视图 240

10.2.2 修改视图 248

10.2.3 删除视图 252

10.3 综合案例——使用视图虚拟出数据表 252

10.4 本章小结 258

10.5 疑难解答 258

10.6 实战练习 266

第11章 数据库的高级操作 267

11.1 数据库的备份和恢复 268

11.1.1 数据库备份的意义 268

11.1.2 逻辑备份和恢复 269
11.1.3 物理备份和恢复 273
11.1.4 各种备份与恢复方法的具体实现................................ 274
11.2 权限管理................................ 285
11.3 用户账户管理 288
11.4 安全管理................................ 290
11.5 综合案例——通过phpMyAdmin实现备份和恢复 291
11.6 本章小结................................ 293
11.7 疑难解答................................ 293
11.8 实战练习................................ 296

第1章 MySQL数据库基础

本章导读

MySQL是一个小型关系型数据库管理系统，开发者为瑞典MySQL AB公司。该公司在2008年1月16日被Sun公司收购，而2009年，Sun又被甲骨文（Oracle）公司收购。由于其占用空间小、速度快，尤其是开放源码，目前MySQL被广泛地应用在互联网上的中小型网站中。通过本章的学习，读者将掌握MySQL的安装过程，以及如何配置MySQL。

本章课时：理论2学时

学习目标

- 数据库的基本概念
- 关系型数据模型
- 关系型数据模型中的数据依赖与范式
- 常见的关系型数据库管理系统
- MySQL简介

1.1 数据库的基本概念

数据库（DataBase，DB）是一个存储数据的仓库。为了方便数据的存储和管理，它将数据按照特定的规律存储在磁盘上。数据库管理系统可以有效地组织和管理存储在数据库中的数据。如今，已有 Oracle、SQL Server 和 MySQL 等诸多优秀的数据库。

要想学好 MySQL，就必须对数据库的概念和基础知识有所了解。

1. 什么是数据库

数据库是按照数据结构来组织、存储和管理数据的仓库。随着信息技术和市场的发展，特别是 20 世纪 90 年代以后，数据管理不再仅仅是存储和管理数据，而转变成用户所需要的各种数据管理的方式。数据库有很多种类型，从最简单的存储有各种数据的表格到能够进行海量数据存储的大型数据库系统，在各个方面都得到了广泛的应用。

数据库是一个长期存储在计算机内的、有组织的、有共享的、统一管理的数据集合。它是一个按数据结构来存储和管理数据的计算机软件系统。也就是说，数据库包含有两种含义：保管数据的“仓库”，以及管理数据的方法和技术。

数据库的发展大致可以划分为以下几个阶段：人工管理阶段、文件系统阶段、数据库系统阶段、高级数据库阶段。根据数据结构的联系和组织，数据库大致可以分为 3 类：层次式数据库、网络式数据库和关系型数据库。

不管是哪种类型的数据库，都应该有以下共同的属性：采用特定的数据类型；增加数据共享、减少数据冗余；具有较高的数据独立性；具有统一的数据控制功能。

常见的数据库有甲骨文公司的 Oracle、IBM 公司的 DB2、微软公司的 Access 与 SQL Server 以及本书将要详细介绍的 MySQL。

2. 数据库系统

数据库系统包括 3 个主要的组成部分。

(1) 数据库：用于存储数据的存储空间。

(2) 数据库管理系统：用于管理数据库的软件。

(3) 数据库应用程序：为了提高数据库系统的处理能力所使用的管理数据库的软件补充。

数据库（DataBase，DB）提供一个存储空间用于存储数据，就像一个仓库一样，可以存储很多种不同的文件。一个数据库系统可能包含多种数据库。

数据库管理系统（Database Management System，DBMS）是用于创建、管理和维护数据库的软件，介于用户和操作系统之间，对数据库进行管理。DBMS 能定义数据存储结构，提供数据的操作机制，维护数据库的安全性、完整性和可靠性。

数据库应用程序（Database Application），相对于 DBMS，数据库应用程序可以帮助用户实现对数据库操作的更高要求，可以让管理过程更加直观和友好，如图 1–1 所示。

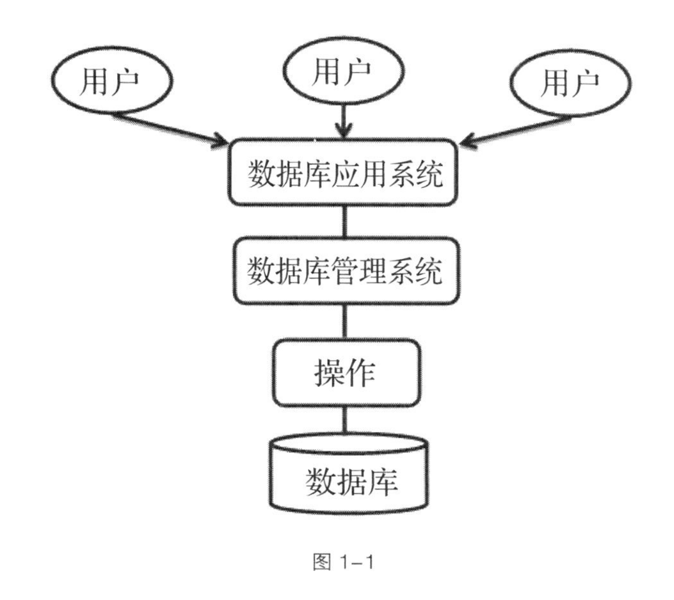

图 1–1

3. SQL 语言

SQL 的含义是结构化查询语言（Structured Query Language），它是用来实现对数据库进行查询和修改操作的标准语言。

SQL 语言包含以下 4 个部分。

(1) 数据定义语言（DDL）：DROP、CREATE、ALTER 等语句。

(2) 数据操作语言（DML）：INSERT、UPDATE、DELETE 语句。

(3) 数据查询语言（DQL）：SELECT 语句。

(4) 数据控制语言（DCL）：GRANT、REVOKE、COMMIT、ROLLBACK 等语句。

这里不对上述语句一一说明，只是给读者一个直观的印象，后面的章节中将会详细介绍这些知识。

4. 数据库访问技术

数据库存储的程序最终是要为软件服务的，因此，程序通过数据库访问技术访问调用数据库。不同的程序设计语言会采用不同的数据库访问技术。主要的数据库访问技术有 ODBC、JDBC、ADO.NET、PDO 等。

1.2 关系型数据模型

本节主要介绍关系型数据模型，以及 MySQL 体系结构，让读者对 MySQL 有个整体上的认识。

1.2.1 关系型数据模型的结构

建立数据库系统离不开数据模型。模型是对现实世界的抽象，在数据库技术中，用模型的概念描述数据库的结构与语义，对现实世界进行抽象。能表示实体类型及实体间联系的模型称为“数据模型”。数据模型的种类很多，目前被广泛使用的有两种类型。

一种是独立于计算机系统的数据模型，完全不涉及信息在计算机中的表示，只是用来描述某个特定组织所关心的信息结构，这种模型称为“概念数据模型”。概念模型是按用户的观点对数据建模，强调其语义表达能力，概念应该简单、清晰、易于用户理解，它是对现实世界的第一层抽象，是用户和数据库设计人员之间进行交流的工具。其典型代表就是著名的“实体－关系模型”。

另一种数据模型是直接面向数据库的逻辑结构，它是对现实世界的第二层抽象。这种模型直接与数据库管理系统有关，称为“逻辑数据模型”，包括层次模型、网状模型、关系模型和面向对象模型。逻辑数据模型应该包含数据结构、数据操作和数据完整性约束 3 个部分，通常有一组严格定义的无二义性语法和语义的数据库语言，人们可以用这种语言来定义、操作数据库中的数据。在逻辑数据模型的 4 种模型中，层次模型和网状模型已经很少应用，而面向对象模型比较复杂，尚未达到关系模型数据库的普及程度。目前理论成熟、使用普及的模型就是关系模型。

关系模型是由若干个关系模式组成的集合，关系模式的实例称为关系，每个关系实际上是一张二维表格。关系模型用键导航数据，其表格简单，用户只需用简单的查询语句就可以对数据库进行操作，并不涉及存储结构、访问技术等细节。SQL 语言是关系数据库的代表性语言，已经得到了广泛的应用。典型的关系数据库产品有 DB2、Oracle、Sybase、SQL Server 等。

关系数据库是以关系模型为基础的数据库，是一种根据表、元组、字段之间的关系进行组织和访问数据的数据库，它通过若干个表来存取数据，并且通过关系将这些表联系在一起。关系数据库是目前应用最广泛的数据库。关系数据是支持关系模型的数据库，下面先介绍关系数据模型。

目前，在实际数据库系统中支持的数据模型主要有 3 种：层次模型（Hierarchical Model）、网状模型（Network Model）和关系模型（Relational Model）。20 世纪 80 年代以来，计算机厂商推出的数据库管理系统大都是支持关系模型的数据库系统。关系模型已经占领市场主导地位。

关系模型有 3 个组成部分：数据结构、数据操作和完整性规则。

关系模型建立在严格的数学概念的基础上，它用二维表来描述实体与实体间的联系。下面以学生信息表（见表 1–1）为例，介绍关系模型中的一些术语。

表 1–1　学生信息表

学号	姓名	年龄	性别	系别
20120501	李光	20	男	计算机
20120502	汪峰	20	男	计算机
20120503	刘勇	20	男	计算机
20120504	张芳	19	女	计算机

(1) 关系（Relation）：对应通常所说的一张表。

(2) 元组（Tuple）：表中的一行即为一个元组，可以用来标识实体集中的一个实体，表中任意两行（元组）不能相同。

(3) 属性（Attribute）：表中的一列即为一个属性，给每个属性起一个名称即属性名，表中的属性名不能相同。

(4) 主键（Key）：表中的某个属性组，它可以唯一确定一个元组。

(5) 域（Domain）：列的取值范围称为域，同列具有相同的域，不同的列也可以有相同的域。

(6) 分量：元组中的一个属性值。

(7) 关系模式：对关系的描述，可表示为关系名（属性 1，属性 2，…，属性 n）。例如，上面的关系可以描述为学生（学号，姓名，年龄，性别，系别）。

一个关系模型是若干个关系模式的集合。在关系模型中，实体以及实体间的联系都是用关系来表示的。例如学生、课程、学生与课程之间的多对多联系在关系模型中可以如下所示。

学生（学号，姓名，年龄，性别，系别）

课程（课程号，课程名，学分）

选修（学号，课程号，成绩）

由于关系模型概念简单、清晰、易懂、易用，并有严密的数学基础以及在此基础上发展起来的关系数据理论，简化了程序开发及数据库建立的工作量，因而迅速获得了广泛的应用，并在数据库系统中占据了统治地位。

尽管关系与传统的二维表格数据文件具有类似之处，但是它们又有区别，严格地说，关系是一种规范化的二维表格，具有如下性质。

(1) 属性值具有原子性，不可分解。

(2) 没有重复的元组。

(3) 理论上没有行序，但是使用时有时可以有行序。在关系数据库中，关键码（简称键）是关系模型的一个重要概念，是用来标识行（元组）的一个或几个列（属性）。如果键是唯一的属性，则称为唯一键；反之由多个属性组成，则称为复合键。

键的主要类型如下。

(1) 超键：在一个关系中，能唯一标识元组的属性或属性集称为关系的超键。

(2) 候选键：如果一个属性集能唯一标识元组，且不含有多余的属性，那么这个属性集称为关系的候选键。

(3) 主键：如果一个关系中有多个候选键，则选择其中的一个键为关系的主键。用主键可以实现关系定义中“表中任意两行（元组）不能相同”的约束。

例如，在一个数据库图书管理系统中，可将图书明细表中的图书编号列假设是唯一的，因为图书馆管理员是通过该编号对图书进行操作的。因此，把图书编号作为主键是最佳的选择，而如果使用图书名称列作为主键则会存在问题。为此，最好创建一个单独的键将其明确地指定为主键，这种唯一标识符在现实生活中很普遍，例如身份证号、牌照号、订单号、学生标识号和航班号等。

(4) 外键：如果一个关系 R 中包含另一个关系 S 的主键所对应的属性组 F，则称此属性组 F 为关系 R 的外键，并称关系 S 为参照关系，关系 R 是依赖关系。为了表示关联，可以将一个关系的主键作为属性放入另外一个关系中，第二个关系中的那些属性就称为外键。

例如，同样是在图书管理系统数据库，有一个出版社表用来描述出版社的各种信息，如电话、地址和网址等，在该表中使用“出版社编号”作为主键。为了表示图书与出版社之间的联系，可以将出版社表中的主键“出版社编号”作为新列添加到图书明细表中。

在这种情况下，图书明细表中的“出版社编号”就被称为外键，因为“出版社编号”是其所在表以外（出版社表）的一个主键。当出现外键时，主键与外键的列名称可以是不同的。但必须要求它们的值集相同，即图书明细表中出现的“出版社编号”一定要和出版社表中的值匹配。

1.2.2 关系型数据模型的操作与完整性

关系模型提供一组完备的高级关系运算，以支持对数据库的各种操作。

关系数据库的数据操作语言（Data Manipulation Language，DML）的语句分为查询语句和更新语句两大类。查询语句用于描述用户的各类检索要求；更新语句用于描述用户的插入、修改和删除等操作。关系数据操作语言建立在关系代数基础上，具有以下特点。

(1) 以关系为单位进行数据操作，操作的结果也是关系。

(2) 非过程性强。很多操作只需指出做什么，而无需步步引导怎么去做。

(3) 以关系代数为基础，借助于传统的集合运算和专门的关系运算，使关系数据语言具有很强的数据操作能力。

下面介绍在数据操作语言中对数据库进行查询和更新等操作的语句。

◎ SELECT 语句：按指定的条件在一个数据库中查询的结果，返回的结果被看作记录的集合。

◎ SELECT…INTO 语句：用于创建一个查询表。

◎ INSERT INTO 语句：用于向一个表添加一个或多个记录。

◎ UPDATE 语句：用于创建一个更新查询，根据指定的条件更改指定表中的字段值。该语句不生成结果集，而且当使用更新查询更新记录之后，不能取消这次操作。

◎ DELETE 语句：用于创建一个删除查询，可从列在 FROM 子句之中的一个或多个表中删除记录，且该子句满足 WHERE 子句中的条件，可以使用 DELETE 删除多个记录。

◎ INNER JOIN 操作：用于组合两个表中的记录，只要在公共字段之中有相符的值。可以在任何 FROM 子句中使用 INNER JOIN 运算，这是最普通的连接类型。只要在这两个表的公共字段之中有相符的值，内部连接将组合两个表中的记录。

◎ LEFT JOIN 操作：用于在任何 FROM 子句中组合来源表的记录。使用 LEFT JOIN 运算来创建一个左边外部连接。左边外部连接将包含从第一个（左边）开始的两个表中的全部记录，即使在第二个（右边）表中并没有相符值的记录。

◎ RIGHT JOIN 操作：用于在任何 FROM 子句中组合来源表的记录。使用 RIGHT JOIN 运算创建一个右边外部连接。右边外部连接将包含从第二个（右边）表开始的两个表中的全部记录，即使在第一个（左边）表中并没有匹配值的记录。

◎ PARAMETERS 声明：用于声明在参数查询中的每一个参数的名称及数据类型。该声明是可选的，但是当使用时，须置于任何其他语句之前，包括 SELECT 语句。

◎ UNION 操作：用于创建一个联合查询，它组合了两个或更多的独立查询或表的结果。所有在一个联合运算中的查询，都须请求相同数目的字段，但是字段不必大小相同或数据类型相同。

根据关系数据理论和 Codd 准则的定义，一种语言必须能处理与数据库的所有通信问题，这种语言有时也称为“综合数据专用语言”。该语言在关系型数据库管理系统中就是 SQL。SQL 的使用主要通过数据操作、数据定义和数据管理三种操作实现。其中 Codd 提出了 RDBMS 的 12 项准则。

(1) 信息准则：关系数据库中的所有信息都应在逻辑一层上用表中的值显式地表示。

(2) 保证访问准则：依靠于表名、主键和列名，保证能以逻辑方式访问数据库中的每个数据项。

(3) 空值的系统化处理：RDBMS 支持空值（不同于空的字符串或空白字符串，并且不为 0）系统化地表示缺少的信息，且与数据类型无关。

(4) 基于关系模型的联机目录：数据库的描述在逻辑上应该和一般数据采用同样的方式，使得授权用户可以使用查询一般数据所用的关系语言来查询数据库的描述信息。

(5) 统一的数据子语言准则：一个关系系统可以具有多种语言和多种终端使用方式（如表格填空方式、命令行方式等）。但是，必须有一种语言，它的语句可以表示为具有严格语法规定的字符串，并能全面地支持以下功能：数据定义、视图定义、数据操作（交互式或程序式）、完整约束、授权、事务控制（事务开始、提交、撤销）。

⑹ 视图更新准则：所有理论上可更新的视图也应该允许由系统更新。

⑺ 高阶的插入、更新和删除：把一个基本关系或导出关系作为一个操作对象进行数据的检索以及插入、更新和删除。

⑻ 数据的物理独立性：无论数据库的数据在存储表示上或存取方法上做何种变化，应用程序和终端活动都要保持逻辑上的不变性。

⑼ 数据的逻辑独立性：当基本表中进行理论上信息不受损害的任何变化时，应用程序和终端活动都要保持逻辑上的不变性。

⑽ 数据完整的独立性：关系数据库的完整性约束必须是用数据子语言定义并存储在目录中的，而不是在应用程序中加以定义的。至少要支持以下两种约束：① 实体完整性，即主键中的属性不允许为空值（NULL）；② 参照完整性，即对于关系数据库中每个不同的非空的外码值，必须存在一个取自同一个域匹配的主键值。

⑾ 分布独立性：一个 RDBMS 应该具有分布独立性。分布独立性是指用户不必了解数据库是否是分布式的。

⑿ 无破坏准则：如果 RDBMS 有一个低级语言（一次处理一个记录），这一低级语言不能违背或绕过完整性准则以及高级关系语言（一次处理若干记录）表达的约束。

数据库管理系统是对数据进行管理的大型系统软件，它是数据库系统的核心组成部分，用户在数据库系统中的一切操作，包括数据定义、查询、更新及各种控制，都是通过 DBMS 进行的。

关系模型的完整性规则是对数据的约束。关系模型提供了 3 类完整性规则：实体完整性规则、参照完整性规则和用户定义的完整性规则。其中实体完整性规则和参照完整性规则是关系模型必须满足的完整性的约束条件，称为关系完整性规则。

◎ 实体完整性：指关系的主属性（主键的组成部分）不能是 NULL。NULL 就是指不知道或是不能使用的值，它与数值 0 和空字符串的意义都不一样。

◎ 参照完整性：如果关系的外键 R1 与关系 R2 中的主键相符，那么外键的每个值必须能在关系 R2 中主键的值中找到或者是空值。

◎ 用户定义完整性：是针对某一具体的实际数据库的约束条件。它由应用环境所决定，反映某一具体应用所涉及的数据必须满足的要求。关系模型提供定义和检验这类完整性的机制，以便用统一、系统的方法处理，而不必由应用程序承担这一功能。

1.2.3 关系型数据模型的存储结构

以关系数学理论为基础，用二维表结构来表示实体以及实体之间联系的模型称为关系模型。在关系模型中，把数据看成是二维表中的元素，操作的对象和结果都是二维表，一张二维表就是一个关系。关系模型与层次模型、网状模型的本质区别在于数据描述的一致性，模型概念单一。在关系型数据库中，每一个关系都是一个二维表，无论实体本身还是实体间的联系均用称为“关系”的二维表来表示，它由表名、行和列组成。表的每一行代表一个元组，每一列称为一个属性，使描述实体的数据本身能够自然地反映它们之间的联系。而传统的层次型和网状型数据库是使用链接指针来存储和体现联系的。尽管关系型数据库管理系统比层次型和网状型数据库管理系统出现得晚了很多年，但关系型数据库以其完备的理论基础、简单的模型、说明性的查询语言和使用方便等优点得到了最广泛的应用。

1.3 关系型数据模型中的数据依赖与范式

在数据库中，数据之间存在着密切的联系。关系数据库由相互联系的一组关系所组成，每个关系包括关系模式和关系值两个方面。关系模式是对关系的抽象定义，给出关系的具体结构；关系的值是关系的具体内容，反映关系在某一时刻的状态。一个关系包含许多元组，每个元组都是符合关系模式结构的一个具体值，并且都分属于相应的属性。在关系数据库中的每个关系都需要进行规范化，使之达到一定的规范化程度，从而提高数据的结构化、共享性、一致性和可操作性。关系模型原理的核心内容就是规范化概念，规范化是把数据库组织成在保持存储数据完整性的同时最小化冗余数据的结构的过程。规范化的数据库必须符合关系模型的范式规则。范式可以防止在使用数据库时出现不一致的数据，并防止数据丢失。关系模型的范式有第一范式、第二范式、第三范式和 BCNF 范式等多种。在这些定义中，高级范式根据定义属于所有低级的范式。第三范式中的关系属于第二范式，第二范式中的关系属于第一范式。下面介绍规范化的过程。

1. 第一范式

第一范式是第二范式和第三范式的基础，是最基本的范式。第一范式包括下列指导原则。

(1) 数据组的每个属性只可以包含一个值。

(2) 关系中的每个数组必须包含相同数量的值。

(3) 关系中的每个数组一定不能相同。

如果关系模式 R 中的所有属性值都是不可再分解的原子值，那么就称此关系 R 是第一范式（First Normal Form，1NF）的关系模式。在关系型数据库管理系统中，涉及的研究对象都是满足 1NF 的规范化关系，不是 1NF 的关系称为非规范化的关系。例如，表 1-2 中的第 4 和第 5 行的 2、3 数组违反了第一范式，因为“商品编号”和“商品名称”属性每个都包含两个值。

表 1-2　　非规范化的商品库存信息表

库存编号	商品编号	商品名称	单价	库存数量	供应商名称
1	1001	主机	300	20	中达
2	1005	光驱	200	10	天地科技
3	1006	CPU	1000	10	光明科技
4	1002，1006	主板，CPU	500，960	10	光明科技
5	1003，1006	主板，CPU	450，960	15	天地科技

如果要将这些数据规范化，就必须创建允许分离数据的附加表，这样才能使每个属性只包含一个值，每个数组包含相同数量的值，并且每个数组各不相同。这时的数据才符合第一范式，如表 1-3 所示。

表 1-3　　符合第一范式的商品库存信息表示例

库存编号	商品编号	库存数量
1	1001	20
2	1002	10
3	1003	15
4	1004	15
5	1005	10
6	1006	10

商品编号	商品名称	单价
1001	主机	310
1002	主机	300
1003	主机	320
1004	光驱	200
1005	光驱	150
1006	CPU	100

供应商代号	供应商名称
1	中大
2	光明科技
3	天地科技

2. 第二范式

第二范式（2NF）规定关系必须在第一范式中，并且关系中的所有属性依赖于整个候选键。候选键是一个或多个唯一标识每个数据组的属性集合。例如，在表1–4所示的关系中，可以将“商品名称”和“供应商”名称指定为候选键。这些值共同唯一标识每个数组。在这里，“库存编号”属性只依赖于“商品名称”，而不依赖于“供应商名称”属性，如表1–4所示。

表1–4　　符合第二范式的商品库存信息表示例

库存编号	商品编号	库存数量	商品名称	单价	供应商名称
1	1001	20	主机	310	中大
2	1002	10	主机	300	光明科技
3	1003	15	主机	320	光明科技
4	1004	15	光驱	200	光明科技
5	1005	10	光驱	150	天地科技
6	1006	10	CPU	100	天地科技

3. 第三范式

第三范式（3NF）同2NF一样依赖于关系的候选键。为了遵循3NF的指导原则，关系必须在2NF中，非键属性相互之间必须无关，并且必须依赖于键。例如，在表1–5所示的关系中，候选键“供应商代号”是属性。“商品名称”和“供应商名称”的属性都依赖于主键“库存编号”，并且相互之间进行关联。“供应商代号”属性依赖于“商品编号”，而不依赖于主键“库存编号”，如表1–5所示。

表1–5　　符合第三范式的商品库存信息表示例

库存编号	商品编号	商品名称	单价	库存数量	供应商代号	供应商名称
1	1001	主机	310	20	1	中大
2	1005	光驱	200	15	2	光明科技
3	1006	CPU	1000	20	3	天地科技
4	1002	主机	300	20	2	光明科技
5	1003	主机	320	20	1	天地科技

对于关系设计，理想的设计目标是按照规范化规则存储数据。但是，在数据库实现的实际工作中，将数据解规范化却是通用的惯例，也就是要专门违反规范化规则，尤其是违反第二范式和第三范式。当过于规范化的结构使实现方式复杂化时，解规范化主要用于提高性能或减少复杂性。尽管如此，规范化的目标仍然是确保数据的完整性，这点在解规范化时应该注意。

1.4　常见的关系型数据库管理系统

常见的关系型数据库管理系统产品有Oracle、SQL Server、Sybase、DB2、Access等。

1. Oracle

Oracle 是 1983 年推出的世界上第一个开放式商品化关系型数据库管理系统。它采用标准的结构化查询语言（Structured Query Language，SQL），支持多种数据类型，提供面向对象存储的数据支持，具有第四代语言开发工具，支持 UNIX、Windows NT、OS/2、Novell 等多种平台。除此之外，它还具有很好的并行处理功能。Oracle 产品主要由 Oracle 服务器产品、Oracle 开发工具、Oracle 应用软件组成，也有基于微机的数据库产品，主要满足对银行、金融、保险等企业、事业开发大型数据库的需求。

2. SQL Server

SQL Server 最早出现在 1988 年，当时只能在 OS/2 操作系统上运行。2000 年 12 月微软发布了 SQL Server 2000，该软件可以运行于 Windows NT/2000/XP 等多种操作系统之上，是支持客户机 / 服务器结构的数据库管理系统，它可以帮助各种规模的企业管理数据。随着用户群的不断增大，SQL Server 在易用性、可靠性、可收缩性、支持数据仓库、系统集成等方面日趋完美。特别是 SQL Server 的数据库搜索引擎，可以在绝大多数的操作系统上运行，并对海量数据的查询进行了优化。目前，SQL Server 已经成为应用最广泛的数据库产品之一。由于使用 SQL Server 不但要掌握 SQL Server 的操作，还要能熟练掌握 Windows NT/2000 Server 的运行机制，以及 SQL 语言，所以对非专业人员的学习和使用有一定的难度。

3. Sybase

1987 年推出的大型关系型数据库管理系统 Sybase，能运行于 OS/2、UNIX、Windows NT 等多种平台，它支持标准的关系型数据库语言 SQL，使用客户机 / 服务器模式，采用开放体系结构，能实现网络环境下各节点上服务器的数据库互访操作。它技术先进、性能优良，是开发大中型数据库的工具。Sybase 产品主要由服务器产品 Sybase SQL Server、客户产品 Sybase SQL Toolset 和接口软件 Sybase Client/Server Interface 组成，还有著名的数据库应用开发工具 PowerBuilder。

4. DB2

DB2 是基于 SQL 的关系型数据库产品。20 世纪 80 年代初期 DB2 的重点放在大型的主机平台上。到 20 世纪 90 年代初，DB2 发展到中型机、小型机以及微机平台，DB2 适用于各种硬件与软件平台，各种平台上的 DB2 有共同的应用程序接口，运行在一种平台上的程序可以很容易地移植到其他平台。DB2 的用户主要分布在金融、商业、铁路、航空、医院、旅游等各个领域，以金融系统的应用最为突出。

5. Access

Access 是在 Windows 操作系统下工作的关系型数据库管理系统。它采用了 Windows 程序设计理念，以 Windows 特有的技术设计查询、用户界面、报表等数据对象，内嵌了 VBA（Visual Basic Application）程序设计语言，具有集成的开发环境。Access 提供图形化的查询工具和屏幕、报表生成器，用户建立复杂的报表、界面无须编程和了解 SQL 语言，它会自动生成 SQL 代码。Access 被集成到 Office 中，具有 Office 系列软件的一般特点，如菜单、工具栏等。与其他数据库管理系统软件相比，更加简单易学，普通的计算机用户即使没有程序语言基础，仍然可以快速地掌握和使用它。最重要的一点是，Access 的功能比较强大，足以应付一般的数据管理及处理需要，适用于中小型企业数据管理的需求。当然，在数据定义、数据安全可靠、数据有效控制等方面，它比前面几种数据库产品要逊色不少。

1.5　MySQL 简介

MySQL 是一个开放源码的小型关联式数据库管理系统，开发者为瑞典 MySQL AB 公司。目前 MySQL 被广泛地应用在互联网上的中小型网站中。由于其体积小、速度快、总体拥有成本低，尤其是开放源码这一特点，许多中小型网站为了降低网站总体拥有成本而选择了 MySQL 作为网站数据库。

MySQL 最初的开发者的意图是用 mSQL 和他们自己的快速低级例程（ISAM）去连接表格。经过一些测试后，开发者得出结论：MySQL 并没有他们需要的那么快和灵活。这导致了一个使用几乎和 mSQL 一样的 API 接口的用于他们的数据库的新的 SQL 接口的产生，这样，这个 API 被设计成为允许用于 mSQL 的第三方代码且更容易移植到 MySQL。

MySQL 这个名字是怎么来的已经不清楚了。基本指南和大量的库和工具带有前缀“my”已经有 10 年以上，而且 MySQL AB 创始人之一的女儿也叫 My。这两个到底哪一个是 MySQL 这个名字的成因至今依然是个迷，包括开发者在内也不知道。

MySQL 的海豚标志的名字叫“sakila”，它是由 MySQL AB 的创始人从用户在“海豚命名”竞赛中建议的大量的名字表中选出的。获胜的名字由来自非洲斯威士兰的开源软件开发者 Ambrose Twebaze 提供。根据 Ambrose 所说，Sakila 来自一种叫 SiSwati 的斯威士兰方言，也是在 Ambrose 的家乡坦桑尼亚的 Arusha 的一个小镇的名字。

2008 年 1 月 16 日，MySQL AB 被 Sun 公司收购。而 2009 年，Sun 又被甲骨文（Oracle）公司收购。就这样如同一个轮回，MySQL 成为了甲骨文公司的另一个数据库项目。

MySQL 是数据库的一种，具有数据库的通用特征，同时，比起其他类型的数据库，它还具有自己鲜明的特点。

1.5.1　MySQL 的版本

MySQL 包含以下版本。

(1) MySQL Community Server，社区版本，开源免费，但不提供官方技术支持。

(2) MySQL Enterprise Edition，企业版本，需付费，可以试用 30 天。

(3) MySQL Cluster，集群版，开源免费，可将几个 MySQL Server 封装成一个 Server。

(4) MySQL Cluster CGE，高级集群版，需付费。

(5) MySQL Workbench（GUI TOOL），一款专为 MySQL 设计的 ER/ 数据库建模工具。它是著名的数据库设计工具 DBDesigner4 的继任者。MySQL Workbench 又分为两个版本，分别是社区版（MySQL Workbench OSS）、商用版（MySQL Workbench SE）。

MySQL Community Server 是开源免费的，这也是我们通常用的 MySQL 的版本。本书后续采用的版本是 MySQL Community Server v5.6.21。

1.5.2　MySQL 的优势

数据库软件有很多种，常见的数据库有甲骨文公司的 Oracle、IBM 公司的 DB2、微软公司的 Access 与 SQL Server 以及本书要详细介绍的 MySQL。

MySQL 是最受欢迎的开源 SQL 数据库管理系统，它由 MySQL AB 开发、发布和支持。MySQL AB 是一家基于 MySQL 开发人员的商业公司，它是一家使用了一种成功的商业模式来结合

开源价值和方法论的第二代开源公司。MySQL 是 MySQL AB 的注册商标。

MySQL 是一个快速、多线程、多用户、健壮的 SQL 数据库服务器。MySQL 服务器支持关键任务、重负载生产系统的使用，也可以将它嵌入到一个大配置（Mass-Deployed）的软件中去。

与其他数据库管理系统相比，MySQL 具有以下优势。

(1) MySQL 是一个关系数据库管理系统。

(2) MySQL 是开源的。

(3) MySQL 服务器是一个快速、可靠和易于使用的数据库服务器。

(4) MySQL 服务器工作在客户 / 服务器或嵌入系统中。

(5) 有大量的 MySQL 软件可以使用。

1.5.3 MySQL 数据库系统的体系结构

了解 MySQL 必须牢牢记住其体系结构图，MySQL 是由 SQL 接口、解析器、优化器、缓存、存储引擎组成的，如图 1-2 所示。

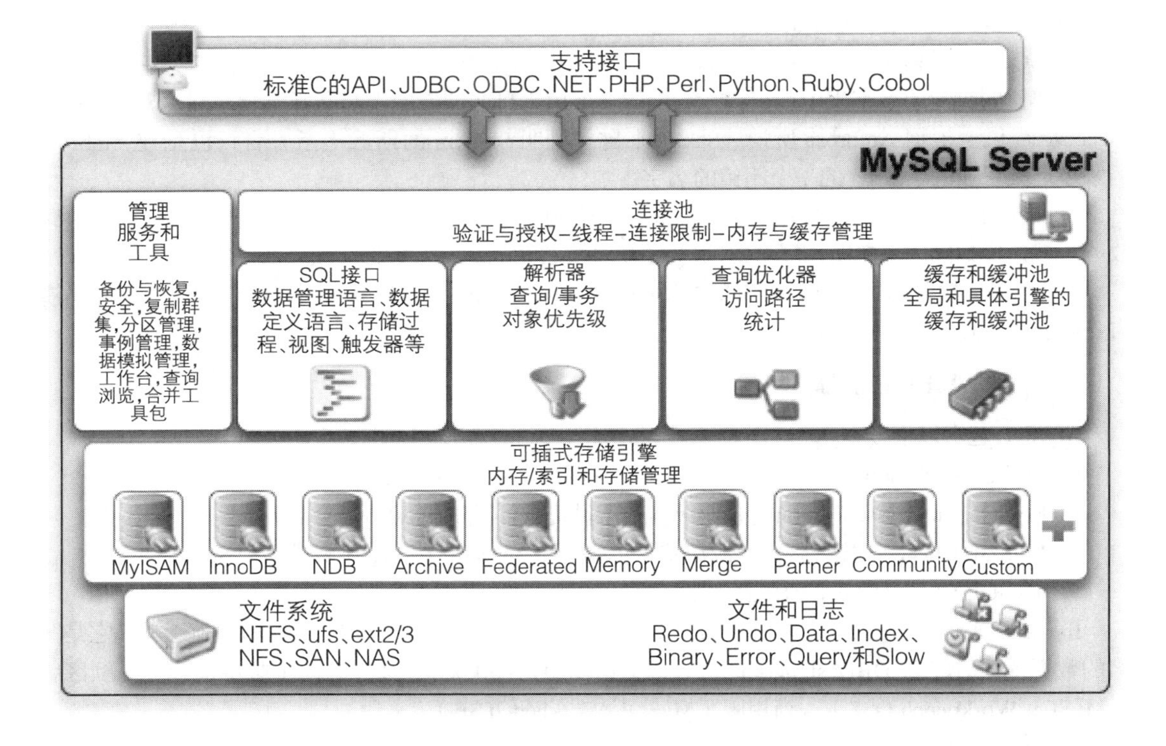

图 1-2

(1) 支持接口：是指不同语言中与 SQL 的交互。

(2) 管理服务和工具：系统管理和控制工具。

(3) 连接池：管理缓冲用户连接、线程处理等需要缓存的需求。

(4) SQL 接口：接受用户的 SQL 命令，并且返回用户需要查询的结果，如 select from 就是调用 SQL Interface。

(5) 解析器：SQL 命令传递到解析器的时候会被解析器验证和解析，解析器是由 Lex 和 YACC

实现的，是一个很长的脚本，其主要功能如下。

① 将 SQL 语句分解成数据结构，并将这个结构传递到后续步骤，以后 SQL 语句的传递和处理就是基于这个结构的 。

② 如果在分解构成中遇到错误，那么就说明这个 SQL 语句是不合理的。

(6) 查询优化器：SQL 语句在查询之前会使用查询优化器对查询进行优化。它使用“选取→投影→连接”策略进行查询。用一个例子就可以理解：

select uid,name from user where gender = 1;

这个 select 查询先根据 where 语句进行选取，而不是先将表全部查询出来以后再进行 gender 过滤。

这个 select 查询先根据 uid 和 name 进行属性投影，而不是将属性全部取出以后再进行过滤。将这两个查询条件连接起来生成最终查询结果。

(7) 缓存和缓冲池： 查询缓存。如果查询缓存有命中的查询结果，查询语句就可以直接去查询缓存中取数据。这个缓存机制是由一系列小缓存组成的。比如表缓存、记录缓存、Key 缓存、权限缓存等。

(8) 存储引擎：存储引擎是 MySQL 中具体的与文件打交道的子系统。也是 MySQL 最具特色的一个地方。从 MySQL 5.5 之后，InnoDB 就是 MySQL 的默认事务引擎。

1.6 本章小结

本章主要讲解关系型数据的结构、关系型数据模型的操作与完整性、关系数据模型的存储结构、关系型数据库的范式，以及 MySQL 数据库的体系结构。通过以上知识的学习有助于读者对 MySQL 有个整体上的认知。

1.7 疑难解答

问：关系型数据模型的结构是什么？

答：关系型数据模型以关系数学理论为基础，用二维表结构来表示实体以及实体之间联系的模型。

问：如何理解数据库中第一、二、三范式的关系？

答：在关系型数据库中的每个关系都需要进行规范化，使之达到一定的规范化程度，从而提高数据的结构化、共享性、一致性和可操作性。而第一、二、三范式则是数据库范式的一种等级制度，第一范式是建立数据库的基础，是最基本的范式。但是第一范式建立的数据使得数据处理结果不够明确，需要不断的改进，进而有了第二范式的存在，而第三范式则解决了范式二中非主属性函数对于码的依赖等一些缺点。

1.8 实战练习

⑴ 请简述 MySQL 的优缺点。

⑵ 请问你在安装 MySQL 的过程中遇到过哪些问题，如何解决的？

⑶ 数据库系统中常用的数据模型有哪些？

⑷ 您听说的关系型数据库管理系统有哪些？

第2章 MySQL的安装与配置

本章导读

本章将介绍MySQL的安装与基本调试，为后续数据库的基本操作打好基础。

本章课时：理论2学时+实践2学时

学习目标

- 安装MySQL
- 可视化管理工具的选择与安装
- 测试安装环境
- 卸载MySQL

2.1 安装 MySQL

MySQL 是全世界最流行的开源数据库软件之一，因其代码自由、最终用户可免费使用，首先在互联网行业得到应用。在过去十几年间，MySQL 在全球普及，但若想使用 MySQL 作为数据库开发一款优秀的软件，首先要知道如何安装 MySQL。本节将主要介绍 MySQL 在 Windows 7 和 Linux 环境下的安装。

2.1.1 开源软件的特点

开源（Open-Source），即开放源码，它被定义为源码可以被公众使用的软件，并且此软件的使用、修改和分发也不受许可证的限制。开源软件具有以下特点。

1. 风险低

拥有源代码使客户可以控制那些他们的业务所赖以生存的工具。当一个开源产品的开发者提高价格，增加了客户难以接收的限制，或者使用了一些使客户不满意的方法，另一个不同的组织将使用该源代码开发新的产品以解决原来机构的问题。客户也能自己维护或找别人改进它以符合自己的要求。客户控制软件，这在传统私有软件模式下是闻所未闻的事情。

2. 质量更有保障

一些研究显示，开源软件与别的可用商业软件相比，在可靠性上具有极大的优势。更加有效的开发模式、更多的独立同行对代码和设计的双重审查以及大部分作者对自己作品的极大荣誉感，都对其优良的质量有所贡献，一些公司甚至给予发现 Bug 者以物质奖励。

3. 透明

私有软件有很多“阴暗的死角”，隐藏着许多 Bug。源码对于查错和理解产品工作原理是很重要的。在大的软件公司，只有极少数人能接触到源码，一般情况下用户都无法直接接触。而能接触源码对于修补安全漏洞也是非常重要的。

4. 剪裁

开放源码给用户极大的自由，使他们能够按照自己的业务需求定制软件。大型组织能从即使很小的定制行为中削减大量开支和人力成本。用户的挑错和改进反过来可以促进产生更加标准的开放源码软件包。这在传统的私有软件开发中是不可能得到的。

5. 有利的版权许可和价格

定义为开放源码使软件在版权许可方面比私有软件具有更大的灵活性。这可以大大削减安装所需的花费和时间，对那些采购过程费时费力的机构更加有利。它也能在安装软件时为用户带来更大的自由度。

2.1.2 在 Windows 系统环境下的安装

1. 下载

首先从 MySQL 官网下载安装程序，本例中使用的是 64 位 Windows 版本（mysql-installercommunity–V5.6.21.1.msi）。读者可根据实际情况下载合适的版本。

2. 安装

❶ 双击运行“mysql–installer–community–V5.6.21.1.msi”，MySQL 安装向导启动，如图 2–1 所示。

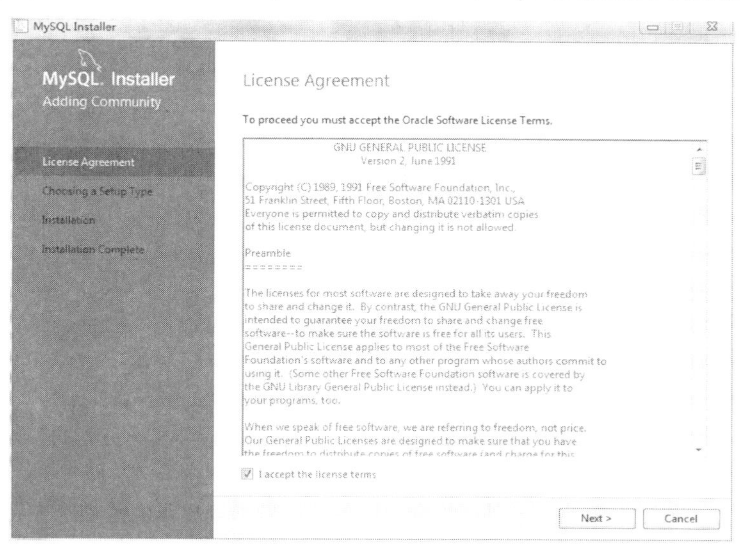

图 2–1

❷ 勾选“I accept the license term”接受许可，并单击“Next”按钮，进入安装类型选择页面，如图 2–2 所示。

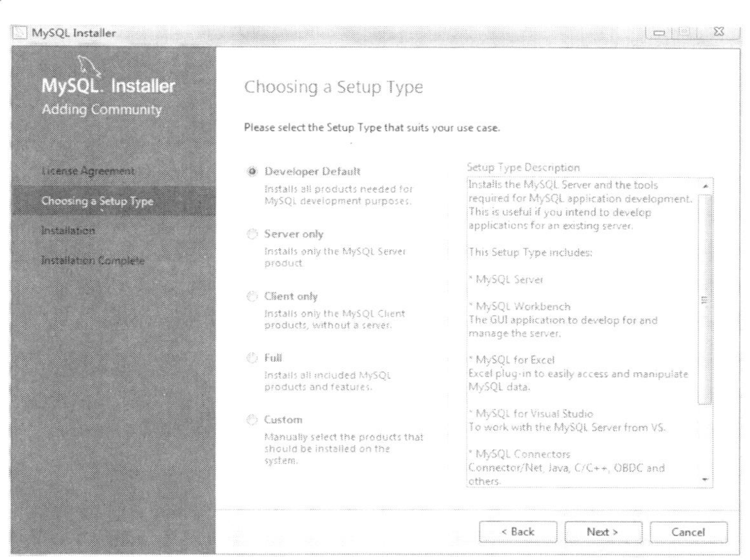

图 2–2

❸ 选择安装类型。安装类型共有 5 种，各项含义为：“Developer Default”是默认安装类型；“Server only”是仅作为服务器；“Client only”是仅作为客户端；“Full”是完全安装；“Custom”是自定义安装类型。这里选择“Custom”，如图 2–3 所示，然后单击“Next”按钮。

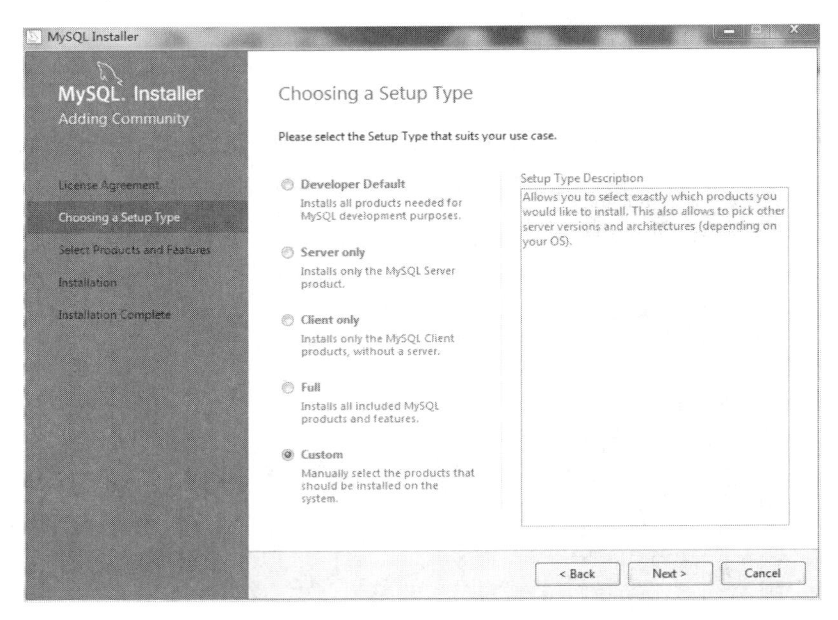

图 2-3

❹ 选择安装组件。左侧列表显示的是可用的全部组件，右侧列表显示的是被选中将要安装的组件，可以通过单击向左或向右的箭头添加或删除需要安装的组件。作为初学者可能并不知道将来会用到哪些组件，可以按图 2-4 所示选择安装所有组件。

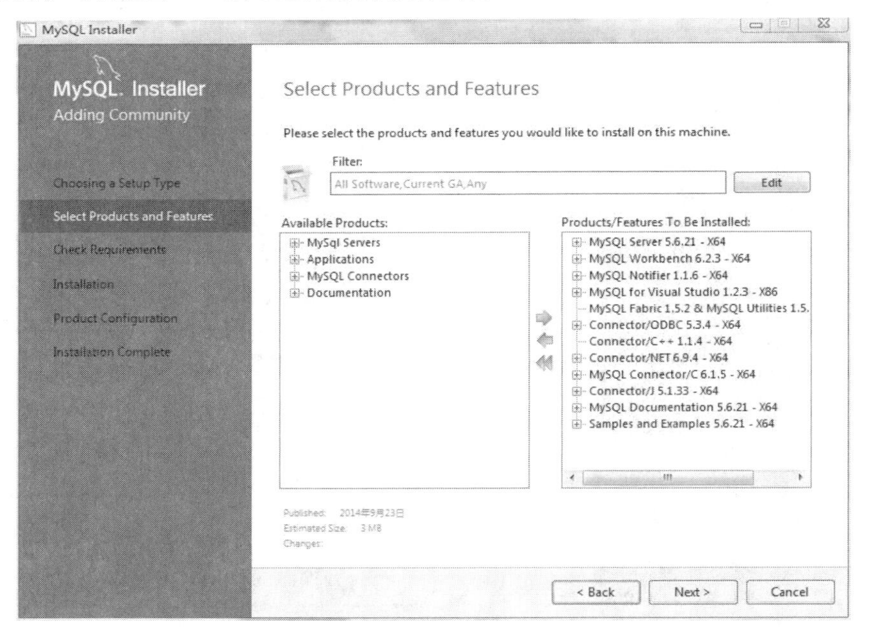

图 2-4

❺ 安装条件检查。选择好自己需要的组件，单击"Next"按钮进入安装条件检查页面。根据选择的安装类型，会需要安装一些框架（Framework），如图 2-5 所示。

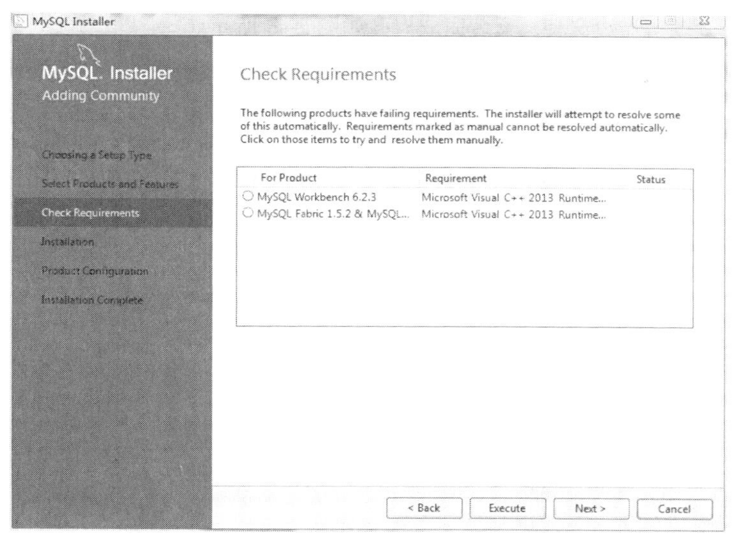

图 2-5

选择需要安装的框架，单击“Execute”按钮进入框架安装页面，如图 2-6 所示。

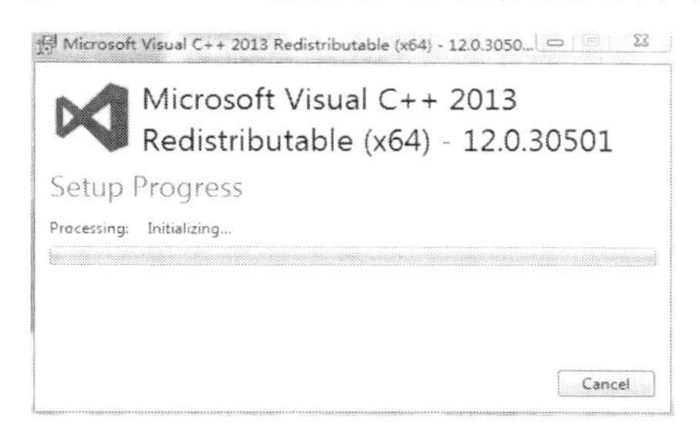

图 2-6

❻ 框架安装完成后，单击“Next”按钮进入安装页面，如图 2-7 所示。

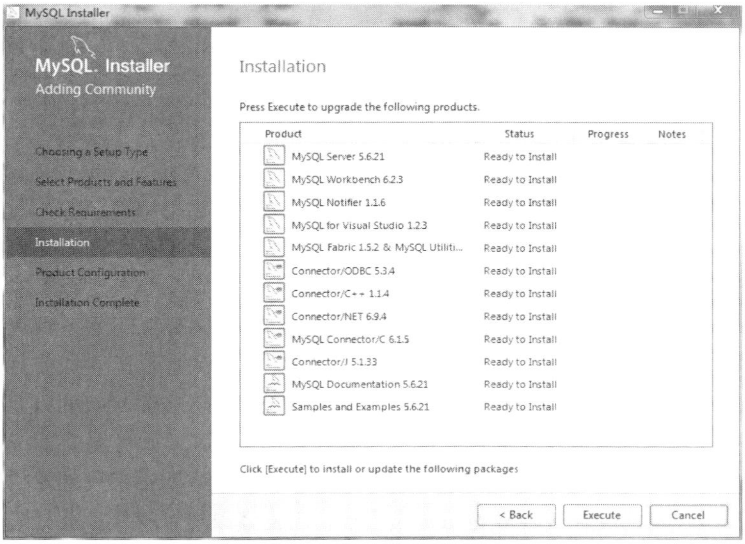

MySQL Installer

MySQL. Installer
Adding Community

Choosing a Setup Type
Select Products and Features
Check Requirements
Installation
Product Configuration
Installation Complete

Installation

Press Execute to upgrade the following products.

Product	Status	Progress	Notes
MySQL Server 5.6.21	Ready to Install		
MySQL Workbench 6.2.3	Ready to Install		
MySQL Notifier 1.1.6	Ready to Install		
MySQL for Visual Studio 1.2.3	Ready to Install		
MySQL Fabric 1.5.2 & MySQL Utiliti...	Ready to Install		
Connector/ODBC 5.3.4	Ready to Install		
Connector/C++ 1.1.4	Ready to Install		
Connector/NET 6.9.4	Ready to Install		
MySQL Connector/C 6.1.5	Ready to Install		
Connector/J 5.1.33	Ready to Install		
MySQL Documentation 5.6.21	Ready to Install		
Samples and Examples 5.6.21	Ready to Install		

Click [Execute] to install or update the following packages

< Back　Execute　Cancel

图 2-7

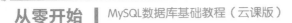

❼ 单击“Execute”按钮开始安装，安装完成界面如图 2-8 所示。

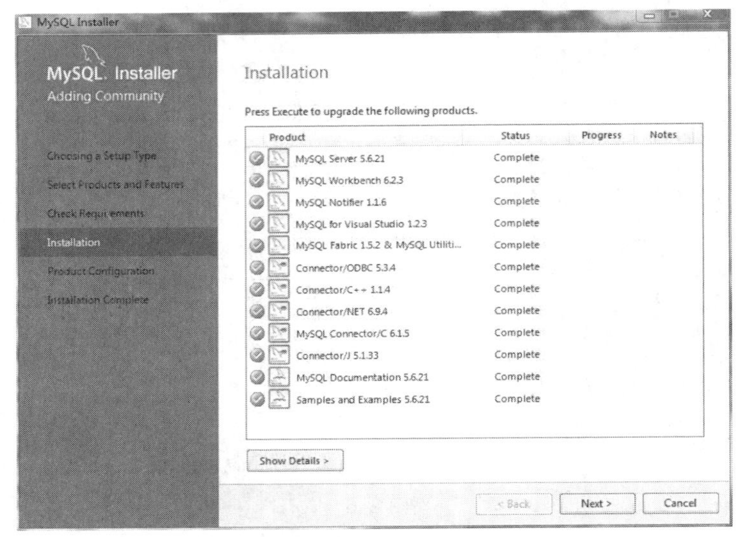

图 2-8

❽ 单击“Next”按钮进入配置信息确认界面，如图 2-9 所示。确认配置信息，单击“Next”按钮。

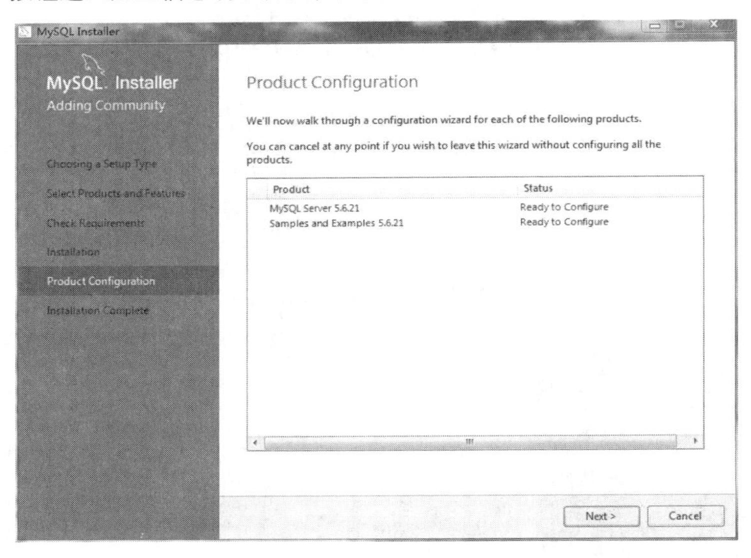

图 2-9

❾ 进行服务器配置型选择。“Developer Machine” 选项代表典型个人桌面工作站，在 3 种类型中，占用最少的内存；“Server Machine”选项代表服务器，MySQL 服务器可以同其他应用程序一起运行，例如 FTP、E-mail 和 Web 服务器，将 MySQL 服务器配置成使用适当比例的系统资源，其占用内存在 3 种类型中居中；“ Dedicated MySQL Server Machine” 选项代表只运行 MySQL 服务的服务器，假定没有运行其他应用程序，将 MySQL 服务器配置成占用机器全部有效的内存。作为初学者，选择“Developer Machine”（开发者机器）已经足够了，这样占用系统的资源不会很多，默认端口 3306 也可不做修改；若需修改可以直接在此处修改，但要保证修改的端口号没有被占用。设置完成后，单击“Next”按钮，如图 2-10 所示。

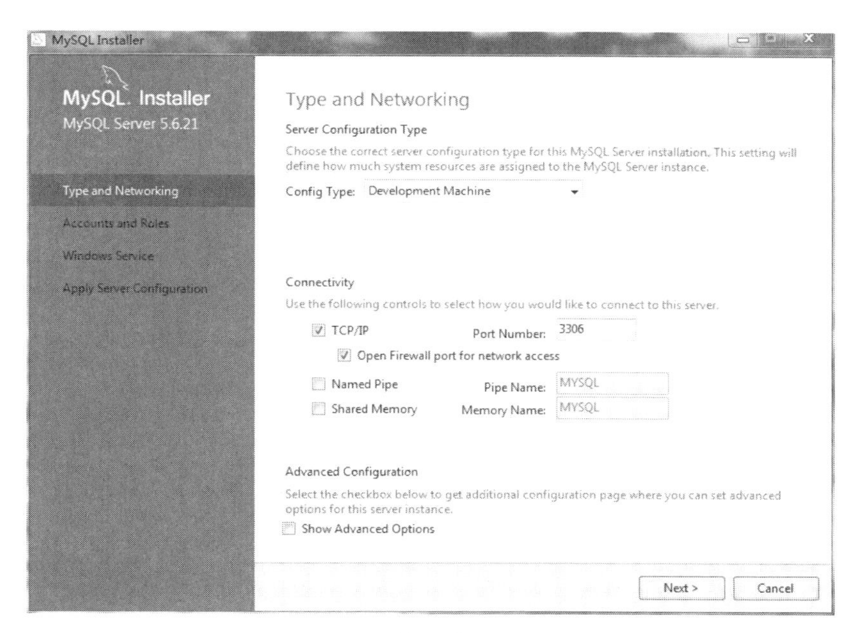

图 2-10

⑩ 设置管理员密码。在图 2-11 所示界面中单击“Add User”按钮，同时可以创建用户。这里出于对安全性考虑，不添加新用户，直接单击“Next”按钮。

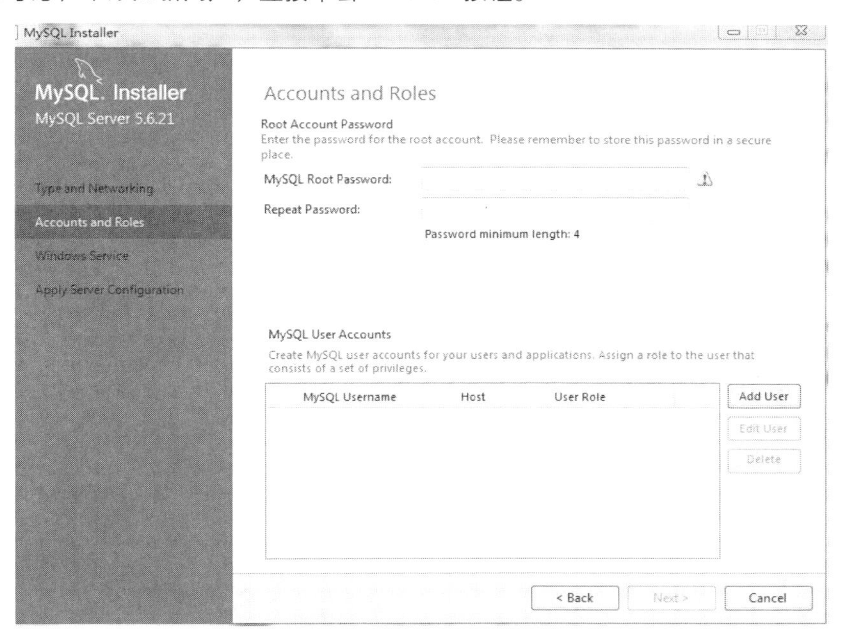

图 2-11

⑪ 设置系统服务器名称。可以根据自己的需要进行名称设置，这里选择使用默认名称。另外，可以选择是否在系统启动的同时自动启动 MySQL 数据库服务器，这里按默认设置，单击“Next”按钮，如图 2-12 所示。

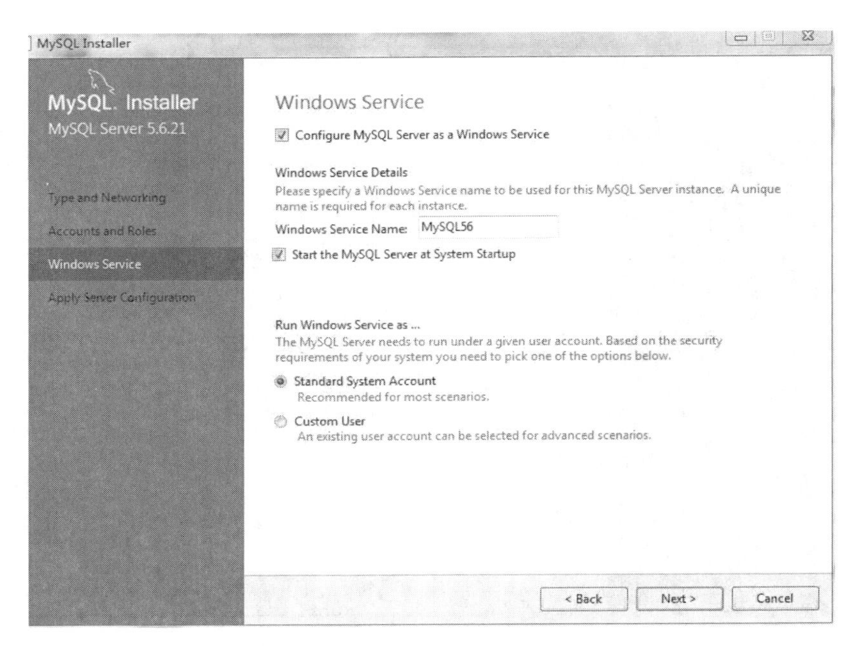

图 2-12

⑫ 申请服务器配置，执行对服务器配置信息的更改，单击“Execute”按钮，如图 2-13 所示。

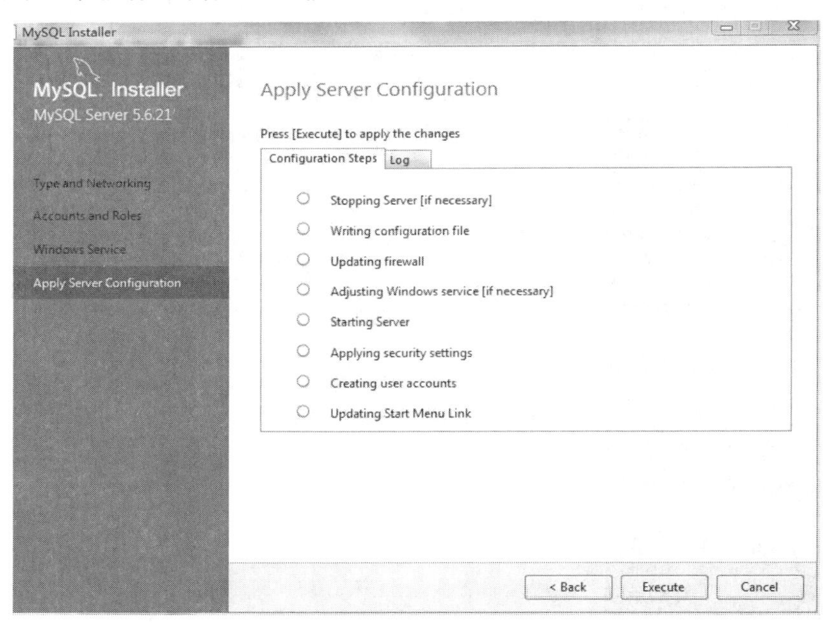

图 2-13

执行完成之后界面如图 2-14 所示。

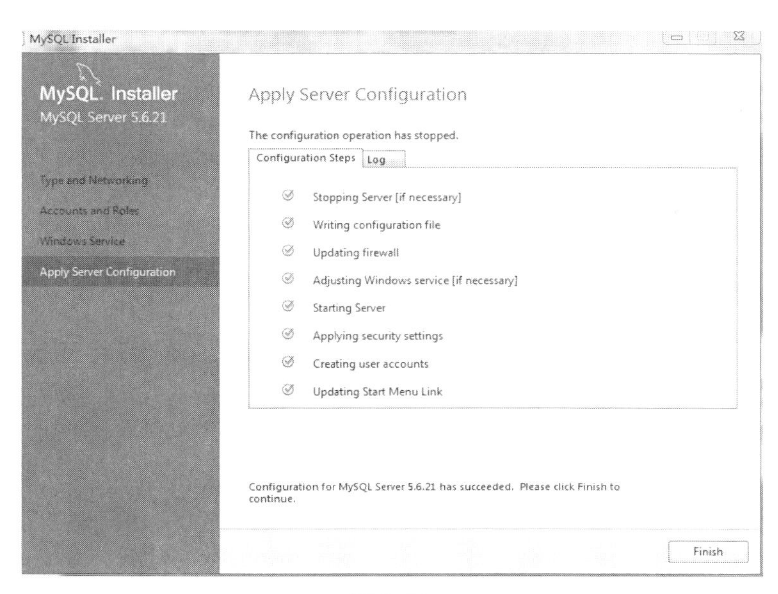

图 2-14

⑬ 安装完成，勾选“Start MySQL Workbench after Setup”，可对是否成功安装进行测试，单击“Finish”按钮，如图 2-15 所示。

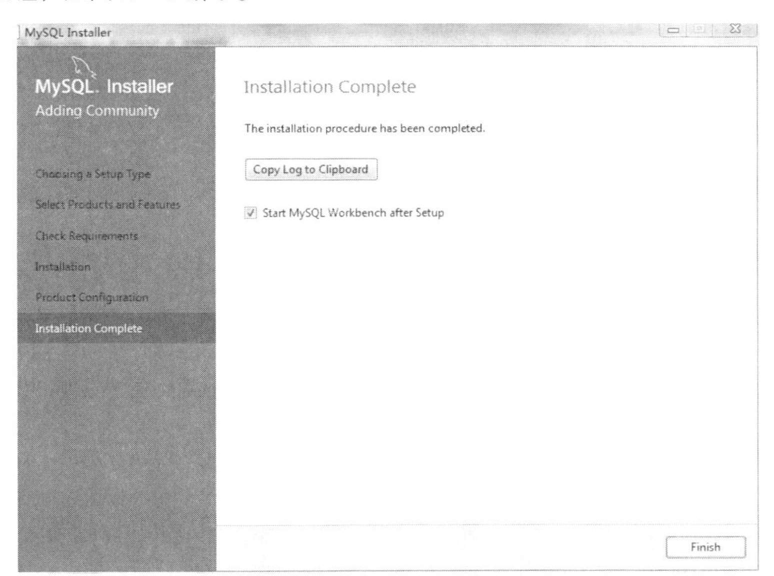

图 2-15

2.1.3 在 Linux 系统环境下的安装

1. 下载 MySQL-5.6.23-1.el7.x86_64.rpm-bundle.tar

在下载页面选择“Red Hat Enterprise Linux 7 / Oracle Linux 6 (x86, 32-bit), RPM Bundle”，下载至 /root/mysql/ 目录下，下载文件名为“MySQL-5.6.23-1.el7.x86_64.rpm-bundle.tar”。

2. 解压 tar 包

```
cd /mysql/Downloads/
tar -xvf MySQL-5.6.23-1.el7.x86_64.rpm-bundle.tar
```

3. 以 RPM 方式安装 MySQL

在 RHEL 系统中，必须先安装“MySQL-shared-compat-5.6.23-1.el7.x86_64.rpm”兼容包，然后才能安装 Server 和 Client，否则安装时会出错。

```
yum install MySQL-shared-compat-5.6.23-1.el7.x86_64.rpm      # RHEL 兼容包
yum install MySQL-server-5.6.23-1.el7.x86_64.rpm             # MySQL 服务端程序
yum install MySQL-client-5.6.23-1.el7.x86_64.rpm             # MySQL 客户端程序
yum install MySQL-devel-5.6.23-1.el7.x86_64.rpm              # MySQL 的库和头文件
yum install MySQL-shared-5.6.23-1.el7.x86_64.rpm             # MySQL 的共享库
```

4. 配置 MySQL 登录密码

```
cat /root/.mysql_secret  # 获取 MySQL 安装时生成的随机密码
service mysql start      # 启动 MySQL 服务
mysql -uroot -p          # 进入 MySQL，使用之前获取的随机密码
SET PASSWORD FOR 'root'@'localhost' = PASSWORD('123456'); # 在 MySQL 命令行中设置
root 账户的密码为 123456
quit                # 退出 MySQL 命令行
service mysql restart    # 重新启动 MySQL 服务
```

2.2 可视化管理工具的选择与安装

本节主要介绍几种常用的可视化管理工具的特点，以及部分可视化管理工具的下载和安装。

2.2.1 选择和下载可视化管理工具

目前，有很多优秀的 MySQL 可视化管理工具，比如 MySQL Workbench、phpMyAdmin、Aqua Data Studio、SQLyog、MySQL-Front、mytop、Sequel Pro、SQL Buddy、MySQL Sidu、Navicat for MySQL 等，开发者可以根据需求进行选择。下面对其中常用的 5 种可视化管理工具做简单介绍。

1. MySQL Workbench

MySQL Workbench 是一个由 MySQL 开发的跨平台、可视化数据库工具。它作为 DBDesigner4 工程的替代应用程序而备受瞩目。MySQL Workbench 可以作为 Windows、Linux 和 OS X 系统上的原始 GUI 工具，它有各种不同的版本。

2. Aqua Data Studio

对于数据库管理人员、软件开发人员以及业务分析师来说，Aqua Data Studio 是一个完整的集

成开发环境（Intergrated Development Environment，IDE）。它主要具备以下4个方面的功能。

(1) 数据库查询和管理工具；

(2) 一套数据库、源代码管理以及文件系统的比较工具；

(3) 为 Subversion（SVN）和 CVS 设计了一个完整的集成源代码管理客户端；

(4) 提供了一个数据库建模工具（Modeler），它和最好的独立数据库图表工具一样强大。

3. SQLyog

SQLyog 是一个全面的 MySQL 数据库管理工具。它的社区版（Community Edition）是具有 GPL 许可的免费开源软件。这款工具包含了开发人员在使用 MySQL 时所需的绝大部分功能：查询结果集合、查询分析器、服务器消息、表格数据、表格信息，以及查询历史，它们都以标签的形式显示在界面上，开发人员只要单击鼠标即可。此外，它还可以方便地创建视图和存储过程。

4. MySQL–Front

这个 MySQL 数据库的图形 GUI 是一个“真正的”应用程序，它提供的用户界面比用 PHP 和 HTML 建立起来的系统更加精确。因为不会因为重载 HTML 网页而导致延时，所以它的响应是即时的。如果供应商允许的话，可以让 MySQL–Front 直接与数据库进行工作。如果不行，也只需要在发布网站上安装一个小的脚本。

5. Sequel Pro

Sequel Pro 是一款管理 Mac OS X 数据库的应用程序，它可以让用户直接访问本地以及远程服务器上的 MySQL 数据库，并且支持从流行的文件格式中导入和导出数据，其中包括 SQL、CSV 和 XML 等文件。

提示：Navicat for MySQL 的特性及在 Windows 7 下的基本操作详见本章 2.2.4 小节内容。

其中，MySQL Workbench 的安装及配置在第 2.1 节介绍 MySQL 安装时已经包括，且由于工具较多无法一一介绍其安装和配置，所以本节主要选择了 Navicat for MySQL，介绍其在 Linux 和 Windows 7 系统环境下的安装。

2.2.2 在 Linux 系统环境下的安装

本节选用的 Navicat for MySQL 版本为 navicat111_mysql_cs.tar.gz，使用方法如下。

(1) 打开终端。

选择应用程序→系统工具（或附件）→终端，切换到 root 账户：#su，密码：xx。

注意：输入 root 密码时，密码不会显示出来，也没有提示的特殊字符，输完密码后按 Enter 键就可以了。

(2) 切换到存放 navicat_for_mysql_10.0.11_cn_linux.tar.gz 软件包的目录，例如 /home/zdw/software 目录下。

```
# cd /home/zdw/software
```

(3) 解压 navicat_for_mysql_10.0.11_cn_linux.tar.gz。

```
# tar -zxvf navicat_for_mysql_10.0.11_cn_linux.tar.gz
```

解压后会得到名为 navicat_for_mysql 的文件夹。

(4) 将解压生成的文件夹移动到 /opt 目录下。

```
# mv /home/zdw/software/navicat_for_mysql /opt
```

(5) 运行 Navicat 的方法。

① 进入安装目录：# cd /opt/navicat_for_mysql。

② 执行命令：# ./start_navicat，这样即可启动 Navicat。

为了方便，也可以创建 Navicat 的桌面启动器，方法如下：在桌面右键单击→选择“创建启动器”项→在“类型”栏选择“应用程序”；“名称”栏填入“Navicat”；“命令”栏单击右边的“浏览”按钮选择到→“文件系统”→“opt”→“navicat_for_mysql”→“start_navicat”；最后单击“确定”按钮，即可在桌面创建好 Navicat 的启动器。

2.2.3 在 Windows 系统环境下的安装

本节选用的 Navicat for MySQL 版本为 navicat111_mysql_cs_x64.exe。Windows 7 环境下的安装比较简单，过程如下。

❶ 双击安装程序，单击“下一步”按钮，如图 2-16 所示。

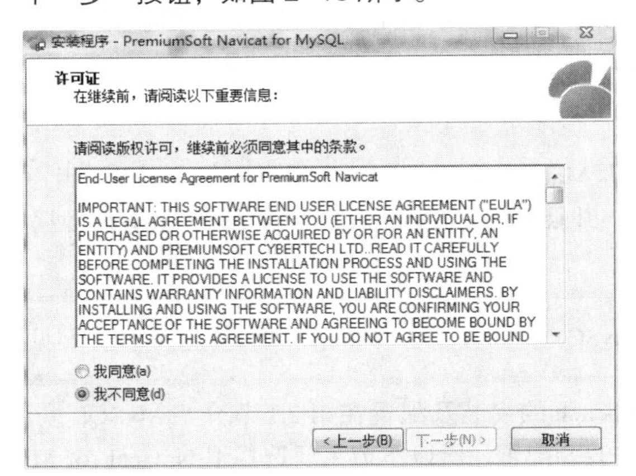

图 2-16

选中“我同意”，单击“下一步”按钮。

❷ 如果不想把软件安装在系统盘下，在此可以修改安装目录，如图 2-17 所示。

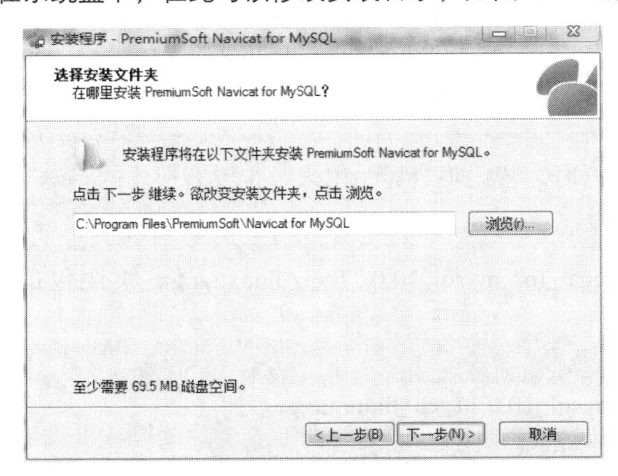

图 2-17

❸ 选择是否创建桌面快捷方式，如图 2-18 所示。

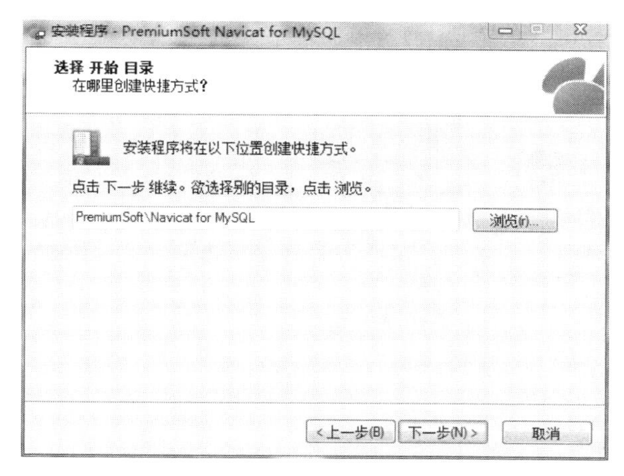

图 2-18

❹ 进入安装页面，单击“安装”按钮，如图 2-19 所示。

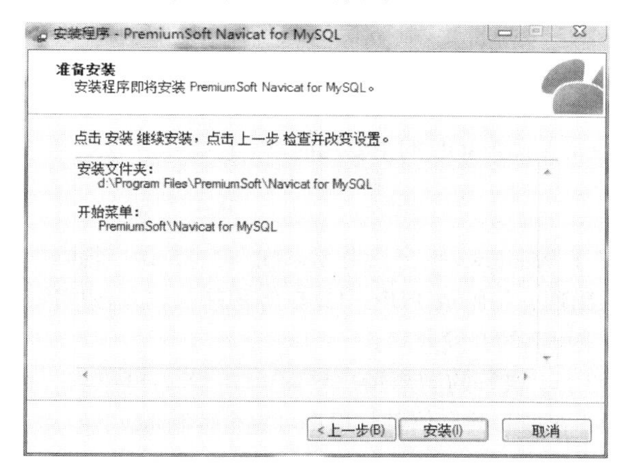

图 2-19

❺ 安装完成，单击“完成”按钮，如图 2-20 所示。

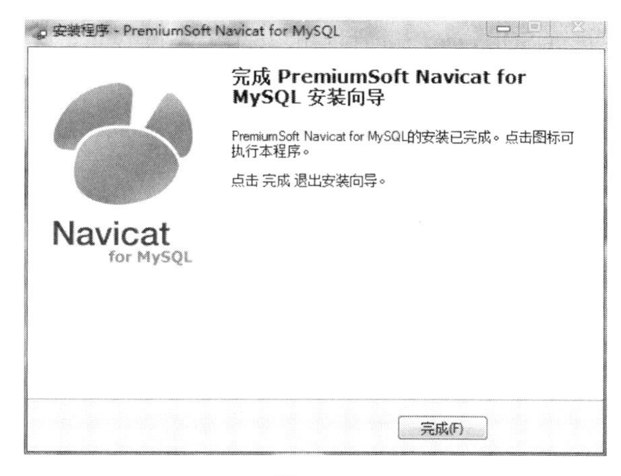

图 2-20

❻ 打开 Navicat for MySQL，使用 root 连接到本机的 MySQL 即可执行相关数据库的操作，界面如图 2-21 所示。

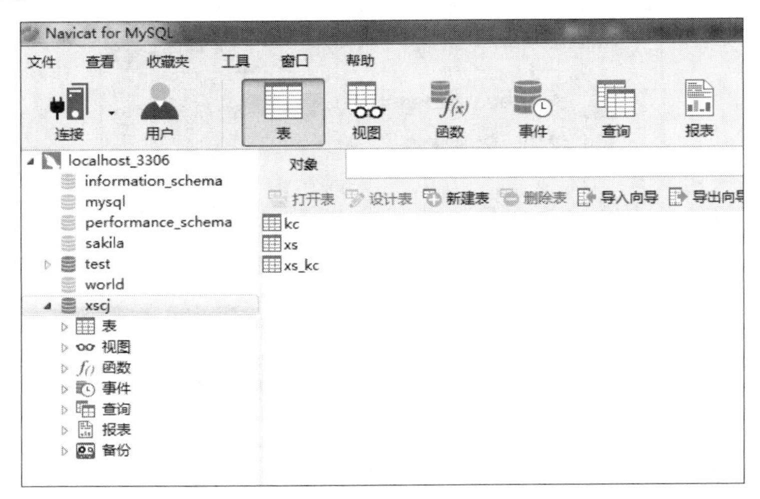

图 2-21

2.2.4 可视化管理工具的使用

本节将详细介绍 Navicat for MySQL 的主要功能。

1. 基本功能介绍

Navicat for MySQL 基于 Windows 平台，为 MySQL 量身定做，提供类似于 MySQL 的用户管理界面工具。此解决方案的出现，将解放 PHP、J2EE 等程序员以及数据库设计者、管理者的大脑，降低开发成本，为用户带来更高的开发效率。

Navicat for MySQL 使用了极好的图形用户界面（GUI），可以用一种安全和更为容易的方式快速和容易地创建、组织、存取和共享信息。用户可完全控制 MySQL 数据库和显示不同的管理资料，包括一个多功能的图形化管理用户和访问权限的管理工具，便于将数据从一个数据库转移到另一个数据库中（Local to Remote、Remote to Remote、Remote to Local）进行数据备份。Navicat for MySQL 支持 Unicode，以及本地或远程 MySQL 服务器多连接，用户可浏览数据库、建立和删除数据库、编辑数据、建立或执行 SQL queries、管理用户权限（安全设定）、将数据库备份 / 还原、导入 / 导出数据（支持 CSV、TXT、DBF 和 XML 数据格式）等。软件与任何 MySQL 5.0.x 服务器版本兼容，支持 Triggers，以及 BINARY VARBINARY/BIT 数据格式等的规范。

2. 基本应用

下面将以 navicat111_mysql_cs_x64 为例，介绍 Navicat for MySQL 的基本应用。

使用 Navicat for MySQL 管理数据库对象首先要创建数据库连接，MySQL 启动成功后，打开 Navicat for MySQL，显示的主界面如图 2-22 所示。

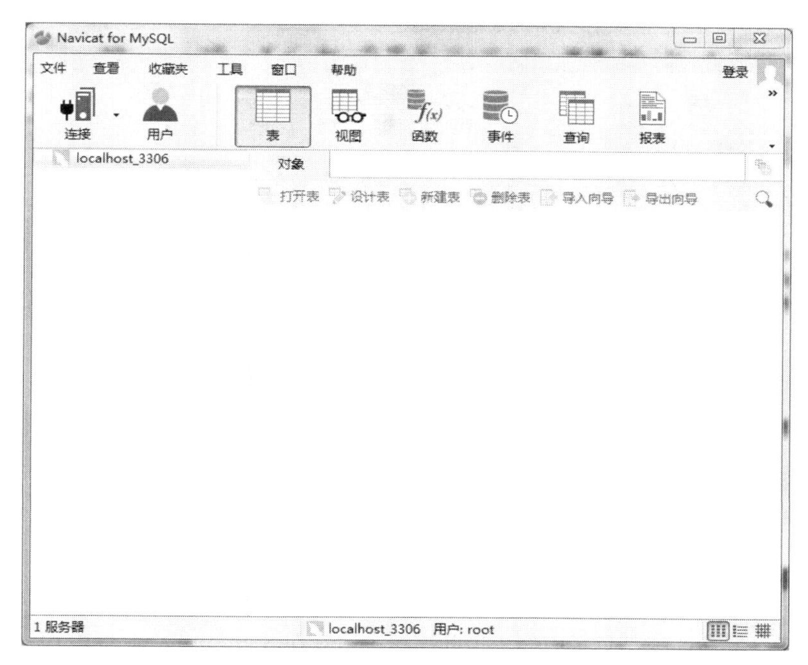

图 2-22

单击“文件”菜单，选择“新建连接→ MySQL…”，或者单击左上角的“连接”按钮，打开新建连接界面，如图 2-23 所示。

图 2-23

填入相应的连接信息，连接名称可以自定义，可以单击“连接测试”来测试一下当前连接是否成功。“保存密码”复选框的作用是如果本次连接成功，则下次就无需输入密码，直接进入管理界面。进入到主界面，如图 2-24 所示。

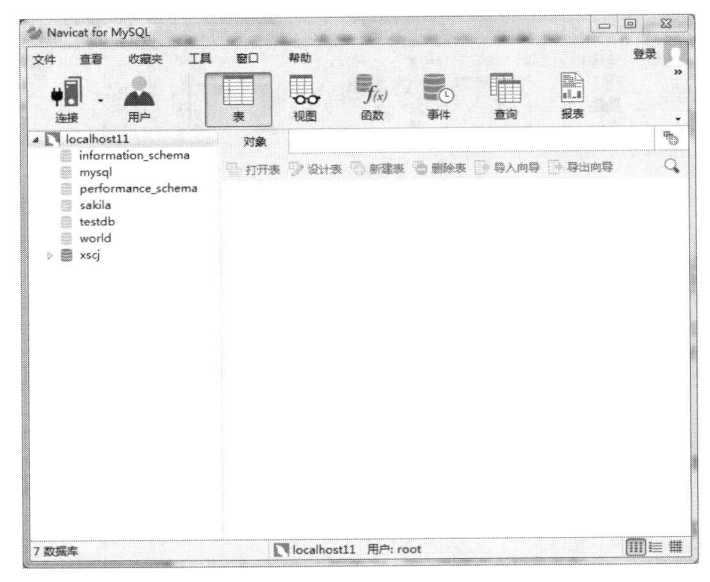

图 2–24

连接成功后，左边的树型目录中会出现此连接。注意在 Navicat for MySQL 中，每个数据库的信息是单独获取的，没有获取的数据库的图标会显示为灰色。一旦 Navicat for MySQL 执行了某些操作，获取了数据库信息后，相应的图标就会显示成彩色。如图 2–24 所示，只获取了 xscj 数据库的信息，其他数据库并没获取。这样做可以提高 Navicat for MySQL 的运行速度，因为它只打开需要使用的内容。

Navicat for MySQL 的界面与 SQL Server 的数据库管理工具非常相似，左边是树型目录，用于查看数据库中的对象。每一个数据库的树型目录下都有表、视图、存储过程、查询、报表、备份和计划任务等节点，单击节点可以对该对象进行管理。

下面就 Navicat for MySQL 的基本功能，如创建数据库、创建数据表、备份数据库、还原数据库等做进一步的介绍。

(1) 创建数据库。

在左边列表空白处右键单击并选择“新建数据库”，弹出“新建数据库”对话框，这里将数据库名称命名为“testdb2”，如图 2–25 所示。

图 2–25

确定后成功创建一个数据库，如图 2–26 所示，接下来可以在该数据库中创建表、视图等。

图 2–26

(2) 创建表。

在窗口上方工具栏里选择“表”，然后单击“新建表”按钮，进入到创建表的页面，如图 2–27 所示。

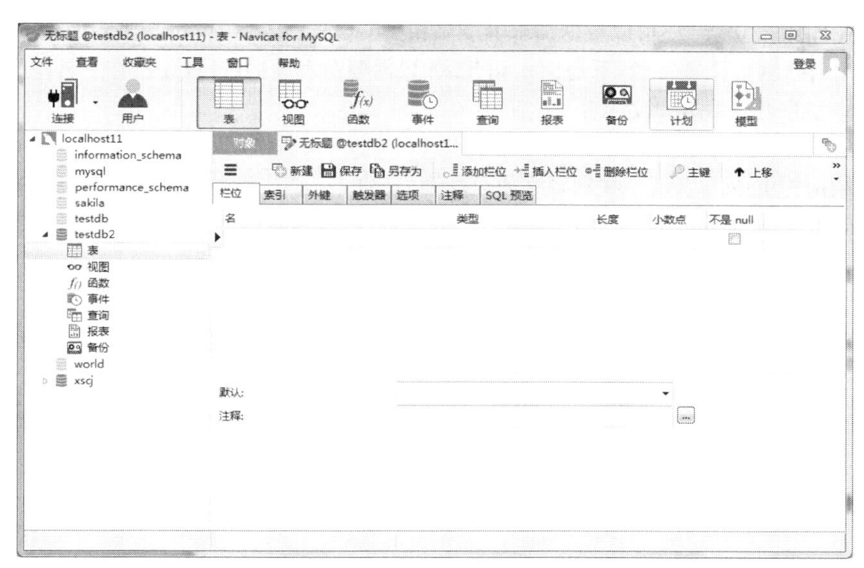

图 2–27

创建表过程中有一个地方要特别注意，就是“栏位”。这对于初次使用 Navicat for MySQL 的新手来说比较陌生，其含义是我们通常所说的“字段”，工具栏中的“添加栏位”即添加字段的意思。添加完所有的字段以后要根据需求设置相应的“主键”。

可以使用工具栏中的工具进行添加栏位、设置主键、调整栏位的顺序等操作，如图 2–28 所示。

图 2–28

在这里创建了一个包含三个栏位、名为“test”的表，其中，“id”为主键，如图 2–29 所示。

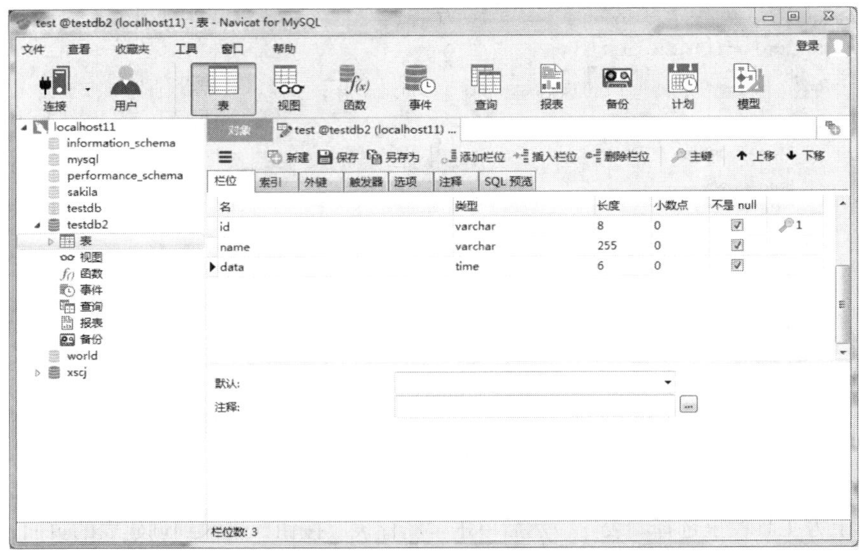

图 2–29

如果数据库比较复杂，还可以根据需求继续做相关的设置，在“栏位”选项卡中还有索引、外键、触发器供调用，在“SQL 预览”标签下是 SQL 语句。如果需要对表结构进行修改，在工具栏中选择“表”，然后选中要修改的表，单击“设计表”按钮。

(3) 添加数据。

在左边结构树中单击“表”，找到要添加数据的表，如“test”，双击；或者在工具栏中选择“表”，然后选中要插入数据的表，单击“打开表”按钮。在窗口右边打开添加数据的页面，如图 2–30 所示，可以直接输入相关数据。

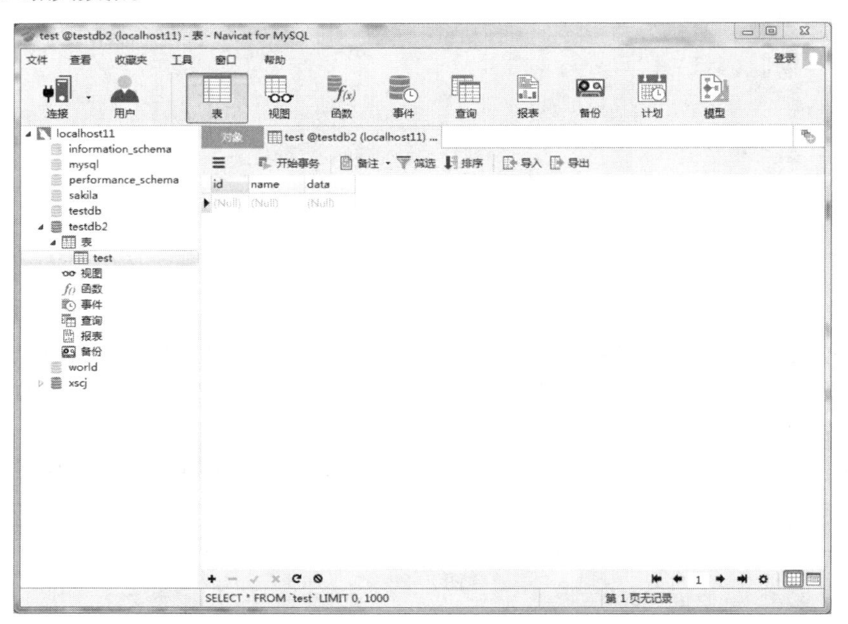

图 2–30

⑷ 数据库备份及还原。

备份数据库有以下两种方式：① 在窗口上方工具栏中选择“备份”按钮；② 在左边结构树中，选择要备份数据库下的“备份”按钮，打开备份页面，如图 2–31 所示。

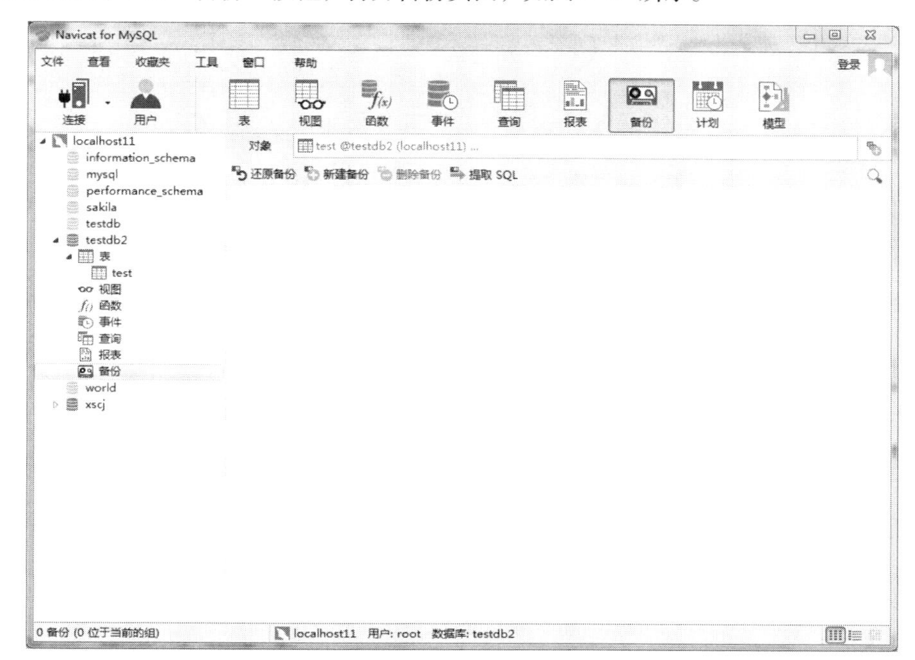

图 2–31

单击“新建备份”按钮，打开“新建备份”对话框，如图 2–32 所示。

图 2–32

设置相关信息，如在“常规”选项卡中添加注释信息；在“对象选择”选项卡中选择要备份的表有哪些；在“高级”选项卡中选择是否压缩、是否使用指定文件名等；在“信息日志”选项卡中显示备份过程。设置完成后，单击“开始”按钮，最后单击“保存”按钮，弹出保存界面，如图 2–33 所示。

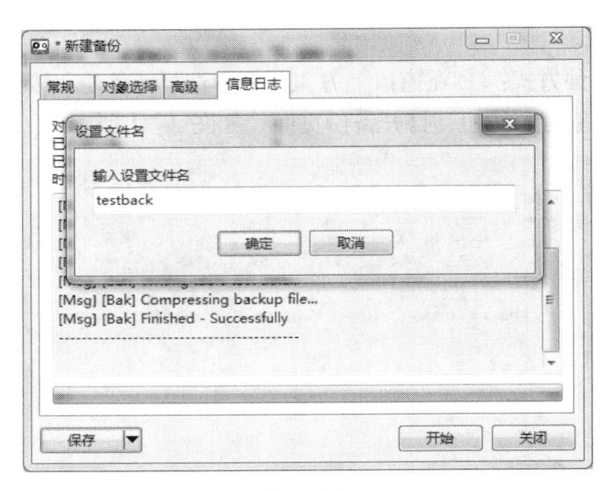

图 2–33

备份结束之后产生备份文件，数据库发生新的变化需要再次备份，双击“testback”重新进行“对象选择”后，进行备份。经过多次备份后会产生多个不同时期的备份文件，如图 2–34 所示。

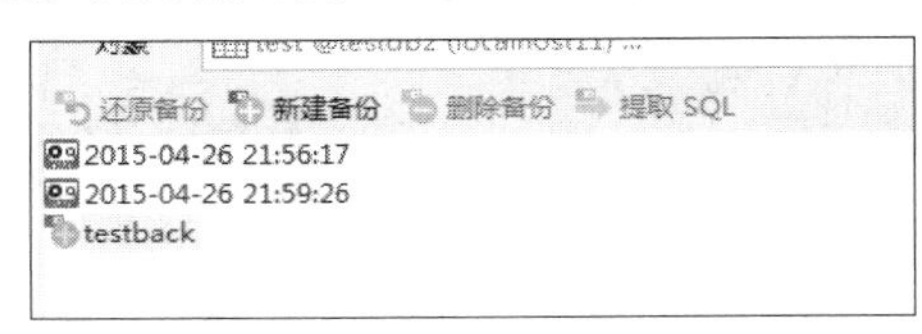

图 2–34

当需要将数据库还原到某个时间点时，选择时间，然后单击“还原备份”，弹出界面如图 2–35 所示。

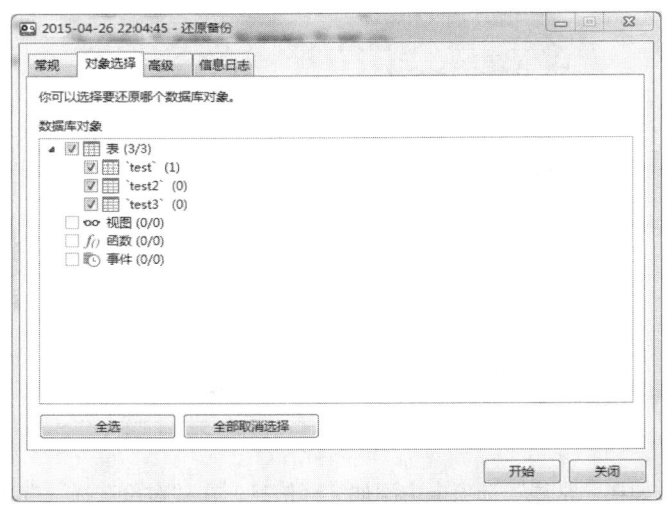

图 2–35

(5) 视图管理。

在 MySQL Administrator 中管理视图时，只能对其 SQL 代码进行管理，功能十分有限。在 Navicat for MySQL 中，视图的管理功能要强得多，且更接近于 SQL Server 的管理界面，如图 2–36 所示。

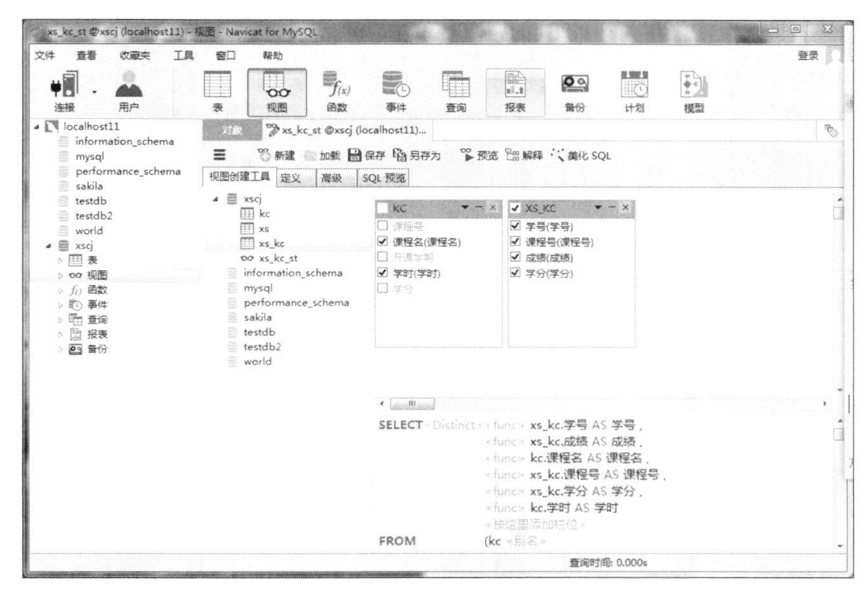

图 2-36

① 加入视图有关的表，可以从左边的树型目录中，直接拖曳到右边的表格区。

② 选择要显示的列，可以将需显示的列前面的复选框勾选。

③ 要选择一个表的所有列，可以直接勾选表名旁的复选框。

④ 要取消选择一个表，可以单击表右上角的关闭按钮。

⑤ 在多个表之间建立连接，可以将需要连接的列从一个表中拖曳到另一张表的对应列上。

(6) 查询。

这里简单介绍一下查询的命令行功能。单击窗口上方工具栏中的“查询”按钮，然后单击“新建查询”，打开的新建窗口如图 2-37 所示。

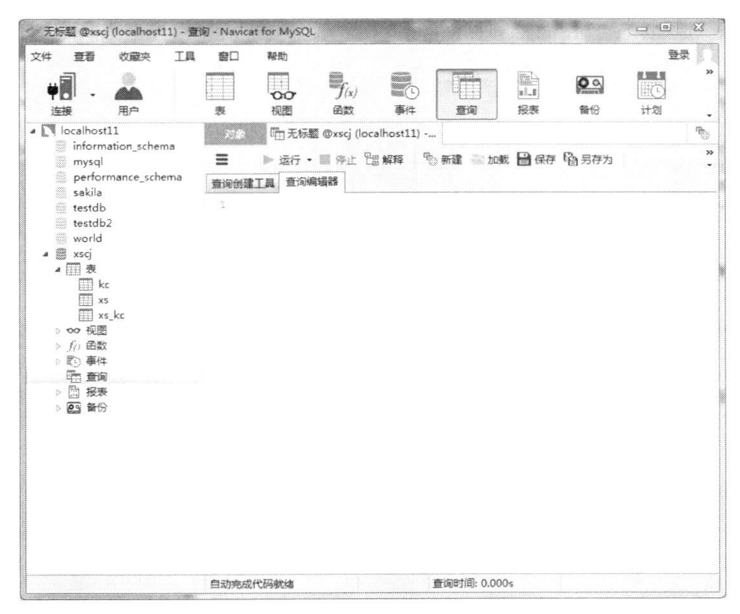

图 2-37

在“查询编辑器”中输入要执行的SQL语句，单击“运行”按钮，即在窗口下方显示结果、信息、概况等信息，如图2-38所示。

图 2-38

另外，也可以在“查询创建工具”页面中，通过表和字段选择的方式自动生成SQL语句，还可以看到“SELECT”的语法帮助，如图2-39所示。

图 2-39

以上是对Navicat for MySQL的简单介绍，目前市场上有很多其他公司开发的MySQL图形管理工具，但其中做得最成功的是Navicat for MySQL。

2.3 测试安装环境

到此，MySQL的安装配置已经完成，可以简单地对安装结果做一下测试。

❶ 在 Windows 7 环境下，在“开始”菜单下找到“MySQL”，单击“MySQL Workbench 6.2 CE”，打开图 2–40 所示的界面。

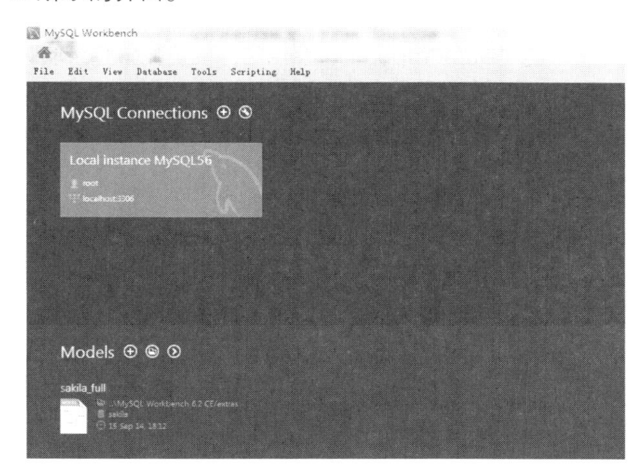

图 2–40

❷ 在界面中单击“root”，弹出登录提示框，如图 2–41 所示。

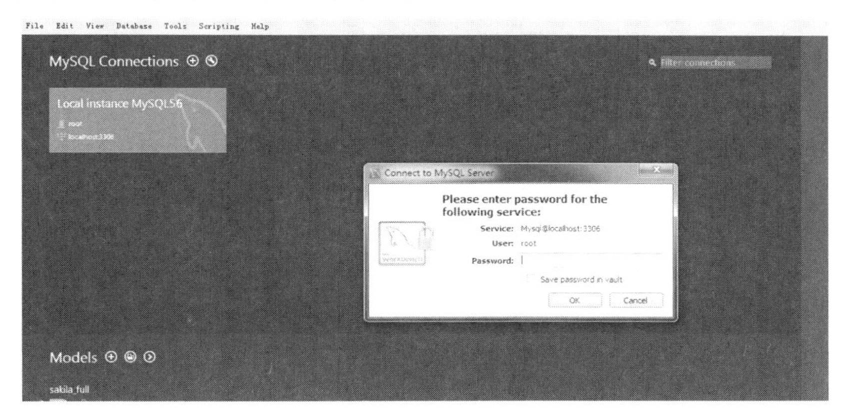

图 2–41

❸ 输入安装时设置的密码，即可进入主界面，在此界面可以做关于数据库的相关操作，如图 2–42 所示。

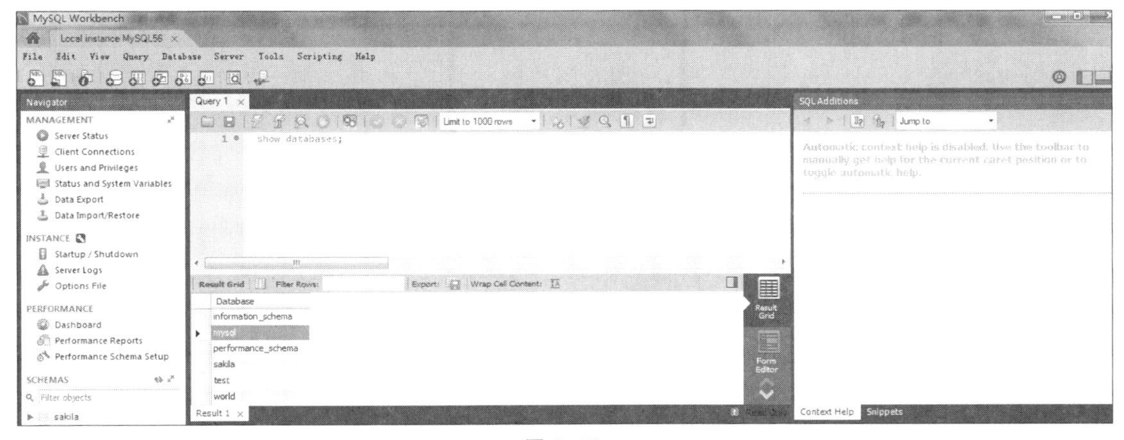

图 2–42

下面以导入数据库文件、查询表内容为例，做简单测试。

1. 导入数据库

❶ 单击“MANAGEMENT”下的“Data Import/Restore”，系统弹出登录验证界面，输入登录密码，进入到导入界面，如图 2-43 所示。

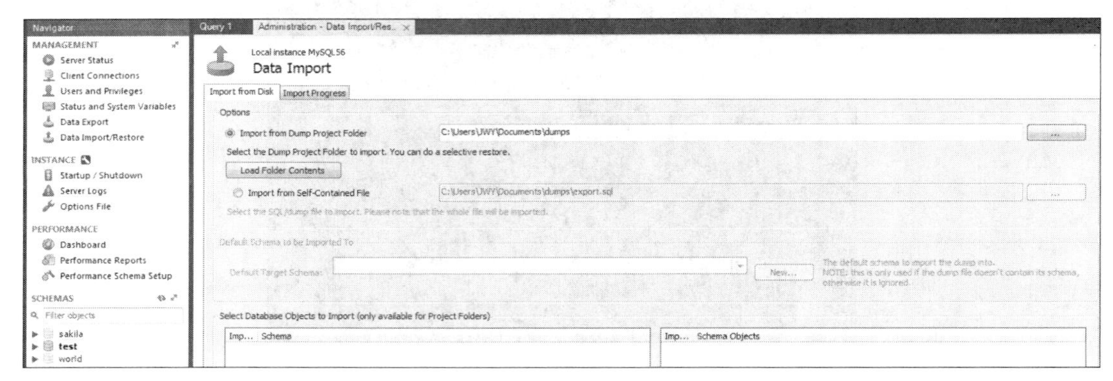

图 2-43

❷ 在“Options”中选中“Import from Self-Contained File”，找到数据库文件 XSCJ.sql，单击“Start Import”，导入成功显示如图 2-44 所示。

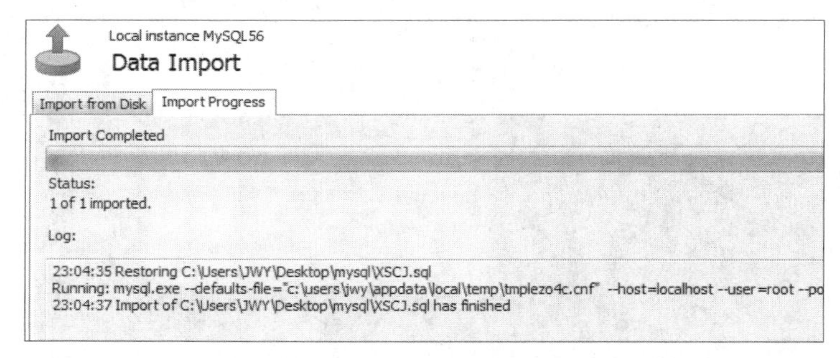

图 2-44

另外，在左侧列表“SCHEMAS”中执行刷新，会看到导入的数据库，如图 2-45 所示。

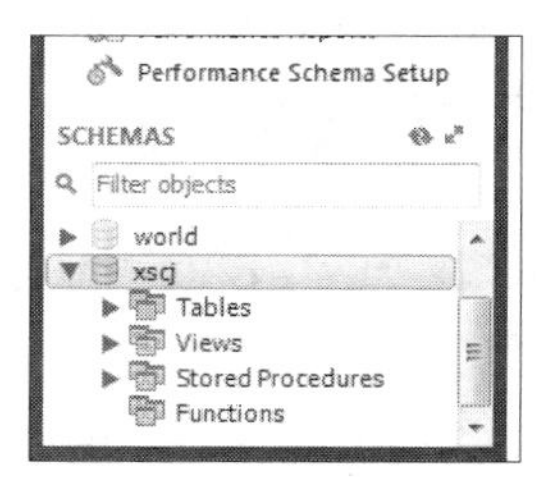

图 2-45

2. 查询

在 Query 1 窗口中输入相关 SQL 语句，执行查询，如输入如下语句。

```
use xscj;
select * from xs;
```

将查询出 XSCJ 数据库下 xs 表中的所有信息，如图 2-46 所示。

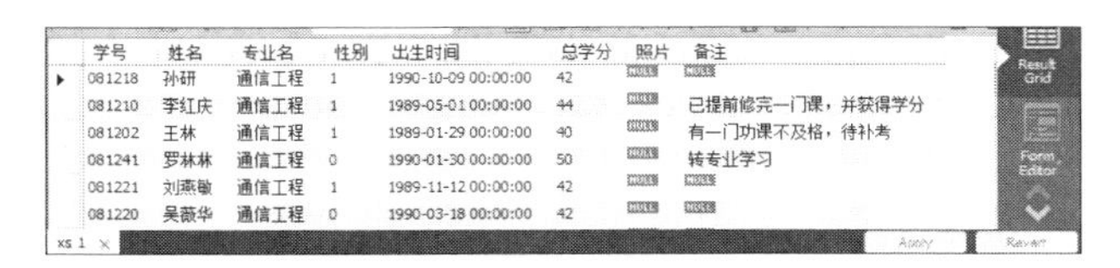

学号	姓名	专业名	性别	出生时间	总学分	照片	备注
081218	孙研	通信工程	1	1990-10-09 00:00:00	42	NULL	NULL
081210	李红庆	通信工程	1	1989-05-01 00:00:00	44	NULL	已提前修完一门课，并获得学分
081202	王林	通信工程	1	1989-01-29 00:00:00	40	NULL	有一门功课不及格，待补考
081241	罗林林	通信工程	0	1990-01-30 00:00:00	50	NULL	转专业学习
081221	刘燕敏	通信工程	1	1989-11-12 00:00:00	42	NULL	NULL
081220	吴薇华	通信工程	0	1990-03-18 00:00:00	42	NULL	NULL

图 2-46

通过上述的简单操作，证明所安装的 MySQL 能够正常使用，接下来就可以结合其他开发环境进行项目的开发。

2.4 卸载 MySQL

卸载 MySQL 需要保证能完全卸载，这样才不影响下次安装使用。下面以 Windows 7 系统为例介绍具体的卸载过程。

(1) 在 Windows 服务中停止 MySQL 的服务。

(2) 打开“控制面板”，单击“程序和功能”，找到“MySQL”，右键单击并从弹出的快捷菜单中选择卸载（或者使用其他软件卸载）。

(3) 卸载完成后，删除安装目录下的 MySQL 文件夹及程序数据文件夹，如 C:\Program Files (x86)\MySQL 和 C:\ProgramData\MySQL。

(4) 在运行中输入“regedit”，进入注册表，将所有的 MySQL 注册表内容完全清除，具体删除内容如下。

① HKEY_LOCAL_MACHINE\SYSTEM\ControlSet001\Services\Eventlog\Application\MySQL 目录删除；

② HKEY_LOCAL_MACHINE\SYSTEM\ControlSet002\Services\Eventlog\Application\MySQL 目录删除；

③ HKEY_LOCAL_MACHINE\SYSTEM\CurrentControlSet\Services\Eventlog\Application\MySQL 目录删除。

(5) 操作完成后重新启动计算机。

2.5 本章小结

本章主要讲解什么是数据库、MySQL 的安装与配置以及 MySQL 的使用。通过本章的学习，希望初学者学会在 Windows 和 Linux 下安装和配置 MySQL，以学习使用 MySQL 的客户端软件。为后面章节的学习奠定扎实的基础。

2.6 疑难解答

问：安装过程中的注意事项有哪些？

答：(1) 如果是用 MySQL+Apache，使用的又是 FreeBSD 网络操作系统，安装的时候应注意

FreeBSD 的版本问题。对 FreeBSD3.0 以下的版本来说，MySQL Source 内含的 MIT-pthread 运行时正常的，但在 3.0 以上的版本，必须使用 Native Threads，也就是加入一个 with-named-thread-libs=-lc_r 的选项。

(2) 如果在 COMPILE 过程中出现了问题，请先检查你的 gcc 版本是否在 2.81 以上，gmake 版本是否在 3.75 以上。

(3) 如果内存不足，请使用 ./configure-with-low-memory 来加入。

(4) 如果要重新做 configure，那么可以键入 "rm config.cache" 和 "make clean" 来清除记录。

(5) 把 MySQL 安装在 /user/local 目录下，这是缺省值，也可以按照需要设定所要安装的目录。

问：安装完数据库后，导入数据，由于之前的数据采用 GBK 编码，而安装 MySQL 过程中使用的是 UTF-8 编码，导致查询出来的中文数据是乱码，怎么解决？

答：登录 MySQL，使用 set names gbk 命令后，再次查询，中文即可显示正常。

2.7　实战练习

(1) 下载并安装 MySQL。

(2) 请问你在安装 MySQL 的过程中遇到哪些问题，是如何解决的？

第 3 章

数据库的基本操作

本章导读

MySQL 安装后之后，就可以进行数据库的相关操作。本章将着重介绍数据库的基本操作，包括创建数据库、删除数据库、数据库存储引擎的区别以及如何选择。

本章课时：理论 2 学时 + 实践 2 学时

学习目标

- 创建数据库
- 删除数据库
- 数据库的存储引擎

3.1 创建数据库

MySQL 安装完成后，系统将自动创建几个默认的数据库，这几个数据库存放在 data 目录下，可以使用数据库查询语句“SHOW DATABASES;”进行查看，输入语句及结果如下。

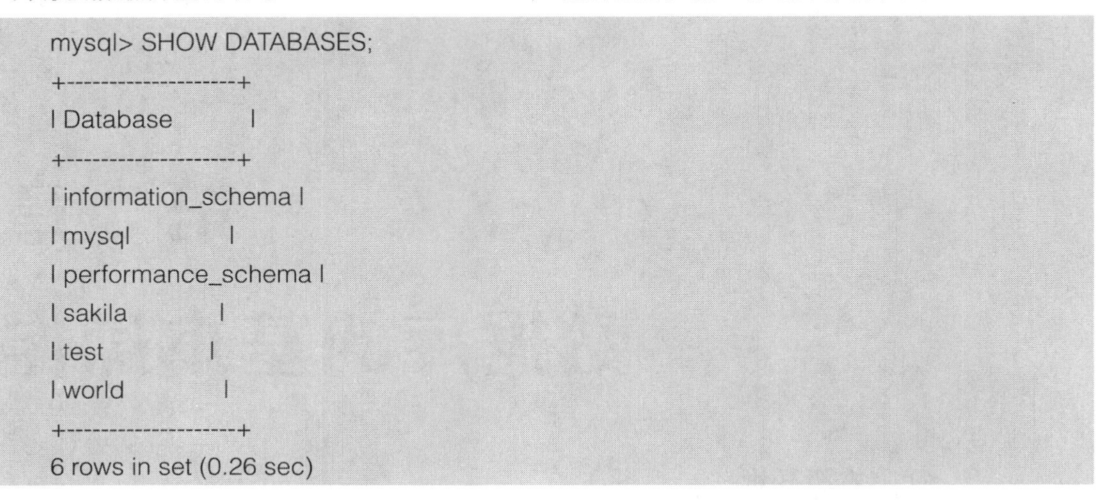

```
mysql> SHOW DATABASES;
+--------------------+
| Database           |
+--------------------+
| information_schema |
| mysql              |
| performance_schema |
| sakila             |
| test               |
| world              |
+--------------------+
6 rows in set (0.26 sec)
```

从查询结果可以看出，数据库列表中有 6 个数据库，这些数据库有各自的用途，其中 mysql 是必需的，它记录用户访问权限；test 数据库通常用于测试工作；其他几个数据库将在后面章节进行介绍。

数据库创建就是在系统磁盘上划分一块区域用于存储和管理数据，管理员可以为用户创建数据库，被分配了权限的用户可以自己创建数据库。MySQL 中创建数据库的基本语法格式如下。

```
CREATE DATABASE database_name;
```

其中“database_name”是将要创建的数据库名称，该名称不能与已经存在的数据库重名。

3.2 删除数据库

删除数据库是将已经存在的数据库从磁盘空间中清除，连同数据库中的所有数据也全部被删除。MySQL 删除数据库的基本语法格式如下。

```
DROP DATABASE database_name;
```

其中“database_name”是要删除的数据库名称，如果指定数据库名不存在，则删除出错。

```
mysql> SHOW CREATE DATABASE aa;
ERROR 1049 (42000): Unknown database 'aa'
```

上面的执行结果显示一条错误信息，表示数据库 aa 不存在，说明之前的删除语句已经成功删除数据库 aa。

3.3 数据库的存储引擎

数据库存储引擎是数据库底层软件组件，数据库管理系统（DBMS）使用数据引擎进行创建、查询、更新和删除数据操作。不同的存储引擎提供不同的存储机制、索引技巧、锁定水平等功能，使用不同的存储引擎，还可以获得特定的功能。现在，许多不同的数据库管理系统都支持多种不同的数据引擎。MySQL 的核心就是存储引擎。

3.3.1 MySQL 5.6 所支持的存储引擎

MySQL 提供了多个不同的存储引擎，包括处理事务安全表的引擎和处理非事务安全表的引擎。在 MySQL 中，不需要在整个服务器中使用同一种存储引擎，针对具体要求，可以对每一个表使用不同的存储引擎。MySQL 5.6 支持的存储引擎有：InnoDB、MyISAM、Memory、Merge、Archive、Federated、CSV、BLACKHOLE 等。可以使用 SHOW ENGINES 语句查看系统所支持的引擎类型，执行结果如下。

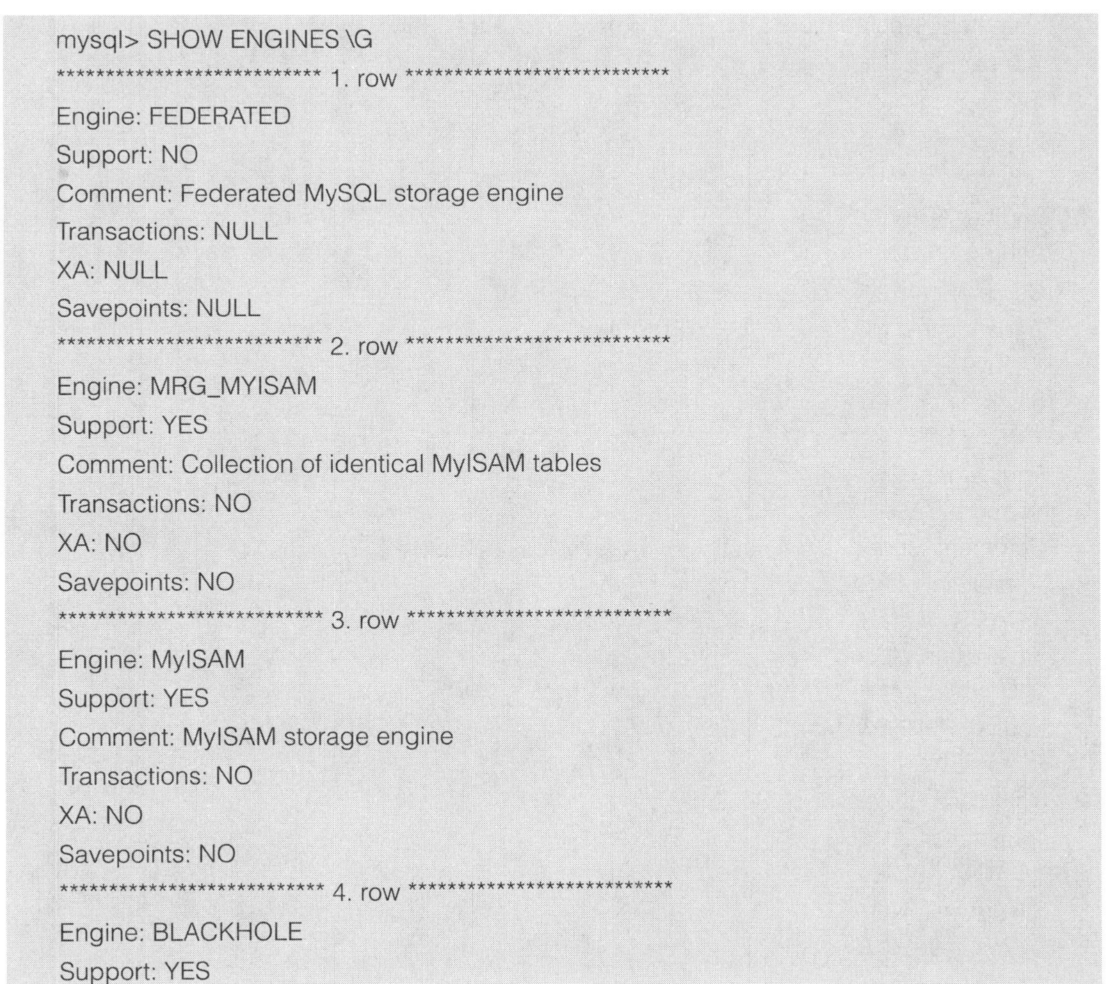

```
mysql> SHOW ENGINES \G
*************************** 1. row ***************************
Engine: FEDERATED
Support: NO
Comment: Federated MySQL storage engine
Transactions: NULL
XA: NULL
Savepoints: NULL
*************************** 2. row ***************************
Engine: MRG_MYISAM
Support: YES
Comment: Collection of identical MyISAM tables
Transactions: NO
XA: NO
Savepoints: NO
*************************** 3. row ***************************
Engine: MyISAM
Support: YES
Comment: MyISAM storage engine
Transactions: NO
XA: NO
Savepoints: NO
*************************** 4. row ***************************
Engine: BLACKHOLE
Support: YES
```

```
Comment: /dev/null storage engine (anything you write to it disappears)
Transactions: NO
XA: NO
Savepoints: NO
*************************** 5. row ***************************
Engine: CSV
Support: YES
Comment: CSV storage engine
Transactions: NO
XA: NO
Savepoints: NO
*************************** 6. row ***************************
Engine: MEMORY
Support: YES
Comment: Hash based, stored in memory, useful for temporary tables
Transactions: NO
XA: NO
Savepoints: NO
*************************** 7. row ***************************
Engine: ARCHIVE
Support: YES
Comment: Archive storage engine
Transactions: NO
XA: NO
Savepoints: NO
*************************** 8. row ***************************
Engine: InnoDB
Support: DEFAULT
Comment: Supports transactions, row-level locking, and foreign keys
Transactions: YES
XA: YES
Savepoints: YES
*************************** 9. row ***************************
Engine: PERFORMANCE_SCHEMA
Support: YES
Comment: Performance Schema
Transactions: NO
XA: NO
Savepoints: NO
9 rows in set (0.01 sec)
```

Support 列的值表示某种引擎是否能使用：YES 表示可以使用，NO 表示不能使用，DEFAULT

表示该引擎为当前默认存储引擎。

3.3.2 InnoDB 存储引擎

InnoDB是事务型数据库的首选引擎，支持事务安全表（ACID），支持行锁定和外键。MySQL 5.5.5之后，InnoDB 作为默认存储引擎。InnoDB 的主要特性有如下几点。

(1) InnoDB给MySQL提供了具有提交、回滚和崩溃恢复能力的事物安全（ACID兼容）存储引擎。InnoDB 锁定在行级并且也在 SELECT 语句中提供一个类似 Oracle 的非锁定读。这些功能增加了多用户部署和性能。在 SQL 查询中，可以自由地将 InnoDB 类型的表与其他 MySQL 的表的类型混合起来，甚至在同一个查询中也可以混合。

(2) InnoDB 是为处理巨大数据量提供最大性能而设计的。它的 CPU 效率可能是任何其他基于磁盘的关系数据库引擎所不能匹敌的。

(3) InnoDB 存储引擎完全与 MySQL 服务器整合，InnoDB 存储引擎为在主内存中缓存数据和索引而维持它自己的缓冲池。InnoDB 将它的表和索引存放在一个逻辑表空间中，表空间可以包含数个文件（或原始磁盘分区）。这与 MyISAM 表不同，比如，在 MyISAM 表中每个表被存在分离的文件中。InnoDB 表可以是任何尺寸，即使在文件大小被限制为 2 GB 的操作系统上。

(4) InnoDB 支持外键完整性约束（FOREIGN KEY）。存储表中的数据时，每张表的存储都按主键顺序存放，如果没有显示在表定义时指定主键，InnoDB 会为每一行生成一个 6 字节的 ROWID，并以此作为主键。

(5) InnoDB 被用在众多需要高性能的大型数据库站点上。InnoDB 不创建目录，使用 InnoDB 时，MySQL 将在 MySQL 数据目录下创建一个名为 ibdata1 的 10 MB 的自动扩展数据文件，以及两个名为 ib_logfile0 和 ib_logfile1 的 5 MB 的日志文件。

3.3.3 MyISAM 存储引擎

MyISAM 基于 ISAM 存储引擎，并对其进行扩展。它是在 Web、数据仓储和其他应用环境下最常使用的存储引擎之一。MyISAM 拥有较高的插入、查询速度，但不支持事务。在 MySQL 5.5.5 之前的版本中，MyISAM 是默认存储引擎。MyISAM 的主要特征如下。

(1) 大文件（达 63 位文件长度），在支持大文件的文件系统和操作系统上被支持。

(2) 当把删除和更新及插入操作混合使用的时候，动态尺寸的行产生更少碎片。这要通过合并相邻被删除的块，以及若下一个块被删除就扩展到下一块来自动完成。

(3) 每个 MyISAM 表的最大索引数是 64，这可以通过重新编译来改变。每个索引最大的列数是 16。

(4) 最大的键长度是 1000 字节，也可以通过编译来改变。对于键长度超过 250 字节的情况，一个超过 1024 字节的键将被用上。

(5) BLOB 和 TEXT 列可以被索引。

(6) NULL 值被允许在索引的列中，这个值占每个键的 0~1 个字节。

(7) 所有数字键值以高字节优先为原则被存储，以允许一个更高的索引压缩。

(8) 每个 MyISAM 类型的表都有一个 AUTO_INCREMENT 的内部列，当执行 INSERT 和 UPDATE 操作的时候该列被更新，同时 AUTO_INCREMENT 列将被刷新，所以说，MyISAM 类型表的 AUTO_INCREMENT 列更新比 InnoDB 类型的 AUTO_INCREMENT 更快。

(9) 可以把数据文件和索引文件放在不同的目录。

⑽ 每个字符列可以有不同的字符集。

⑾ VARCHAR 的表可以固定或动态地记录长度。

⑿ VARCHAR 和 CHAR 列可以多达 64 KB。

使用 MyISAM 引擎创建数据库，将生成 3 个文件。文件名字以表的名字开始，扩展名指出文件类型：存储表定义文件的扩展名为 FRM，数据文件的扩展名为 .MYD（MYData），索引文件的扩展名是 .MYI（MYIndex）。

3.3.4 MEMORY 存储引擎

MEMORY 存储引擎将表中的数据存储到内存中，为查询和引用其他表数据提供快速访问。MEMORY 的主要特性如下。

(1) MEMORY 表的每个表可以有多达 32 个索引，每个索引 16 列，以及 500 字节的最大键长度。

(2) MEMORY 存储引擎执行 HASH 和 BTREE 索引。

(3) 在一个 MEMORY 表中可以有非唯一键。

(4) MEMORY 表使用一个固定的记录长度格式。

(5) MEMORY 不支持 BLOB 或 TEXT 列。

(6) MEMORY 支持 AUTO_INCREMENT 列和对可包含 NULL 值的列的索引。

(7) MEMORY 表在所有客户端之间共享（就像其他任何非 TEMPORARY 表）。

(8) MEMORY 表内容被存在内存中，内存是 MEMORY 表和服务器在查询处理时的空闲中创建的内部共享。

(9) 当不再需要 MEMORY 表的内容时，要释放被 MEMORY 表使用的内存，应该执行 DELETE FROM 或 TRUNCATE TABLE，或者删除整个表（使用 DROP TABLE）。

3.3.5 选择存储引擎

每个存储引擎都有各自的特点，以适应不同的需求。为了方便选择，首先考虑每一个存储引擎提供了哪些不同的功能，如表 3-1 所示。

表 3-1　　存储引擎比较表

功能	MyISAM	MEMORY	InnoDB	Archive
存储限制	256TB	RAM	64TB	None
支持事务	No	No	Yes	No
支持全文索引	Yes	No	No	No
支持数索引	Yes	Yes	Yes	No
支持哈希索引	No	Yes	No	No
支持数据缓存	No	N/A	Yes	No
支持外键	No	No	Yes	No

如果要求提供提交、回滚和崩溃恢复的事务安全（ACID 兼容）能力，并要求实现并发控制，InnoDB 是一个很好的选择。如果数据表主要用来插入和查询记录，则 MyISAM 引擎能提供较高的

处理效率。如果只是临时存放数据，数据量不大，并且不需要较高的数据安全性，可以选择将数据保存在内存中的 Memory 引擎，MySQL 中使用该引擎作为临时表，存放查询的中间结果。如果只有 INSERT 和 SELECT 操作，可以选择 Archive 引擎，Archive 存储引擎支持高并发的插入操作，但是本身并不是事务安全的。Archive 存储引擎非常适合存储归档数据，如记录日志信息可以使用 Archive 引擎。

使用哪一种引擎要根据需要灵活选择，一个数据库中多个表可以使用不同引擎以满足各种性能和实际需求。使用合适的存储引擎，将会提高整个数据库的性能。

3.4 综合案例——数据库的创建、查看和删除

查询系统中当前的数据库，数据库列表中有 6 个数据库。

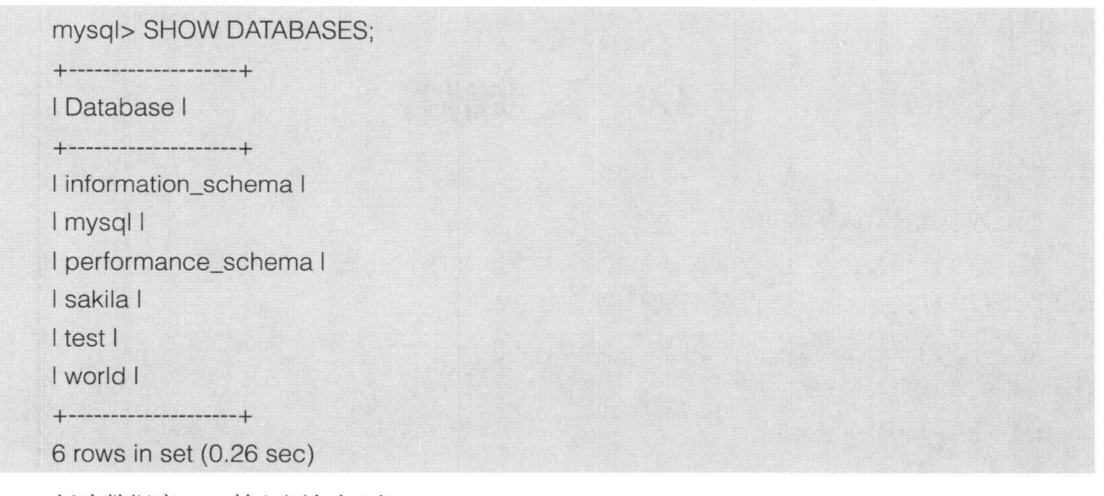

```
mysql> SHOW DATABASES;
+--------------------+
| Database |
+--------------------+
| information_schema |
| mysql |
| performance_schema |
| sakila |
| test |
| world |
+--------------------+
6 rows in set (0.26 sec)
```

创建数据库 aa，输入语句如下。

```
CREATE DATABASE aa;
```

使用“SHOW DATABASES;”语句来查看当前所有数据库，输入语句如下。

```
mysql> SHOW DATABASES;
+--------------------+
Database
+--------------------+
| information_schema |
| aa |
| mysql |
| performance_schema |
| sakila |
| test |
```

```
| world |
+--------------------+
7 rows in set (0.35 sec)
```

删除数据库 aa，输入语句如下。

```
DROP DATABASE aa;
```

3.5　本章小结

本章详细介绍了如何在 MySQL 数据库中创建数据库、删除数据库，并详细讲解了 MySQL 数据库底层软件组件数据库存储引擎，以及不同存储引擎提供不同的存储机制、索引技巧、锁定水平等。通过以上知识的引入，有助于读者根据实际应用、实际使用领域来选择相应的存储引擎。

3.6　疑难解答

问：如何查看默认存储引擎？

答：除了使用 SHOW ENGINES 语句查看系统中所有的存储引擎，其中包括默认的存储引擎，还可以使用一种直接的方法查看默认存储引擎，语句如下。

```
mysql> SHOW VARIABLES LIKE 'storage_engine';
+----------------+---------+
| Variable_name  | Value  |
+----------------+---------+
| storage_engine | InnoDB |
+----------------+---------+
```

执行结果直接显示当前默认存储引擎为 InnoDB。

3.7　实战练习

(1) 查看当前系统中的数据库。

(2) 创建数据库 Bank，使用 SHOW CREATE DATABASE 语句查看数据库定义信息。

(3) 删除数据库 Bank。

第 4 章

数据表的基本操作

本章导读

在数据库中，数据表是数据库中最重要、最基本的操作对象，是数据存储的基本单位。数据表被定义为列的集合，数据在表中是按照行和列的格式来存储的。每一行代表一条唯一的记录，每一列代表记录中的一个域。

本章将详细介绍数据表的基本操作，主要内容包括：创建数据表、查看数据表结构、修改数据表、删除数据表。通过本章的学习，能够帮助读者熟练掌握数据表的基本概念，理解约束、默认和规则的含义并且学会运用；能够在命令行模式下熟练地完成有关数据表的常用操作。

本章课时：理论 6 学时 + 实践 2 学时

学习目标

- 创建数据表
- 查看数据表结构
- 修改数据表
- 删除数据表

4.1 创建数据表

在创建完数据库之后，接下来就要在数据库中创建数据表。所谓创建数据表，指的是在已经创建好的数据库中建立新表。创建数据表的过程是规定数据列的属性的过程，同时也是实施数据完整性（包括实体完整性、引用完整性和域完整性）约束的过程。本节将介绍创建数据表的语法形式，以及如何添加主键约束、外键约束、非空约束等。

4.1.1 创建表的语法形式

数据表属于数据库，在创建数据表之前，应该使用语句“USE <数据库名>”指定操作是在哪个数据库中进行。如果没有选择数据库，直接创建数据表，系统会显示“No database selected”的错误。

创建数据表的语句为 CREATE TABLE，语法规则如下。

```
CREATE TABLE <表名>
(
字段名 1，数据类型 [ 列级别约束条件 ][ 默认值 ],
字段名 2，数据类型 [ 列级别约束条件 ][ 默认值 ],
……
[ 表级别约束条件 ]
);
```

使用 CREATE TABLE 创建表时，必须指定以下信息。

⑴ 要创建的表的名称，不区分大小写，不能使用 SQL 语言中的关键字，如 DROP、ALTER、INSERT 等。

⑵ 数据表中每一个列（字段）的名称和数据类型，如果创建多个列，要用逗号隔离开。

【范例 4-1】请按照以下要求创建员工表 tb_employee1

创建员工表 tb_employee1，结构如表 4-1 所示。

表 4-1 tb_employee1 表结构

字段名称	数据类型	备注
id	INT(11)	员工编号
name	VARCHAR(25)	员工名称
depId	INT(11)	所在部门编号
salary	FLOAT	工资

首先创建数据库，SQL 语句如下。

> 技巧：如果已经使用上述命令创建过数据库 aa，再次使用该命令行创建数据库时，系统会提示“无法创建数据库‘aa’，数据库已经存在”。

```
CREATE DATABASE aa;
```

然后选择该数据库，SQL 语句如下。

```
USE aa;
```

开始创建 tb_employee1 表，SQL 语句如下。

```
CREATE TABLE tb_employee1
(
id      INT(11),
name    VARCHAR(25),
deptId  INT(11),
salary  FLOAT
);
```

语句执行后，便创建了一个名称为 tb_employee1 的数据表，使用“SHOW TABLES;”语句查看数据表是否创建成功，SQL 语句如下。

```
mysql> SHOW TABLES;
+--------------+
| Tables_in_aa |
+--------------+
| tb_employee1 |
+--------------+
1 rows in set (0.00 sec)
```

可以看到，aa 数据库中已经有了数据表 tb_employee1，数据表创建成功。

4.1.2 主键约束

主键，又称主码，是表中一列或多列的组合。主键约束（Primary Key Constraint）要求主键列的数据唯一，并且不允许为空。主键能够唯一标识表中的一条记录，可以结合外键来定义不同数据表之间的关系，并且可以加快数据库查询的速度。主键和记录之间的关系如同身份证和人之间的关系，它们之间是一一对应的。主键分为两种类型：单字段主键和多字段联合主键。

1. 单字段主键

单字段主键是指主键由一个字段组成，SQL 语句格式分为以下两种情况。

⑴ 在定义列的同时指定主键，语法规则如下。

```
字段名 数据类型 PRIMARY KEY[ 默认值 ]
```

【范例 4-2】数据表中主键的使用方式一

定义数据表 tb_employee2，其主键为 id，SQL 语句如下。

```
CREATE TABLE tb_employee2
(
id      INT(11) PRIMARY KEY,
name    VARCHAR(25),
```

```
deptId  INT(11),
salary  FLOAT
);
```

⑵ 在定义完所有列之后指定主键，语法格式如下。

```
[CONSTRAINT< 约束名 >] PRIMARY KEY [ 字段名 ]
```

【范例 4-3】数据表中主键的使用方式二

定义数据表 tb_employee3，其主键为 id，SQL 语句如下。

```
CREATE TABLE tb_employee3
(
id      INT(11),
name    VARCHAR(25),
deptId  INT(11),
salary  FLOAT,
PRIMARY KEY(id)
);
```

上述两个范例执行后的结果是一样的，都会在 id 字段上设置主键约束。

2. 多字段联合主键

多字段联合主键是指主键由多个字段联合组成，语法规则如下。

```
PRIMARY KEY[ 字段 1，字段 2，…，字段 n]
```

【范例 4-4】多字段联合主键的使用

定义数据表 tb_employee4，假设表中间没有主键 id，为了唯一确定一个员工，可以把 name、deptID 联合起来作为主键，SQL 语句如下。

```
CREATE TABLE tb_employee4
(
name    VARCHAR(25),
deptId  INT(11),
salary  FLOAT,
PRIMARY KEY(name,deptId)
);
```

语句执行后，便创建了一个名称为 tb_employee4 的数据表，name 字段和 deptId 字段组合在一起成为该数据表的多字段联合主键。

4.1.3 外键约束

外键用来在两个表的数据之间建立连接，它可以是一列或者多列。一个表可以有一个或者多个外键。外键对应的是参照完整性，一个表的外键可以为空值，若不为空值，则每一个外键值必须等于另一个表中主键的某个值。

下面介绍几个概念。

外键：是表中的一个字段，它可以不是本表的主键，但对应另外一个表的主键。外键的主要作用是保证数据引用的完整性，定义外键后，不允许删除在另一个表中具有关联关系的行。例如，部分表 tb_dept 的主键 id，在员工表 tb_employee5 中有一个键 deptId 与这个 id 关联。

主表（父表）：对于两个具有关联关系的表而言，相关联字段中主键所在的那个表即是主表。

从表（子表）：对于两个具有关联关系的表而言，相关联字段中外键所在的那个表即是从表。

创建外键的语法规则如下。

```
[CONSTRAINT< 外键名 >]FOREIGN KEY 字段名 1[, 字段名 2,…]
REFERENCES< 主表名 > 主键列 1[, 主键列 2,…]
```

其中，“外键名”为定义的外键约束的名称，一个表中不能有相同名称的外键；“字段名”表示子表需要添加外键约束的字段列。

【范例 4-5】外键约束的使用

定义数据表 tb_employee5，并且在该表中创建外键约束。

创建一个部门表 tb_dept1，表结构如表 4-2 所示，SQL 语句如下。

```
CREATE TABLE tb_dept1
(
  id   INT(11)PRIMARY KEY,
  name   VARCHAR(22) NOT NULL,
  location   VARCHAR(50)
);
```

表 4-2　　tb_dept1 表结构

字段名称	数据类型	备注
id	INT(11)	部门编号
name	VARCHAR(22)	部门名称
location	VARCHAR(50)	部门位置

定义数据表 tb_employee5，让它的 deptId 字段作为外键关联到 tb_dept1 的主键 id，SQL 语句如下。

```
CREATE TABLE tb_employee5
(
  id  NT(11)PRIMARY KEY,
  name  VARCHAR(25),
  deptId  INT(11),
  salary  FLOAT,
  CONSTRAINT  fk_emp_dept1 FOREIGN KEY(deptId) REFERENCES tb_dept1(id)
);
```

以上语句执行成功后，在表 tb_employee5 上添加了名称为 fk_emp_dept1 的外键约束，外键名

称为 deptId，其依赖于表 tb_dept1 的主键 id。

提示：关联值是在关系型数据库中相关表之间的联系，它是通过相容或相同的属性或属性组来表示的。子表的外键必须关联父表的主键，且关联字段的数据类型必须匹配，如果类型不一样，则创建子表时，就会出现错误提示。

4.1.4 非空约束

非空约束（NOT NULL Constraint）是指字段的值不能为空。对于使用了非空约束的字段，如果用户在添加数据时没有指定值，数据库系统会报错。

非空约束的语法规则如下。

```
字段名 数据类型 not null
```

【范例 4-6】非空约束的使用

定义数据表 tb_employee6，指定员工的名称不能为空，SQL 语句如下。

```
CREATE TABLE tb_employee6
(
  id  INT(11)PRIMARY KEY,
  name  VARCHAR(25)NOT NULL,
  deptId  INT(11),
  salary  FLOAT
);
```

执行后，在 tb_employee6 中创建了一个 name 字段，其插入值不能为空（NOT NULL）。

4.1.5 唯一性约束

唯一性约束（Unique Constraint）要求该列唯一，允许为空，但只能出现一个空值。唯一约束可以确保一列或几列都不出现重复值。

非空约束的语法规则有如下两种情况。

(1) 在定义完列之后直接指定唯一约束，语法规则如下。

```
字段名 数据类型 UNIQUE
```

【范例 4-7】唯一性约束的使用方式一

定义数据表 tb_dept2，指定部门的名称唯一，SQL 语句如下。

```
CREATE TABLE tb_dept2
(
  id  INT(11)PRIMARY KEY,
  name  VARCHAR(22) UNIQUE,
  location  VARCHAR(50)
);
```

⑵ 在定义完所有列之后指定唯一约束，语法规则如下。

```
[CONSTRAINT <约束名>] UNIQUE(<字段名>)
```

【范例 4-8】唯一性约束的使用方式二

定义数据表 tb_dept3，指定部门的名称唯一，SQL 语句如下。

```
CREATE TABLE tb_dept3
(
  id  INT(11)PRIMARY KEY,
  name  VARCHAR(22),
  location  VARCHAR(50),
  CONSTRAINT STH UNIQUE(name)
);
```

UNIQUE 和 PRIMARY KEY 的区别：一个表中可以有多个字段声明为 UNIQUE，但只能有一个 PRIMARY KEY 声明；声明为 PRIMARY KEY 的列不允许有空值，但是声明为 UNIQUE 的字段允许空值的存在。

4.1.6 默认约束

默认约束（Default Constraint）指定某列的默认值。例如，男性同学较多，性别就可以默认为“男”。如果插入一条新的记录时没有为这个字段赋值，那么系统会自动为这个字段赋值为“男”。

默认约束的语法规则如下。

```
字段名数据类型 DEFAULT 默认值
```

【范例 4-9】默认约束的使用

定义数据表 tb_employee7，指定员工的部门编号默认值为“1111”，SQL 语句如下。

```
CREATE TABLE tb_employee7
(
  id          INT(11)PRIMARY KEY,
  name  VARCHAR(25)NOT NULL,
  deptId  INT(11) DEFAULT 1111,
  salary  FLOAT
);
```

以上语句执行成功之后，表 tb_employee7 中的字段 deptId 拥有了一个默认值“1111”，新插入的记录如果没有指定部门编号，则默认设置为“1111”。

4.1.7 设置数据表的属性值自动增加

在数据库应用中，经常希望在每次插入新记录时，系统自动生成字段的主键值。这可以通过为表主键添加 AUTO_INCREMENT 关键字来实现。在 MySQL 中，默认情况下 AUTO_INCREMENT 初始值为 1，每新增一条记录，字段自动加 1。一个表只能有一个字段使用 AUTO_INCREMENT 约束，

且该字段必须为主键的一部分。AUTO_INCREMENT 约束的字段可以是任何整数类型（TINYINT、SMALLINT、INT、BIGINT）。

属性值自动增加的语法规则如下。

```
字段名 数据类型 AUTO_INCREMENT
```

【范例 4-10】属性值自动增加的语法使用

定义数据表 tb_employee8，指定员工的编号自动增加，SQL 语句如下。

```
CREATE TABLE tb_employee8
(
  id   INT(11)PRIMARY KEY AUTO_INCREMENT,
  name   VARCHAR(25)NOT NULL,
  deptId   INT(11),
  salary   FLOAT
);
```

上述例子执行后，会创建名称为 tb_employee8 的数据表。表中的 id 字段值在添加记录的时候会自动增加，id 字段默认值从 1 开始，每次添加一条新记录，该值自动加 1。

为了验证属性值自动增加，可以向数据表 tb_employee8 中插入数据，执行插入语句如下。

```
mysql> INSERT INTO tb_employee8(name,salary)
-> VALUES('Lucy',1000),('Lura',1200),('Kevin',1500);
```

语句执行完成后，tb_employee8 表中增加 3 条记录，插入数据时并没有输入 id 的值，系统已经自动添加该值，使用 SELECT 命令查看记录，SQL 语句如下。

```
mysql> SELECT * FROM tb_employee8;
+----+-------+--------+--------+
| id | name  | deptId | salary |
+----+-------+--------+--------+
|  1 | Lucy  |   NULL |   1000 |
|  2 | Lura  |   NULL |   1200 |
|  3 | Kevin |   NULL |   1500 |
+----+-------+--------+--------+
3 rows in set (0.00 sec)
```

提示：这里使用的是 INSERT 声明向表中插入记录的方法，并不是 SQL 标准语法，这种语法不一定适用于其他数据库，只能在 MySQL 中使用。

4.2 查看数据表结构

使用 SQL 语句创建好数据表之后，可以查看表结构的定义，以确认表的定义是否正确。在

MySQL 中，查看表结构可以使用 DESCRIBE 和 SHOW CREATE TABLE 语句。本节将针对这两个语句分别进行详细的讲解。

4.2.1 查看表基本结构

DESCRIBE/DESC 语句可以查看表字段信息，其中包括字段名、字段数据类型、是否为主键、是否有默认值等，语法规则如下。

```
DESCRIBE 表名;
```

或者简写为如下形式。

```
DESC 表名;
```

【范例 4-11】DESCRIBE/DESC 语句的使用

分别使用 DESCRIBE 和 DESC 查看表 tb_dept1 和表 tb_employee1 的表结构。

查看 tb_dept1 表结构，SQL 语句如下。

```
mysql> DESCRIBE tb_dept1;
+----------+-------------+------+-----+---------+-------+
| Field    | Type        | Null | Key | Default | Extra |
+----------+-------------+------+-----+---------+-------+
| id       | int(11)     | NO   | PRI | NULL    |       |
| name     | varchar(22) | NO   |     | NULL    |       |
| location | varchar(50) | YES  |     | NULL    |       |
+----------+-------------+------+-----+---------+-------+
```

查看 tb_employee1 表结构，SQL 语句如下。

```
mysql> DESC tb_employee1;
+--------+-------------+------+-----+---------+-------+
| Field  | Type        | Null | Key | Default | Extra |
+--------+-------------+------+-----+---------+-------+
| id     | int(11)     | YES  |     | NULL    |       |
| name   | varchar(25) | YES  |     | NULL    |       |
| deptId | int(11)     | YES  |     | NULL    |       |
| salary | float       | YES  |     | NULL    |       |
+--------+-------------+------+-----+---------+-------+
```

其中，各个字段的含义分别如下。

(1) NULL：表示该列是否可以存储 NULL 值。

(2) Key：表示该列是否已编制索引。PRI 表示该列是表主键的一部分；UNI 表示该列是 UNIQUE 索引的一部分；MUL 表示在列中某个给定值允许出现多次。

(3) Default：表示该列是否有默认值，如果有的话值是多少。

(4) Extra：表示可以获取的与给定列有关的附加信息，例如 AUTO_INCREMENT 等。

4.2.2 查看表详细结构

SHOW CREATE TABLE 语句可以用来显示创建表时的 CREATE TABLE 语句，语法格式如下。

```
SHOW CREATE TABLE < 表名 \G>;
```

> 技巧：使用 SHOW CREATE TABLE 语句，不仅可以查看表创建时候的详细语句，而且可以查看存储引擎和字符编码。

如果不加“\G”参数，显示的结果可能非常混乱，加上参数“\G”之后，可使显示结果更加直观，易于查看。

【范例 4-12】SHOW CREATE TABLE 语句的使用

使用 SHOW CREATE TABLE 查看表 tb_employee1 的详细信息，SQL 语句如下。

```
mysql> SHOW CREATE TABLE tb_employee1\G
*************************** 1. row ***************************
Table: tb_employee1
Create Table: CREATE TABLE 'tb_employee1' (
'id' int(11) DEFAULT NULL,
'name' varchar(25) DEFAULT NULL,
'deptId' int(11) DEFAULT NULL,
'salary' float DEFAULT NULL
) ENGINE=InnoDB DEFAULT CHARSET=utf8
1 row in set (0.00 sec)
```

4.3 修改数据表

修改表指的是修改数据库中已经存在的数据表的结构。MySQL 使用 ALTER TABLE 语句修改表。常用的修改表的操作有：修改表名，修改字段数据类型或字段名，增加和删除字段，修改字段的排列位置，更改表的存储引擎，删除表的外键约束等。本节将对此类修改表的操作进行讲解。

4.3.1 修改表名

MySQL 是通过 ALTER TABLE 语句来实现表名的修改的，具体语法规则如下。

```
ALTER TABLE < 旧表名 >RENAME[TO]< 新表名 >;
```

其中，TO 为可选参数，使用与否不影响结果。

【范例 4-13】修改数据表名

将数据表 tb_dept3 改名为 tb_deptment3。

执行修改表名操作之前，使用 SHOW TABLES 查看数据库中所有的表。

```
mysql> SHOW TABLES;
+--------------+
| Tables_in_aa |
+--------------+
| tb_dept1     |
| tb_dept2     |
| tb_dept3     |
```

使用 ALTER TABLE 将表 tb_dept3 改名为 tb_deptment3，SQL 语句如下。

```
ALTER TABLE tb_dept3 RENAME tb_deptment3;
```

语句执行后，检验表 tb_dept3 是否改名成功。使用 SHOW TABLES 查看数据库中的表，结果如下。

```
mysql> SHOW TABLES;
+--------------+
| Tables_in_aa |
+--------------+
| tb_dept1     |
| tb_dept2     |
| tb_deptment3 |
```

经比较可以看到，数据表列表中已经显示表名为 tb_deptment3。

提示：读者可以在修改表名时使用 DESC 命令查看修改前后两个表的结构，修改表名并不会修改表结构，因此修改名后的表和修改名前的表的结构必然是相同的。

4.3.2 修改字段数据类型

修改字段的数据类型，就是把字段的数据类型转换成另一种数据类型。在 MySQL 中修改字段数据类型的语法规则如下。

```
ALTER TABLE <表名>MODIFY<字段名> <数据类型>;
```

其中，“表名”指需要修改数据类型的字段所在表的名称；“字段名”指需要修改的字段；“数据类型”指修改后字段的新数据类型。

【范例 4-14】修改字段数据类型的使用

将数据表 tb_dept1 中 name 字段的数据类型由 VARCHAR(22) 修改成 VARCHAR(30)。执行修改表名操作之前，使用 DESC 查看 tb_dept1 表结构，结果如下。

```
mysql> DESC tb_dept1;
+----------+------------+------+-----+---------+-------+
```

```
| Field    | Type        | Null | Key | Default | Extra |
+----------+-------------+------+-----+---------+-------+
| id       | int(11)     | NO   | PRI | NULL    |       |
| name     | varchar(22) | YES  |     | NULL    |       |
| location | varchar(50) | YES  |     | NULL    |       |
+----------+-------------+------+-----+---------+-------+
3 rows in set (0.00 sec)
```

可以看到，现在 name 字段的数据类型为 VARCHAR(22)，下面修改其数据类型。输入如下 SQL 语句并执行。

```
ALTER TABLE tb_dept1 MODIFY name VARCHAR(30);
```

再次使用 DESC 查看表，结果如下。

```
mysql> DESC tb_dept1;
+----------+-------------+------+-----+---------+-------+
| Field    | Type        | Null | Key | Default | Extra |
+----------+-------------+------+-----+---------+-------+
| id       | int(11)     | NO   | PRI | NULL    |       |
| name     | varchar(30) | YES  |     | NULL    |       |
| location | varchar(50) | YES  |     | NULL    |       |
+----------+-------------+------+-----+---------+-------+
3 rows in set (0.00 sec)
```

语句执行之后，检验会发现表 tb_dept1 中 name 字段的数据类型已经修改成 VARCHAR(30)，修改成功。

4.3.3 修改字段名

MySQL 中修改表字段名的语法规则如下。

```
ALTER TABLE <表名> CHANGE <旧字段名> <新字段名> <新数据类型>;
```

其中，“旧字段名”指修改前的字段名；“新字段名”指修改后的字段名；“新数据类型”指修改后的数据类型，如果不需要修改字段的数据类型，将新数据类型设置成与原来一样即可，但数据类型不能为空。

【范例 4-15】修改表中字段名

将数据表 tb_dept1 中的 location 字段名称改为 loc，数据类型保持不变，SQL 语句如下。

```
ALTER TABLE tb_dept1 CHANGE location loc VARCHAR(50);
```

使用 DESC 查看表 tb_dept1，会发现字段名称已经修改成功，结果如下。

```
mysql> DESC tb_dept1;
+-------+-------------+------+-----+---------+-------+
| Field | Type        | Null | Key | Default | Extra |
```

```
+-------+------------+------+-----+---------+-------+
| id   | int(11)    | NO  | PRI | NULL   |     |
| name | varchar(30) | YES |     | NULL   |     |
| loc  | varchar(50) | YES |     | NULL   |     |
+-------+------------+------+-----+---------+-------+
3 rows in set (0.00 sec)
```

【范例 4-16】修改表的数据名及数据类型

将数据表 tb_dept1 中的 loc 字段名改为 location，同时将数据类型变为 VARCHAR(60)，SQL 语句如下。

```
ALTER TABLE tb_dept1 CHANGE loc location VARCHAR(60);
```

使用 DESC 查看表 tb_dept1，会发现字段的名称和数据类型已经修改成功，结果如下。

```
mysql> DESC tb_dept1;
+----------+------------+------+-----+---------+-------+
| Field    | Type       | Null | Key | Default | Extra |
+----------+------------+------+-----+-----66----+-------+
| id       | int(11)    | NO   | PRI | NULL    |       |
| name     | varchar(30) | YES |     | NULL    |       |
| location | varchar(60) | YES |     | NULL    |       |
+----------+------------+------+-----+---------+-------+
3 rows in set (0.00 sec)
```

CHANGE 也可以只修改数据类型，实现和 MODIFY 同样的效果，方法是将 SQL 语句中的“新字段名”和“旧字段名”设置为相同的名称，只改变“数据类型”。

> 提示：由于不同类型的数据在机器中存储的方式及长度并不相同，修改数据类型可能会影响到数据表中已有的数据记录，因此当数据库中已经有数据时，不要轻易修改数据类型。

4.3.4 添加字段

随着业务需求的变化，可能需要在已经存在的表中添加新的字段。一个完整字段包括字段名、数据类型、完整性约束。添加字段的语法格式如下。

```
ALTER TABLE < 表名 > ADD < 新字段名 > < 数据类型 >
[ 约束条件 ][FIRST|AFTER 已经存在的字段名 ];
```

其中，“新字段名”为需要添加的字段名称；“FIRST”为可选参数，其作用是将新添加的字段设置为表的第一个字段；“AFTER”为可选参数，其作用是将新添加的字段添加到指定的“已经存在的字段名”的后面。

> 提示：“FIRST”“AFTER”“已经存在的字段名”用于指定新增字段在表中的位置，如果 SQL 语句中没有这两个参数，则默认将新添加的字段设置为数据表的最后列。

1. 添加无完整性约束条件的字段

【范例 4-17】添加无完整性约束的字段

在数据表 tb_dept1 中添加一个没有完整性约束的 INT 类型的字段 managerId（部门经理编号），SQL 语句如下。

```
ALTER TABLE tb_dept1 ADD managerId INT(10);
```

使用 DESC 查看表 tb_dept1，会发现在表的最后添加了一个名为 managerId 的 INT 类型的字段，结果如下。

```
mysql> DESC tb_dept1;
+-----------+-------------+------+-----+---------+-------+
| Field     | Type        | Null | Key | Default | Extra |
+-----------+-------------+------+-----+---------+-------+
| id        | int(11)     | NO   | PRI | NULL    |       |
| name      | varchar(30) | YES  |     | NULL    |       |
| location  | varchar(60) | YES  |     | NULL    |       |
| managerId | int(10)     | YES  |     | NULL    |       |
+-----------+-------------+------+-----+---------+-------+
4 rows in set (0.03 sec)
```

2. 添加有完整性约束条件的字段

【范例 4-18】添加有完整性约束的字段

在数据表 tb_dept1 中添加一个不能为空的 VARCHAR(12) 类型的字段 column1，SQL 语句如下。

```
ALTER TABLE tb_dept1 ADD column1 VARCHAR(12) not null;
```

使用 DESC 查看表 tb_dept1，会发现在表的最后添加了一个名为 column1 的 varchar(12) 类型且不为空的字段，结果如下。

```
mysql> DESC tb_dept1;
+-----------+-------------+------+-----+---------+-------+
| Field     | Type        | Null | Key | Default | Extra |
+-----------+-------------+------+-----+---------+-------+
| id        | int(11)     | NO   | PRI | NULL    |       |
| name      | varchar(30) | YES  |     | NULL    |       |
| location  | varchar(60) | YES  |     | NULL    |       |
| managerId | int(10)     | YES  |     | NULL    |       |
| column1   | varchar(12) | NO   |     | NULL    |       |
+-----------+-------------+------+-----+---------+-------+
5 rows in set (0.00 sec)
```

3. 在表的第一列添加一个字段

【范例 4-19】添加字段中 FIRST 参数的使用

在数据表 tb_dept1 中添加一个 INT 类型的的字段 column2，SQL 语句如下。

```
ALTER TABLE tb_dept1 ADD column2 INT(11) FIRST;
```

使用 DESC 查看表 tb_dept1，会发现在表第一列添加了一个名为 column2 的 INT(11) 类型字段，结果如下。

```
mysql> DESC tb_dept1;
+-----------+------------+------+-----+---------+-------+
| Field     | Type       | Null | Key | Default | Extra |
+-----------+------------+------+-----+---------+-------+
| column2   | int(11)    | YES  |     | NULL    |       |
| id        | int(11)    | NO   | PRI | NULL    |       |
| name      | varchar(30)| YES  |     | NULL    |       |
| location  | varchar(60)| YES  |     | NULL    |       |
| managerId | int(10)    | YES  |     | NULL    |       |
| column1   | varchar(12)| NO   |     | NULL    |       |
+-----------+------------+------+-----+---------+-------+
6 rows in set (0.00 sec)
```

4. 在表的指定列之后添加一个字段

【范例 4-20】添加字段中 AFTER 参数的使用

在数据表 tb_dept1 中 name 列后添加一个 INT 类型的字段 column3，SQL 语句如下。

```
ALTER TABLE tb_dept1 ADD column3 INT(11) AFTER name;
```

使用 DESC 查看表 tb_dept1，结果如下。

```
mysql> DESC tb_dept1;
+-----------+------------+------+-----+---------+-------+
| Field     | Type       | Null | Key | Default | Extra |
+-----------+------------+------+-----+---------+-------+
| column2   | int(11)    | YES  |     | NULL    |       |
| id        | int(11)    | NO   | PRI | NULL    |       |
| name      | varchar(30)| YES  |     | NULL    |       |
| column3   | int(11)    | YES  |     | NULL    |       |
| location  | varchar(60)| YES  |     | NULL    |       |
| managerId | int(10)    | YES  |     | NULL    |       |
| column1   | varchar(12)| NO   |     | NULL    |       |
+-----------+------------+------+-----+---------+-------+
```

```
7 rows in set (0.00 sec)
```

可以看到，tb_dept1 表中增加了一个名称为 column3 的字段，其位置在指定的 name 字段后面，添加字段成功。

4.3.5 删除字段

删除字段是将数据表中的某一个字段从表中移除，语法格式如下。

```
ALTER TABLE <表名> DROP <字段名>;
```

其中，“字段名”指需要从表中删除的字段的名称。

【范例 4-21】删除数据表中的字段

删除数据表 tb_dept1 表中的 column2 字段。

首先，在删除字段之前，使用 DESC 查看 tb_dept1 表结构，结果如下。

```
mysql> DESC tb_dept1;
+-----------+-------------+------+-----+---------+-------+
| Field     | Type        | Null | Key | Default | Extra |
+-----------+-------------+------+-----+---------+-------+
| column2   | int(11)     | YES  |     | NULL    |       |
| id        | int(11)     | NO   | PRI | NULL    |       |
| name      | varchar(30) | YES  |     | NULL    |       |
| column3   | int(11)     | YES  |     | NULL    |       |
| location  | varchar(60) | YES  |     | NULL    |       |
| managerId | int(10)     | YES  |     | NULL    |       |
| column1   | varchar(12) | NO   |     | NULL    |       |
+-----------+-------------+------+-----+---------+-------+
7 rows in set (0.00 sec)
```

删除 column2 字段，SQL 语句如下。

```
ALTER TABLE tb_dept1 DROP column2;
```

再次使用 DESC 查看表 tb_dept1，结果如下。

```
mysql> DESC tb_dept1;
+-----------+-------------+------+-----+---------+-------+
| Field     | Type        | Null | Key | Default | Extra |
+-----------+-------------+------+-----+---------+-------+
| id        | int(11)     | NO   | PRI | NULL    |       |
| name      | varchar(30) | YES  |     | NULL    |       |
| column3   | int(11)     | YES  |     | NULL    |       |
| location  | varchar(60) | YES  |     | NULL    |       |
| managerId | int(10)     | YES  |     | NULL    |       |
| column1   | varchar(12) | NO   |     | NULL    |       |
```

```
+-----------+------------+------+-----+---------+-------+
6 rows in set (0.00 sec)
```

可以看到，tb_dept1 表中已经不存在名称为 column2 的字段，删除字段成功。

4.3.6 修改字段排序

对于一个数据表来说，在创建的时候，字段在表中的排列顺序就已经确定了。但表的结构并不是完全不可以改变的，可以通过 ALTER TABLE 来改变表中字段的相对位置，其语法格式如下。

```
ALTER TABLE < 表名 > MODIFY < 字段 1> < 数据类型 > FIRST AFTER < 字段 2>;
```

其中，“字段 1”指要修改位置的字段；“数据类型”指“字段 1”的数据类型；“FIRST”为可选参数，指将“字段 1”修改为表的第一个字段；“AFTER< 字段 2>”指将“字段 1”插入到“字段 2”后面。

1. 修改字段为表的第一个字段

【范例 4-22】修改字段排序 FIRST 参数的使用

将数据表 tb_dept1 中的 column1 字段修改为表的第一个字段，SQL 语句如下。

```
ALTER TABLE tb_dept1 MODIFY column1 VARCHAR(12) FIRST;
```

使用 DESC 查看表 tb_dept1，发现字段 column1 已经被移至表的第一列，结果如下。

```
mysql> DESC tb_dept1;
+-----------+------------+------+-----+---------+-------+
| Field     | Type       | Null | Key | Default | Extra |
+-----------+------------+------+-----+---------+-------+
| column1   | varchar(12) | YES  |     | NULL    |       |
| id        | int(11)     | NO   | PRI | NULL    |       |
| name      | varchar(30) | YES  |     | NULL    |       |
| column3   | int(11)     | YES  |     | NULL    |       |
| location  | varchar(60) | YES  |     | NULL    |       |
| managerId | int(10)     | YES  |     | NULL    |       |
+-----------+------------+------+-----+---------+-------+
6 rows in set (0.02 sec)
```

2. 修改字段到列表的指定列之后

【范例 4-23】修改字段排序 AFTER 参数的使用

将数据表 tb_dept1 中的 column1 字段插入 location 字段后面，SQL 语句如下。

```
ALTER TABLE tb_dept1 MODIFY COLUMN1 VARCHAR(12) AFTER location;
```

使用 DESC 查看表 tb_dept1，结果如下。

```
mysql> DESC tb_dept1;
```

```
+-----------+------------+------+-----+---------+-------+
| Field     | Type       | Null | Key | Default | Extra |
+-----------+------------+------+-----+---------+-------+
| id        | int(11)    | NO   | PRI | NULL    |       |
| name      | varchar(30)| YES  |     | NULL    |       |
| column3   | int(11)    | YES  |     | NULL    |       |
| location  | varchar(60)| YES  |     | NULL    |       |
| column1   | varchar(12)| YES  |     | NULL    |       |
| managerId | int(10)    | YES  |     | NULL    |       |
+-----------+------------+------+-----+---------+-------+
6 rows in set (0.02 sec)
```

可以看到，tb_dept1 表中的字段 column1 已经被移至 location 字段之后。

4.3.7 更改表的存储引擎

通过前面章节的学习，已经知道存储引擎是 MySQL 中的数据存储在文件或内存中时采用的不同技术实现。可以根据自己的需要，选择不同的引擎，甚至可以为每一张表选择不同的存储引擎。MySQL 中主要存储引擎有 MyISAM、InnoDB、MEMORY（HEAP）、BDB、FEDERATED 等。可以使用 SHOW ENGINES；语句查看系统支持的存储引擎。表 4–3 列出了 MySQL 5.6.21 支持的存储引擎。

表 4 –3　　MySQL 5.6.21 支持的存储引擎

引擎名	是否支持
FEDERATED	否
MRG_MYSIAM	是
MyISAM	是
BLACKHOLE	是
CSV	是
MEMORY	是
ARCHIVE	是
InnoDB	默认
PERFORMANCE_SCHEMA	是

更改表的存储引擎的语法格式如下。

```
ALTER TABLE < 表名 > ENGINE=< 更改后的存储引擎名 >;
```

【范例 4–24】更改数据表的存储引擎

将数据表 tb_deptment3 的存储引擎修改为 MyISAM。

在修改存储引擎之前，首先使用SHOW CREATE TABLES查看表tb_deptment3当前的存储引擎，结果如下。

```
mysql> SHOW CREATE TABLE tb_deptment3\G
*************************** 1. row ***************************
       Table: tb_deptment3
Create Table: CREATE TABLE 'tb_deptment3' (
  'id' int(11) NOT NULL,
  'name' varchar(22) DEFAULT NULL,
  'location' varchar(50) DEFAULT NULL,
  PRIMARY KEY ('id'),
  UNIQUE KEY 'STH' ('name')
) ENGINE=InnoDB DEFAULT CHARSET=utf8
1 row in set (0.00 sec)
```

可以看到，表tb_deptment3当前的存储引擎为ENGINE=InnoDB，接下来修改存储引擎类型，SQL语句如下。

```
mysql> ALTER TABLE tb_deptment3 ENGINE=MyISAM;
```

使用SHOW CREATE TABLES再次查看表tb_deptment3的存储引擎，发现表tb_deptment3的存储引擎已变为“MyISAM”，结果如下。

```
mysql> SHOW CREATE TABLE tb_deptment3\G
*************************** 1. row ***************************
       Table: tb_deptment3
Create Table: CREATE TABLE 'tb_deptment3' (
'id' int(11) NOT NULL,
'name' varchar(22) DEFAULT NULL,
'location' varchar(50) DEFAULT NULL,
PRIMARY KEY ('id'),
UNIQUE KEY 'STH' ('name')
) ENGINE=MyISAM DEFAULT CHARSET=utf8
1 row in set (0.01 sec)
```

4.3.8 删除表的外键约束

对于数据库中定义的外键，如果不再需要，可以将其删除。外键一旦删除，就会解除主表和从表间的关联关系。MySQL中删除外键的语法格式如下。

```
ALTER TABLE < 表名 > DROP FOREIGN KEY < 外键约束名 >;
```

其中，“外键约束名”指在定义表时CONSTRAINT关键字后面的参数，详细内容可参考4.1.3小节“使用外键约束”。

4.4 删除数据表

删除数据表就是将数据库中已经存在的表从数据库中删除。注意，在删除表的同时，表的定义和表中所有的数据均会被删除。因此，在进行删除操作前，最好对表中的数据做个备份，以免造成无法挽回的后果。本节将详细讲解数据库中数据表的删除方法。

4.4.1 删除没有被关联的表

在 MySQL 中，使用 DROP TABLE 可以一次删除一个或多个没有被其他表关联的数据表，语法格式如下。

```
DROP TABLE [IF EXISTS] 表 1 表 2…表 n
```

其中，“表 n”指要删除的表的名称，后面可以同时删除多个表，只需将删除的表名一起写在后面，相互之间用逗号隔开。如果要删除的数据表不存在，则 MySQL 会提示一条错误信息，“ERROR 1051(42S02）:Unknown table ‘表名’”。参数“IF EXISTS”用于在删除前判断删除的表是否存在，加上该参数后，再删除表的时候，如果表不存在，SQL 语句可以顺利执行，但是会发出警告(Warning)。

在前面的例子中，已经创建了名为 tb_dept2 的数据表。如果没有，读者可以参考本章范例 4–7，重新创建该表。下面使用删除语句将该表删除。

【范例 4–25】删除没有被关联的表

删除数据表 tb_dept2，SQL 语句如下。

```
mysql> DROP TABLE tb_dept2;
```

语句执行完毕后，使用 SHOW TABLES 命令查看当前数据库中所有的数据表，SQL 语句如下。

```
mysql> SHOW TABLES;
+--------------+
| Tables_in_aa |
+--------------+
| tb_dept1     |
| tb_deptment3 |
```

执行结果中可以看到，数据列表中已经不存在名称为 tb_dept2 的数据表，删除操作成功。

4.4.2 删除被其他表关联的主表

在数据表之间存在外键关联的情况下，如果直接删除父表，结果会显示失败。原因是，直接删除将破坏表的参照完整性。如果必须要删除，可以先删除与它关联的子表，再删除父表，只是这样同时删除了两个表中的数据。但有的情况下可能要保留子表，这时如要单独删除父表，只需将关联的表的外键约束条件取消，然后就可以删除父表。下面讲解这种方法。

在数据库中创建两个关联表，首先创建表 tb_dept2，SQL 语句如下。

```
mysql> CREATE TABLE tb_dept2
```

```
(
  id       INT(11) PRIMARY KEY,
  name     VARCHAR(22),
  location VARCHAR(50)
);
```

接下来创建表 tb_emp，SQL 语句如下。

```
mysql> CREATE TABLE tb_emp
(
  id       INT(11) PRIMARY KEY,
  name     VARCHAR(25),
  deptId   INT(11),
  salary   FLOAT,
  CONSTRAINT fk_emp_dept FOREIGN KEY (deptId) REFERENCES tb_dept2(id)
);
```

使用 SHOW CREATE TABLE 命令查看表 tb_emp 的外键约束，结果如下。

```
mysql> SHOW CREATE TABLE tb_emp\G
*************************** 1. row ***************************
Table: tb_emp
Create Table: CREATE TABLE 'tb_emp' (
'id' int(11) NOT NULL,
'name' varchar(25) DEFAULT NULL,
'deptId' int(11) DEFAULT NULL,
'salary' float DEFAULT NULL,
PRIMARY KEY ('id'),
KEY 'fk_emp_dept' ('deptId'),
CONSTRAINT 'fk_emp_dept' FOREIGN KEY ('deptId') REFERENCES 'tb_dept2' ('id')
) ENGINE=InnoDB DEFAULT CHARSET=utf8
1 row in set (0.00 sec)
```

可以看到，以上执行结果创建了两个关联表 tb_dept2 和表 tb_emp。其中，tb_emp 表为子表，具有名为 fk_emp_dept 的外键约束；tb_dept2 为父表，其主键 id 被子表 tb_emp 所关联。

【范例 4-26】删除被其他表关联的主表

删除数据表 tb_emp。

首先，直接删除父表 tb_dept2，输入删除语句如下。

```
mysql> DROP TABLE tb_dept2;
ERROR 1217 (23000): Cannot delete or update a parent row: a foreign key constraint fails
```

可以看到，如前所述，在存在外键约束时，主表不能被直接删除。

接下来，解除关联子表 tb_emp 的外键约束，SQL 语句如下。

```
ALTER TABLE tb_emp DROP FOREIGN KEY fk_emp_dept;
```

语句成功执行后，将取消表 tb_emp 和 tb_dept2 之间的关联关系，此时，可以输入删除语句，将原来的父表 tb_dept2 删除，SQL 语句如下。

```
DROP TABLE tb_dept2;
```

最后通过“SHOW TABLES;”查看数据表列表，结果如下。

```
mysql> SHOW TABLES;
+--------------+
| Tables_in_aa |
+--------------+
| tb_dept1     |
| tb_deptment3 |
……
```

可以看到，数据表列表中已经不存在名为 tb_dept2 的表。

4.5　综合案例——解除主表和从表间的关联关系

首先创建表 tb_employee9，创建外键 deptId 关联数据表 tb_dept1 的主键 id，SQL 语句如下。

```
mysql> CREATE TABLE tb_emloyee9
(
  id      INT(11) PRIMARY KEY,
  name     VARCHAR(25),
  deptId   INT(11),
  salary   FLOAT,
  CONSTRAINT fk_emp_dept FOREIGN KEY (deptId) REFERENCES tb_dept1(id)
);
```

使用 SHOW CREATE TABLE 查看表 tb_employee9 的结构，结果如下。

```
mysql> SHOW CREATE TABLE tb_employee9\G
*************************** 1. row ***************************
     Table: tb_employee9
Create Table: CREATE TABLE 'tb_employee9' (
 'id' int(11) NOT NULL,
'name' varchar(25) DEFAULT NULL,
'deptId' int(11) DEFAULT NULL,
'salary' float DEFAULT NULL,
PRIMARY KEY ('id'),
```

```
KEY 'fk_emp_dept' ('deptId'),
CONSTRAINT 'fk_emp_dept' FOREIGN KEY ('deptId') REFERENCES 'tb_dept1' ('id')
) ENGINE=InnoDB DEFAULT CHARSET=utf8
1 row in set (0.01 sec)
```

可以看到，已经成功添加了表的外键。下面删除外键约束，SQL 语句如下。

```
ALTER TABLE tb_employee9 DROP FOREIGN KEY fk_emp_dept;
```

执行完毕之后，将删除表 tb_employee9 的外键约束，使用 SHOW CREATE TABLE 再次查看表 tb_employee9 的结构，结果如下。

```
mysql> SHOW CREATE TABLE tb_employee9\G
*************************** 1. row ***************************
Table: tb_employee9
Create Table: CREATE TABLE 'tb_employee9' (
'id' int(11) NOT NULL,
'name' varchar(25) DEFAULT NULL,
'deptId' int(11) DEFAULT NULL,
'salary' float DEFAULT NULL,
PRIMARY KEY ('id'),
KEY 'fk_emp_dept' ('deptId')
) ENGINE=InnoDB DEFAULT CHARSET=utf8
1 row in set (0.00 sec)
```

可以看到，tb_employee9 中已经不存在 FOREIGN KEY，原有的名称为 fk_emp_dept 的外键约束删除成功。

4.6 本章小结

本章主要讲解数据表的基本操作、表的约束。其中，数据表的操作是本章的重要内容，需要通过实践练习加以透彻了解。表的约束是本章的难点，希望读者在使用的时候，可以结合表的实际情况去运用。

4.7 疑难解答

问：带 AUTO_INCREMENT 约束的字段值都是从 1 开始的吗？

答：在 MySQL 中，默认 AUTO_INCREMENT 的初始值是 1，每新增一条记录，字段值自动加 1。设置自动属性（AUTO_INCREMENT）的时候，还可以指定第一条插入记录的自增字段的值，这样新插入的记录的自增字段值从初始值开始递增。

问：是不是每一个表必须要有主键？

答：否，不是每个表必须设主键。通常，在对多个表的连接操作才会使用主键。

4.8　实战练习

(1) 创建数据库 Market，在 Market 中创建数据表 customers，customers 表结构如表 4–4 所示，按要求进行操作。

表 4–4　customers 表结构

字段名	数据类型	主键	外键	非空	唯一	自增
c_num	INT(11)	是	否	是	是	是
c_name	VARCHAR(50)	否	否	否	否	否
c_contact	VARCHAR(50)	否	否	否	否	否
c_city	VARCHAR(50)	否	否	否	否	否
c_birth	DATETIME	否	否	是	否	否

① 创建数据库 Market。

② 创建数据表 customers，在 c_num 字段上添加主键约束和自增约束，在 c_birth 字段上添加非空约束。

③ 将 c_contact 字段插入 c_birth 字段后面。

④ 将 c_name 字段数据类型改为 VARCHAR(70)。

⑤ 将 c_contact 字段名改为 c_phone。

⑥ 增加 c_gender 字段，数据类型为 CHAR(1)。

⑦ 将表名修改为 costomers_info。

⑧ 删除字段 c_city。

⑨ 修改数据表的存储引擎为 MyISAM。

(2) 在 Market 中创建数据表 orders，orders 表结构如表 4–5 所示，按要求进行操作。

表 4–5　orders 表结构

字段名	数据类型	主键	外键	非空	唯一	自增
c_num	INT(11)	是	否	是	是	是
o_date	DATE)	否	否	否	否	否
c_id	VARCHAR(50)	否	是	否	否	否

① 创建数据表 orders，在 c_num 字段上添加主键约束和自增约束，在 c_id 字段上添加外键约束，关联 customers 表中的主键 c_num。

② 删除 orders 表的外键约束，然后删除表 customers。

第 5 章
MySQL 的数据类型和运算符

本章导读

数据表由多列字段构成，每个字段在数据定义的时候都要确定不同的数据类型。向每个字段插入的数据内容决定了该字段的数据类型。例如，当要往数据表中插入学生学号“201410533106”时，可以将它存储为整数类型，也可以存储为字符串类型。不同的数据类型决定了 MySQL 在存储数据的时候使用的方式，以及在使用它们的时候选择什么运算符号进行运算。

通过本章学习，读者能够掌握 MySQL 基本语法知识，学会分析选择精准的数据类型，正确使用各种运算符。

本章课时：理论 4 学时 + 实践 2 学时

学习目标

- MySQL 数据类型
- 如何选择数据类型
- 常见运算符

5.1 MySQL 数据类型

MySQL 支持多种数据类型，主要有数值类型、日期 / 时间类型、字符串类型和二进制类型。

⑴ 数值数据类型：包括整数类型 TINYINT、SMALLINT、MEDIUMINT、INT、BIGINT，浮点小数类型 FLOAT 和 DOUBLE，定点小数类型 DECIMAL。

⑵ 日期 / 时间类型：包括 YEAR、TIME、DATE、DATETIME 和 TIMESTAMP。

⑶ 字符串类型：包括 CHAR 、VARCHAR、BINARY、VARBINARY、BLOB、TEXT、ENUM 和 SET 等。

⑷ 二进制类型：包括 BIT、BINARY、VARBINARY、TINYBLOB、BLOB、MEDIUMBLOB 和 LONGBLOB。

5.1.1 整数类型

MySQL 提供多种数值数据类型，不同的数据类型提供的取值范围不同，可以存储的值的范围越大，其所需要的存储空间也就越大，因此要根据实际需求选择适合的数据类型。MySQL 主要提供的整数类型有：TINYINT、SMALLINT、MEDIUMINT、INT（INTEGER）、BIGINT。整数类型的字段属性可以添加 AUTO_INCREMENT 自增约束条件。表 5–1 列出了 MySQL 中整数型数据类型的说明。

表 5 –1　　MySQL 中的整数型数据类型

类型名称	说明	存储需求
TINYINT	很小的整数	1 字节
SMALLINT	小的整数	2 字节
MEDIUMINT	中等大小的整数	3 字节
INT（INTEGER）	普通大小的整数	4 字节
BIGINT	大整数	8 字节

表中显示，不同类型的整数存储时占用的字节不同，占用字节最少的是 TINYINT 类型，占用字节最大的是 BIGINT，而占用字节多的类型所能存储的数字范围也大。可以根据占用的字节数计算出每一种整数类型的取值范围，例如 TINYINT 存储需求是字节（8 bit），那么 TINYINT 无符号数的最大值为 2^8–1, 即 255；TINYINT 有符号数的最大值为 2^7–1, 即 127。用这种计算方式可以计算出其他整数类型的取值范围，如表 5–2 所示。

表 5 –2　　整数型数据类型的取值范围

数据类型	有符号数取值范围	无符号数取值范围
TINYINT	–128~127	0~255
SMALLINT	–32 768~32 767	0~65 535
MEDIUMINT	–8 388 608~8 388 607	0~16 777 215
INT（INTEGER）	–2 147 483 648~2 147 483 647	0~4 294 967 295
BIGINT	–9 223 372 036 854 775 808~9 223 372 036 854 775 807	0~18 446 744 073 709 551 615

MySQL 支持选择在该类型关键字后面的括号内指定整数值的显示宽度，可使用 INT(M) 进行

设置。其中，M 指示最大显示宽度，例如，INT(4) 表示最大有效显示宽度为 4。需要注意的是：显示宽度与存储大小或类型包含的值的范围无关。该可选显示宽度规定用于显示宽度小于指定的字段宽度的值时从左侧填满宽度。显示宽度只是指明 MySQL 最大可能显示的数值个数，数值的个数如果小于指定的宽度时，显示会由空格填充；如果插入了大于显示宽度的值，只要该值不超过该类型整数的取值范围，数据依然可以插入，而且显示无误。

例如，假设声明一个 INT 类型的字段如下。

```
year INT(4)
```

该声明指出，在 year 字段中的数据一般只显示 4 位数字的宽度。假如向 year 字段中插入数值 12345，当使用 select 语句查询该列值的时候，MySQL 显示的是完整的带有 5 位数字的 12345，而不是 4 位数字。

其他整型数据类型也可以在定义表结构时指定所需要的显示宽度，如果不指定，则系统为每一种类型指定默认的宽度值，如范例 5-1 所示。

【范例 5-1】整数类型在字段声明中的使用

创建一个 example 数据库，并创建表 ex1，其中字段 a、b、c、d、e 数据类型分别为 TINYTEXT、SMALLTEXT、MEDIUMTEXT、INT、BIGINT，SQL 语句如下。

```
create database example;
use example;
create table ex1(a TINYINT, b SMALLINT, c MEDIUMINT, d INT, e BIGINT);
```

执行成功后，使用 DESC 查看表结构，结果显示如下。

```
mysql> DESC ex1;
+-------+-------------+------+-----+---------+-------+
| Field | Type        | Null | Key | Default | Extra |
+-------+-------------+------+-----+---------+-------+
| a     | tinyint(4)  | YES  |     | NULL    |       |
| b     | smallint(6) | YES  |     | NULL    |       |
| c     | mediumint(9)| YES  |     | NULL    |       |
| d     | int(11)     | YES  |     | NULL    |       |
| e     | bigint(20)  | YES  |     | NULL    |       |
+-------+-------------+------+-----+---------+-------+
```

由 MySQL 执行结果可以看出，虽然定义数据表的时候未指明各数据类型的显示宽度，但是系统给每种数据类型添加了不同的默认显示宽度。这些显示宽度能够保证显示每一种数据类型的取值范围内所有的值。例如，TINYINT 有符号数和无符号数的取值范围分别是 –128~127 和 0~255，由于符号占用一个数字位，所以 TINYINT 默认的显示宽度是 4。同理，其他整数类型的默认显示宽度与其有符号数的最小值的宽度相同。

不同的整数类型的取值范围不同，所需的存储空间也不同，因此，在定义数据表的时候，要根据实际需求选择最合适的类型，这样做有利于节约存储空间，还有利于提高查询效率。

提示：整数类型的显示宽度只用于显示，不能限制取值范围和存储空间，例如，INT(4) 会占用 4 个字节的存储空间，其允许的最大值是 $2^{31}-1$ 或 $2^{32}-1$，而不是 9 999。

现实生活中，很多情况需要存储带有小数部分的数值，下面将介绍 MySQL 支持的能保存小数的数据类型。

5.1.2 浮点数类型和定点数类型

MySQL 中使用浮点数和定点数表示小数。浮点类型有两种：单精度浮点类型（FLOAT）和双精度浮点类型（DOUBLE）。定点类型只有一种：DECIMAL。浮点类型和定点类型都可以用（M，D）来表示，其中 M 称为精度，表示总共的位数；D 称为标度，表示小数的位数。浮点类型取值范围为：M（1~255）和 D（1~30，且不能大于 M–2），分别表示显示宽度和小数位数。M 和 D 在 FLOAT 和 DOUBLE 中是可选的，MySQL 3.23.6 以上版本中，FLOAT 和 DOUBLE 类型将被保存为硬件所支持的最大精度。DECIMAL 的 M 和 D 值在 MySQL 3.23.6 后可选，默认 D 值为 0，M 值为 10。表 5–3 列出了 MySQL 中的小数类型和存储需求。

表 5 –3　　MySQL 中的小数类型

类型名称	说明	存储需求
FLOAT	单精度浮点数	4 字节
DOUBLE	双精度浮点数	8 字节
DECIMAL（M，D），DEC	压缩的“严格”定点数	M+2 字节

DECIMAL 类型不同于 FLOAT 和 DECIMAL，其中 DECIMAL 实际是以字符串存储的。DECIMAL 可能的最大取值范围与 DOUBLE 一样，但是其有效的取值范围由 M 和 D 的值决定。如果改变 M 而固定 D，则其取值范围将随 M 的变大而变大；如果固定 M 而改变 D，则其取值范围将随 D 的变大而变小（但精度增加）。由 MySQL 中的小数类型表可以看出，DECIMAL 的存储空间并不是固定的，而是由其精度值 M 决定的，占用 M+2 字节。

(1) FLOAT 类型的取值范围如下。

① 有符号的取值范围：–3.402823466E+38 ~ –1.175494351E–38。

② 无符号的取值范围：0 和 1.175494351E–38 ~ 3.402823466E+38。

(2) DOUBLE 类型的取值范围如下。

① 有符号的取值范围：–1.7976931348623157E+308 ~ –2.2250738585072014E–308。

② 无符号的取值范围：0 和 2.2250738585072014E–308 ~ 1.7976931348623157E+308。

技巧：不论是定点类型还是浮点类型，如果用户指定的精度值超过精度范围，则会进行四舍五入的处理。

【范例 5–2】浮点数类型和定点数类型在字段声明中的使用

创建表 ex2，其中字段 a、b、c 的数据类型分别为 FLOAT(4,1)、DOUBLE(4,1) 和 DECIMAL(4,1)，向表中插入数据 4.23、4.26 和 4.234，SQL 语句如下。

```
create table ex2(a FLOAT(4,1), b DOUBLE(4,1), c DECIMAL(4,1));
```

向表中插入数据的语句如下。

```
insert into ex2 values(4.23,4.26,4.234);
```

结果显示如下。

```
mysql> insert into ex2 values(4.23,4.26,4.234);
Query OK, 1 row affected, 1 warning (0.05 sec)
```

MySQL执行结果可以看到，在插入数据时出现了一个警告信息，使用“show warnings；”语句查看警告信息，结果如下。

```
mysql> show warnings;
+-------+------+--------------------------------------+
| Level | Code | Message                              |
+-------+------+--------------------------------------+
| Note  | 1265 | Data truncated for column 'c' at row 1 |
+-------+------+--------------------------------------+
```

警告信息中显示字段c，也就是定义的DECIMAL(4,1)定点数据类型在插入4.234的时候被警告字段被截断，而字段a和字段b在插入4.23和4.26时未给出警告。

执行select语句查看数据表ex2中内容，结果如下。

```
select * from ex2;
mysql> select * from ex2;
+------+------+------+
| a    | b    | c    |
+------+------+------+
| 4.2  | 4.3  | 4.2  |
+------+------+------+
```

由执行结果看出，虽然字段a和字段b的FLOAT和DOUBLE数据类型在插入超过其精度范围的小数时，MySQL系统未给出警告，但是对插入的数据做了四舍五入的处理。同样，DECIMAL类型在对超出其精度范围的插入值做出四舍五入的处理的同时，系统还会给出截断插入值的警告。

> 提示：在MySQL中，在对精度要求比较高的时候（如货币、科学数据等），尽量选择使用DECIMAL类型。另外，两个浮点数在进行减法和比较运算的时候容易出问题，因此在使用浮点数类型时需要注意，并尽量避免做浮点数比较。

5.1.3 日期与时间类型

MySQL中有多种表示日期的数据类型，主要有：YEAR、TIME、DATE、DATETIME、TIMESTAMP。例如：只需记录年份信息时，可以只用YEAR类型，而没有必要使用DATE。每一个类型都有合法的取值范围，当插入不合法的值时，系统会将“0”值插入到字段中。表5-4列出了MySQL中的日期与时间类型。

表 5-4　日期与时间类型

类型名称	日期格式	日期范围	存储需求
YEAR	YYYY	1901~2155	1 字节
TIME	HH:MM:SS	-838:59:59 ~ 838:59:59	3 字节
DATE	YYYY-MM-DD	1000-01-01 ~ 9999-12-31	3 字节
DATETIME	YYYY-MM-DD HH:MM:SS	1000-01-01 00:00:00 ~ 9999-12-31 23:59:59	8 字节
TIMESTAMP	YYYY-MM-DD HH:MM:SS	1970-01-01 00:00:001 ~ 2038-01-19 03:14:07	4 字节

1. YEAR

YEAR 类型使用单字节表示年份，在存储时只需要 1 字节。可以使用不同格式指定 YEAR 的值。

(1) 以 4 位字符串或者 4 位数字格式表示 YEAR，其范围为 '1901'~'2155'，输入格式为 'YYYY' 或 YYYY。例如，输入 '2015' 或 2015，插入到数据库的值都是 2015。

(2) 以 2 位字符串格式表示 YEAR，范围为 '00' 到 '99'。'00'~'69' 和 '70'~'99' 范围的值分别被转换为 2000~2069 和 1970~1999 范围的 YEAR 值。输入 '0' 与 '00' 取值相同，皆为 2000。插入超过取值范围的值将被转换为 2000。

(3) 以 2 位数字表示的 YEAR，范围为 1~99。1~69 和 70~99 范围的值分别被转换为 2001~2069 和 1970~1999 范围的 YEAR 值。注意：0 值被转换为 0000，而不是 2000。

提示：两位整数与两位字符串的取值范围稍有不同。例如：插入 2000 年，读者可能会使用数字格式的 0 表示 YEAR，实际上，插入数据库的值为 0000，而不是期望的 2000。只有使用字符串格式的 0 和 00，才可以得到 2000。非法 YEAR 值被转换为 0000。

【范例 5-3】以 4 位数字格式表示 YEAR

创建数据表 ex3，定义数据类型为 YEAR 的字段 a，向表中插入值 2015，'2015'，'2288'。

首先创建表 ex3，SQL 语句如下。

```
create table ex3(a YEAR);
```

向表中插入数据，SQL 语句如下。

```
insert into ex3 values(2015),('2015');
```

执行结果，SQL 语句如下。

```
mysql> insert into ex3 values(2015),('2015');
Query OK, 2 rows affected (0.07 sec)
Records: 2  Duplicates: 0  Warnings: 0
```

再次向表中插入数据，SQL 语句如下。

```
insert into ex3 values('2288');
```

执行结果如下所示。

```
mysql> insert into ex3 values('2288');
ERROR 1264 (22003): Out of range value for column 'a' at row 1
```

MySQL 给出一条错误提示，字段 a 中插入的第三个值 '2288' 超出了 YEAR 类型的取值范围，此时不能正确地执行插入操作，使用 select 语句查看结果，如下所示。

```
mysql> select * from ex3;
+------+
| a    |
+------+
| 2015 |
| 2015 |
+------+
```

由上述结果可以看出，插入值无论是数值型还是字符串型，都可以被正确地存储到数据库中；但是假如插入值超过了 YEAR 类型的取值范围，则插入失败。

【范例 5-4】以两位字符格式表示 YEAR

向 ex3 表中字段 a 中插入 1 位和 2 位字符串表示的 YEAR 值，分别为 '0'、'00'、'89' 和 '15'。为了方便观察结果，可先清空表 ex3 中原有的数据，SQL 语句如下。

```
delete from ex3;
```

然后再插入测试数据并查看数据，SQL 语句如下。

```
insert into ex3 values('0'),('00'),('89'),('15');
```

结果如下。

```
mysql> insert into ex3 values('0'),('00'),('89'),('15');
Query OK, 4 rows affected (0.04 sec)
Records: 4  Duplicates: 0  Warnings: 0
```

使用 select 语句查询表 ex3，结果如下。

```
mysql> select * from ex3;
+------+
| a    |
+------+
| 2000 |
| 2000 |
| 1989 |
| 2015 |
+------+
```

执行结果可以看出，字符串 '0' 和 '00' 的作用相同，都被转换成了 2000 年，字符串 '89' 被转换成了 1989 年，字符串 '15' 被转换为 2015 年。

【范例 5-5】以两位数字格式表示 YEAR

向 ex3 表中字段 a 中插入 1 位和 2 位数字表示的 YEAR 值，分别为 0、00、89 和 15。

为了方便观察结果，可先清空表 ex3 中原有的数据，SQL 语句如下。

```
delete from ex3;
```

然后再插入测试数据并查看数据，SQL 语句如下。

```
insert into ex3 values(0),(00),(89),(15);
```

执行结果如下。

```
mysql> insert into ex3 values(0),(00),(89),(15);
Query OK, 4 rows affected (0.07 sec)
Records: 4  Duplicates: 0  Warnings: 0
```

使用 select 语句查询表 ex3 内容，结果如下。

```
mysql> select * from ex3;
+------+
| a    |
+------+
| 0000 |
| 0000 |
| 1989 |
| 2015 |
+------+
```

从执行结果可以看出，数字 0 和 00 的作用相同，都被转换成了 0000 年，数字 89 被转换成了 1989 年，数字 15 被转换为 2015 年。

2. TIME

TIME 类型用在只需记录时间信息的值，需要 3 字节存储。格式为 'HH:MM:SS'。HH 表示小时，MM 表示分钟，SS 表示秒。TIME 类型的取值范围为 –838:59:59 ~ 838:59:59，小时部分会这么大的取值是因为 TIME 类型不仅可以用来表示一天的时间（必须小于 24 小时），还可能是某个事件过去发生的时间或者两个事件之间的时间间隔（可以大于 24 小时，甚至可以为负值）。可以使用多种格式指定 TIME 的值。

⑴ 'D HH:MM:SS' 格式的字符串。也可以使用以下任何一种“非严格”的语法：'HH:MM:SS'，'HH:MM'，'D HH:MM'，'D HH' 或 'SS'。其中 D 表示日，取值范围是 0~34。再插入数据库时，D 被转换为小时保存，格式为 'D*24+HH'。

⑵ 'HHMMSS' 格式的、没有分隔符的字符串或 HHMMSS 格式的数值，假定是有意义的时间。

例如，'105508' 被理解为 '10:55:08', 但 '106508' 是不合法的，因为其分钟部分超出合理范围，存储时将变为 00:00:00。

> 提示：为 TIME 类型输入简写值时应注意，如果没有冒号隔开，MySQL 解释值的时候，假定最右边的两位表示秒。MySQL 解释 TIME 值为过去的时间不是当天的时间。例如，读者可能认为 '1011' 和 1011 表示的是 10:11:00，即 10 点 11 分，但是 MySQL 解释为 00:10:11，即 10 分 11 秒。同样 '20' 和 20 都被解释为 00:00:20。

但是，如果 TIME 值中使用冒号时则一定被当作当天的时间，'10:11' 表示 10:11:00。

【范例 5-6】TIME 类型的使用

创建表 ex4，定义字段 a 的数据类型为 TIME，向表中插入字符串值 '10:55:08'，'22:59'，'3 10:55'，'4 08'，'20'。

首先创建表 ex4，SQL 语句如下。

```
create table ex4(a TIME);
```

向表中插入数据并查询显示表 ex4 内容，SQL 语句如下。

```
insert into ex4 values('10:55:08'),('22:59'),('3 10:55'),('4 08'),('20');
select * from ex4;
```

执行结果如下。

```
mysql> create table ex4(a TIME);
Query OK, 0 rows affected (0.29 sec)
mysql> insert into ex4 values('10:55:08'),('22:59'),('3 10:55'),('4 08'),('20');
Query OK, 5 rows affected (0.10 sec)
Records: 5  Duplicates: 0  Warnings: 0
mysql> select * from ex4;
+-----------+
| a         |
+-----------+
| 10:55:08  |
| 22:59:00  |
| 82:55:00  |
| 104:00:00 |
| 00:00:20  |
+-----------+
```

上述结果可以看出，字符串值 '10:55:08' 被转换为 10:55:08；字符串 '22:59' 后面补秒数 00 被转换为 22:59:00；字符串 '3 10:55'，经过计算 3*24+10=82HH，最终被转换为 82:55:00; 字符串 '4 08'，经过计算 4*24+08=104HH，最终被转换为 104:00:00；字符串 '20' 被转换为 00:00:20。

提示：在使用'D HH'格式时，小时一定要使用双位数值，如果是小于10的小时数，应在前面补0。

【范例 5-7】TIME 类型数据插入举例

向表 ex4 中插入值 '105508'，123456，'0'，106508。

为了方便观察结果，可先清空表 ex4 中原有的数据，SQL 语句如下。

```
delete from ex4;
```

然后再插入前 3 项测试数据，SQL 语句如下。

```
mysql> insert into ex4 values ('105508'),(123456),('0');
Query OK, 3 rows affected (0.06 sec)
Records: 3  Duplicates: 0  Warnings: 0
```

接着插入第 4 项测试数据，SQL 语句如下。

```
insert into ex4 values (106508);
```

执行结果如下。

```
mysql> insert into ex4 values (106508);
ERROR 1292 (22007): Incorrect time value: '106508' for column 'a' at row 1
```

执行结果显示，当插入 TIME 类型数据超过规定范围时，系统报错，因为数值 106508 中的分钟超过了 59，数据不能插入。

查看表 ex4 中的结果如下。

```
mysql> select * from ex4;
+----------+
| a        |
+----------+
| 10:55:08 |
| 12:34:56 |
| 00:00:00 |
+----------+
```

执行结果可以看出，字符串 '105508' 被转换为 10:55:08；数值 123456 被转换为 12:34:56；字符串 '0' 被转换为 00:00:00；数值 106508 因为分钟超过取值范围，没有被插入表中。

【范例 5-8】通过 CURRENT_TIME 获取系统日期并插入表中

向表 ex4 中插入系统当前时间。

为了方便观察结果，可先清空表 ex4 中原有的数据，SQL 语句如下。

```
delete from ex4;
```

然后再插入测试数据，SQL 语句如下。

```
insert into ex4 values (CURRENT_TIME),(NOW());
```

查看结果如下。

```
mysql> insert into ex4 values (CURRENT_TIME),(NOW());
Query OK, 2 rows affected (0.11 sec)
Records: 2  Duplicates: 0  Warnings: 0
mysql> select * from ex4;
+----------+
| a        |
+----------+
| 15:20:46 |
| 15:20:46 |
+----------+
```

执行结果可以看出，获取当前系统时间函数（第 6 章有详解）CURRENT_TIME 和 NOW()，将当前系统时间插入到字段 a 中。读者因为输入 insert 语句的时间不同，获取到的结果可能不同。

3. DATE 类型

DATE 类型用在仅需要存储日期值的时候，不存储时间，存储需要 3 字节。日期格式为 'YYYY-MM-DD'，其中 YYYY 表示年，MM 表示月，DD 表示日。给 DATE 类型的字段赋值时，可以使用字符串类型或数值类型的数据，只要符合 DATE 的日期格式即可。常用的 DATE 格式如下。

(1) 以 'YYYY-MM-DD' 或 'YYYYMMDD' 字符串格式表示日期，取值范围为 '1000-01-01' ~'9999-12-31'。例如，输入 '2014-12-31' 或 '20141231'，插入数据库中的日期都是 2014-12-31。

(2) 以 'YY-MM-DD' 或 'YYMMDD' 字符串格式表示日期，YY 表示两位的年份值。两位的年份值不能清楚地表示具体的年份，因为不知道在哪个世纪。MySQL 使用以下规则解释两位的年份值：'00~69' 范围的年份值转换为 '2000~2069'，'70~99' 范围的年份值转换为 '1970~1999'。例如，输入 '14-12-31'，插入数据库的日期是 2014-12-31；输入 '95-12-31'，插入数据库的日期是 1995-12-31。

(3) 以 YYMMDD 数值格式表示日期，00~69 范围的年份值转换为 2000~2069；70~99 范围的年份值转换为 1970~1999。例如，输入 141231 插入数据库的日期为 2014-12-31；输入 951231，插入数据库的日期是 1995-12-31。

使用 CURRENT_DATE 或 NOW()，插入当年计算机系统的日期。

【范例 5-9】以 'YYYYMMDD' 字符串格式向数据库插入日期值

创建数据库 ex5，定义字段 a 为 DATE 数据类型，向表中插入 4 位字符表示年份格式的数据，如字符串格式的数据 '1998-10-30'、'19981030' 和 '20150316'。

首先创建表 ex5，SQL 语句如下。

```
create table ex5(a DATE);
```

向表中插入数据并查看插入结果，SQL 语句如下。

```
insert into ex5 values('1998-10-30'),('19981030'),('20150316');
```

查看执行结果如下。

```
mysql> create table ex5(a DATE);
Query OK, 0 rows affected (0.21 sec)
mysql> insert into ex5 values('1998-10-30'),('19981030'),('20150316');
Query OK, 3 rows affected (0.04 sec)
Records: 3  Duplicates: 0  Warnings: 0
mysql> select * from ex5;
+------------+
| a          |
+------------+
| 1998-10-30 |
| 1998-10-30 |
| 2015-03-16 |
+------------+
```

由执行结果可以看出，不同格式的字符串型的日期数据被正确插入数据表中。

【范例 5-10】以 'YYMMDD' 字符串格式向数据库插入日期值

向 ex5 表中插入两位字符表示年份的字符串数据，如 '98-12-31'，'981231'，'001231'，'151213'。为了方便观察结果，可先清空表 ex5 中原有的数据，SQL 语句如下。

```
delete from ex5;
```

然后再插入测试数据，SQL 语句如下。

```
insert into ex5 values('98-12-31'),('981231'),('001231'),('151213');
```

查看结果如下。

```
mysql> delete from ex5;
Query OK, 3 rows affected (0.05 sec)
mysql> insert into ex5 values('98-12-31'),('981231'),('001231'),('151213');
Query OK, 4 rows affected (0.03 sec)
Records: 4  Duplicates: 0  Warnings: 0
mysql> select * from ex5;
+------------+
| a          |
+------------+
```

```
| 1998-12-31 |
| 1998-12-31 |
| 2000-12-31 |
| 2015-12-13 |
+------------+
```

【范例 5-11】以 YYMMDD 数值格式向数据库插入日期值

向 ex5 表中插入两位数字表示年份的日期值，如 981231，001231，151213。
为了方便观察结果，可先清空表 ex5 中原有的数据，SQL 语句如下。

```
delete from ex5;
```

然后再插入测试数据，SQL 语句如下。

```
insert into ex5 values (981231),(001231),(151213);
mysql> insert into ex5 values (981231),(001231),(151213);
Query OK, 3 rows affected (0.04 sec)
Records: 3  Duplicates: 0  Warnings: 0
mysql> select * from ex5;
+------------+
| a          |
+------------+
| 1998-12-31 |
| 2000-12-31 |
| 2015-12-13 |
+------------+
```

注意：假如尝试把 98-12-31 作为数值类型插入到字段 a，系统会提示错误。

```
mysql> insert into ex5 values (98-12-31);
ERROR 1292 (22007): Incorrect date value: '55' for column 'a' at row 1
```

【范例 5-12】通过 CURRENT_DATE 函数获得系统日期并插入表

向表 ex5 中插入系统当前时间。
为了方便观察结果，可先清空表 ex5 中原有的数据，SQL 语句如下。

```
delete from ex5;
```

然后插入测试数据，SQL 语句如下。

```
insert into ex5 values (CURRENT_DATE);
```

查看结果如下。

```
mysql> insert into ex5 values (CURRENT_DATE);
Query OK, 1 row affected (0.08 sec)
```

接着再插入测试数据，SQL 语句如下。

```
insert into ex5 values (NOW());
```

执行 insert 语句，系统提出警告，使用 show 查看语句内容，SQL 语句如下。

```
mysql> insert into ex5 values (NOW());
Query OK, 1 row affected, 1 warning (0.07 sec)
mysql> show warnings;
+-------+------+---------------------------------------------------------------+
| Level | Code | Message                                                       |
+-------+------+---------------------------------------------------------------+
| Note  | 1292 | Incorrect date value: '2015-03-22 17:06:14' for column 'a' at row 1 |
+-------+------+---------------------------------------------------------------+
```

查看 ex5 表内容如下。

```
mysql> select * from ex5;
+------------+
| a          |
+------------+
| 2015-03-22 |
| 2015-03-22 |
+------------+
2 rows in set (0.00 sec)
```

执行结果可以看出，获取当前系统日期函数（第 6 章有详解）CURRENT_DATE 和 NOW()，将当前系统日期插入到字段 a 中。由于 NOW() 函数得到的是系统的日期和时间值，但是字段 a 定义是 DATE 类型，所以数据类型不一致，系统提出警告。从表内容可以看出，虽然被警告，系统还是将 NOW() 函数得到的值截取日期部分插入字段 a。读者因为输入 insert 语句的日期不同，获取到的结果可能不同。

提示：MySQL 允许“不严格”的语法插入日期，任何标点符号都可以用作日期部分的间隔符。例如，'95-12-13'、'95.12.31'、'95/12/31' 和 '95@12@31' 等字符串的表示方法都是等价的，这些值都可以正确地插入到数据库。

4. DATETIME

DATETIME 类型同时包含日期和时间信息，存储需要 8 字节。日期格式为 'YYYY-MM-DD HH:MM:SS'，其中 YYYY 表示年，MM 表示月，DD 表示日；HH 表示小时，MM 表示分钟，SS 表示秒。在给 DATETIME 类型的字段赋值时，可以使用字符串类型或数值类型的数据，只需符合 DATETIME 的日期格式。常用的 DATETIME 的格式如下。

(1) 以 'YYYY-MM-DD HH:MM:SS' 或 'YYYYMMDDHHMMSS' 字符串格式表示日期时间，取值范围为 '1000-01-01 00:00:00' ~ '9999-12-31 23:59:59'。例如输入 '2014-12-31 11:28:30' 或者 '20141231112830'，插入数据库的 DATETIME 值都是 2014-12-31 11:28:30。

(2) 以 'YY-MM-DD HH:MM:SS' 或 'YYMMDDHHMMSS' 字符串格式表示日期时间，在这里 YY 表示年份值。和 DATE 类型一样，'00~69' 范围的年份值转换为 '2000~2069'，'70~99' 范围的年份值转换为 '1970~1999'。例如，输入 '14-12-31 11:28:30'，插入数据库的 DATETIME 类型值为 2014-12-31 11:28:30；输入 '951231112830'，插入数据库的 DATETIME 类型值为 1995-12-31 11:28:30。

(3) 以 YYYYMMDDHHMMSS 或 YYMMDDHHMMSS 数值格式表示日期时间，例如输入 20141231112830，插入数据库的 DATETIME 为 2014-12-31 11:28:30；输入 951231112830，插入数据库的 DATETIME 类型值为 1995-12-31 11:28:30。

【范例 5-13】以 'YYYY-MM-DD HH:MM:SS' 格式给 DATETIME 类型的字段赋值

创建表 ex6，定义字段 a 的数据类型为 DATETIME，向表中插入 4 位字符表示年份的字符串数据，如 '1999-09-09 09:09:09'、'19990909090909' 和 '20150303030303'。

首先创建表 ex6，SQL 语句如下。

```
create table ex6(a DATETIME);
```

向表中插入数据并查看插入结果，SQL 语句如下。

```
insert into ex6 values ('1999-09-09 09:09:09'),('19990909090909'),('20150303030303');
```

查看执行结果如下。

```
mysql> create table ex6(a DATETIME);
Query OK, 0 rows affected (0.24 sec)
mysql> insert into ex6 values ('1999-09-09 09:09:09'),('19990909090909'),('20150303030303');
Query OK, 3 rows affected (0.06 sec)
Records: 3  Duplicates: 0  Warnings: 0
mysql> select * from ex6;
+---------------------+
| a                   |
+---------------------+
| 1999-09-09 09:09:09 |
| 1999-09-09 09:09:09 |
| 2015-03-03 03:03:03 |
+---------------------+
```

由执行结果可以看出，不同格式的字符串型的日期时间数据被正确插入数据表中。

【范例 5-14】以 'YY-MM-DD HH:MM:SS' 格式给 DATETIME 类型的字段赋值

向 ex6 表中插入两位字符表示年份的字符串数据，如 '99-09-09 09:09:09'、'9909090909090'、'150303030303'。

为了方便观察结果，可先清空表 ex6 中原有的数据，SQL 语句如下。

```
delete from ex6;
```

然后再插入测试数据，SQL 语句如下。

```
insert into ex6 values ('99-09-09 09:09:09'),('990909090909'),('150303030303');
```

查看结果如下。

```
mysql> delete from ex6;
Query OK, 3 rows affected (0.04 sec)
mysql> insert into ex6 values ('99-09-09 09:09:09'),('990909090909'),('150303030303');
Query OK, 3 rows affected (0.08 sec)
Records: 3  Duplicates: 0  Warnings: 0
mysql> select * from ex6;
+---------------------+
| a                   |
+---------------------+
| 1999-09-09 09:09:09 |
| 1999-09-09 09:09:09 |
| 2015-03-03 03:03:03 |
+---------------------+
```

【范例 5-15】以 YYYYMMDDHHMMSS 数值格式给 DATETIME 类型的字段赋值

向 ex6 表中插入数值类型的日期时间值，如 19981231121212、150303030303。

为了方便观察结果，可先清空表 ex6 中原有的数据，SQL 语句如下。

```
delete from ex6;
```

然后再插入测试数据，SQL 语句如下。

```
insert into ex6 values (19981231121212),(150303030303);
```

查看结果如下。

```
mysql> insert into ex6 values (19981231121212),(150303030303);
Query OK, 2 rows affected (0.04 sec)
Records: 2  Duplicates: 0  Warnings: 0
mysql> select * from ex6;
+---------------------+
| a                   |
+---------------------+
| 1998-12-31 12:12:12 |
| 2015-03-03 03:03:03 |
+---------------------+
```

【范例 5-16】通过 CURRENT_TIMESTAMP 和 NOW() 函数将当前系统日期时间插入到字段

向表 ex6 中插入系统当前日期和时间。

为了方便观察结果，可先清空表 ex6 中原有的数据，SQL 语句如下。

```
delete from ex6;
```

然后插入测试数据，SQL 语句如下。

```
insert into ex6 values (CURRENT_TIMESTAMP),(NOW());
```

查看结果如下。

```
mysql> insert into ex6 values (CURRENT_TIMESTAMP),(NOW());
Query OK, 2 rows affected (0.05 sec)
Records: 2  Duplicates: 0  Warnings: 0
mysql> select * from ex6;
+---------------------+
| a                   |
+---------------------+
| 2015-03-22 17:17:07 |
| 2015-03-22 17:17:07 |
+---------------------+
```

执行结果可以看出，获取当前系统日期时间函数（第 6 章有详解）CURRENT_TIMESTAMP 和 NOW()，然后将当前系统日期时间插入字段 a 中。

技巧：MySQL 允许“不严格”的语法插入日期，任何标点符号都可以用作日期部分或时间部分的间隔符。例如，'95-12-13 11:28:30'、'95.12.31 11+28+30'、'95/12/31 11*28*30' 和 '95@12@31 11^28^30' 等表示方法都是等价的，这些值都可以正确地插入数据库 。

5. TIMESTAMP

TIMESTAMP 的显示格式与 DATETIME 相同，显示宽度固定在 19 个字符，格式为 YYYY-MM-DD HH:MM:SS，存储需要 4 个字节。但是 TIMESTAMP 列的取值范围小于 DATETIME 的取值范围，为 '1970-01-01 00:00:01' UTC ~ '2038-01-19 03:14:07' UTC（Coordinated Universal Time，世界标准时间），因此在插入数据时，要保证在合法的取值范围内。

5.1.4 字符串类型

字符串类型用于存储字符串数据，MySQL 支持两类字符串数据：文本字符串和二进制字符串。本小节所讲的是文本字符串类型。文本字符串可以进行区分或不区分大小写的串比较，也可以进行模式匹配查找。MySQL 中字符串类型指的是 CHAR、VARCHAR、TINYTEXT、TEXT、MEDIUMTEXT、LONGTEXT、ENUM 和 SET。表 5-5 列出了 MySQL 中的字符串数据类型。

表 5 –5　　MySQL 中的字符串数据类型

类型名称	说明	存储需求
CHAR（M）	固定长度非二进制字符串	M 字节，1 ≤ M ≤ 255
VARCHAR（M）	变长非二进制字符串	L+1 字节，在此 L ≤ M 且 1 ≤ M ≤ 255
TINYTEXT	非常小的非二进制字符串	L+1 字节，在此 L<28
TEXT	小的非二进制字符串	L+2 字节，在此 L<216
MEDIUMTEXT	中等大小的非二进制字符串	L+3 字节，在此 L<224
LONGTEXT	大的非二进制字符串	L+4 字节，在此 L<232
LONGTEXT	枚举类型，只能有一个枚举字符串值	1 或 2 字节，取决于枚举值的数目（最大值 65535）
SET	一个集合，字符串对象可以有零个或多个 SET 成员	1,2,3,4 或 8 字节，取决于集合成员的数量（最多 64 个成员）

VARCHAR 和 TEXT 类型是变长类型，它们的存储需求取决于值的实际长度（上表中用 L 表示），而不是取决于类型的最大可能长度。例如，一个 VARCHAR(10) 字段能保存最大长度为 10 个字符的一个字符串，实际的存储需求是字符串的长度 L，加上 1 字节以记录字符串的长度。例如，字符串 'teacher'，L 是 7，而存储需求是 8 字节。

1. CHAR 和 VARCHAR 类型

CHAR(M) 为固定长度字符串，在定义时指定字符串长度，当保存时在右侧填充空格以达到指定的长度。M 表示字符串长度，M 的取值范围是 0~255。例如，CHAR(4) 定义了一个固定长度的字符串字段，其包含的字符个数最大为 4。当检索到 CHAR 的值时，尾部的空格将被删除掉。

VARCHAR(M) 是长度可变的字符串，M 表示最大的字段长度。M 的取值范围是 0~65 535。VARCHAR 的最大实际长度由最长字段的大小和使用的字符集确定，而其实际占用的空间为字符串的实际长度加 1。例如，VARCHAR(40) 定义了一个最大长度为 40 的字符串，如果插入的字符串只有 20 个字符，则实际存储的字符串为 20 个字符和一个字符串结束字符。VARCHAR 在值保存和检索时尾部的空格仍保留。

数据类型 CHAR(M) 与 VARCHAR(M) 实际存储长度有差别。

将不同字符串存储到 CHAR(5) 和 VARCHAR(5) 数据类型的字段中，差别如表 5–6 所示。

表 5 –6　　CHAR(5) 与 VARCHAR(5) 存储区别

插入值	CHAR (5)		VARCHAR (5)	
	实际存储	存储需求	实际存储	存储要求
''	' '	5 字节	''	1 字节
'ab'	'ab '	5 字节	'ab'	3 字节
'abcd'	'abcd '	5 字节	'abcd'	5 字节
'abcde'	'abcde'	5 字节	'abcde'	6 字节
'abcdefg'	'abcde'	5 字节	'abcde'	6 字节

从表 5–6 可以看出，CHAR(5) 定义了固定长度为 5 的字段，不管存入的字符串长度为多少，

所占用的空间都是 5 字节；VARCHAR(5) 定义的字段所占的字节数为实际字符串长度加 1。

【范例 5-17】CHAR(M) 与 VARCHAR(M) 存储区别实例

创建表 ex8，定义字段 a 为 CHAR(5) 和字段 b 为 VARCHAR()，向表中插入字符串数据 'abc'。首先创建表 ex8，SQL 语句如下。

```
create table ex8(a CHAR(5), b VARCHAR(5));
```

向表中插入数据并查看插入结果，SQL 语句如下。

```
insert into ex8 values('ab   ','ab   ');
```

查看执行结果如下。

```
mysql> create table ex8(a CHAR(5), b VARCHAR(5));
Query OK, 0 rows affected (0.31 sec)
mysql> insert into ex8 values('ab   ','ab   ');
Query OK, 1 row affected (0.06 sec)
mysql> select * from ex8;
+------+-------+
| a    | b     |
+------+-------+
| ab   | ab    |
+------+-------+
```

为了更明显地显示出字段 a 和 b 存储的字符串不同，使用 MySQL 的 concat 函数返回带有连接参数 '(' 和 ')' 的结果，SQL 语句如下。

```
select concat('(',a,')'),concat('(',b,')') from ex8;
```

显示结果如下。

```
mysql> select concat('(',a,')'),concat('(',b,')') from ex8;
+-------------------+-------------------+
| concat('(',a,')') | concat('(',b,')') |
+-------------------+-------------------+
| (ab)              | (ab   )           |
+-------------------+-------------------+
```

由结果可以看出，字段 a 的 CHAR(5) 在存储字符串 'ab   ' 的时候将末尾的 3 个空格自动删除了，而字段 b 的 VARCHAR(5) 保留了空格。

> 提示：CHAR(5) 与 VARCHAR(5) 存储区别表中，最后一行要插入的字符串值大于字段定义的类型长度，只有在使用“不严格”模式时，字符串才会被截断插入；如果 MySQL 运行在“严格”模式，超过字段长度的值不会被保存，而是会出现错误信息：“ERROR 1406(22001):Data too long for column”，即字符串长度超过指定长度，无法插入。

2. TEXT 类型

TEXT 字段保存非二进制字符串，如文章内容、评论和留言等。当保存或查询 TEXT 字段的值时，不删除尾部空格。TEXT 类型分为 4 种：TINYTEXT、TEXT、MEDIUMTEXT 和 LONGTEXT。不同的 TEXT 类型所需存储空间和数据长度不同。

(1) TINYTEXT 最大长度为 255（2^8-1）字符。

(2) TEXT 最大长度为 65 535（$2^{16}-1$）字符。

(3) MEDIUMTEXT 最大长度为 16 777 215（$2^{24}-1$）字符。

(4) LONGTEXT 最大长度为 4 294 967 295 或 4GB（$2^{32}-1$）字符。

3. ENUM 类型

ENUM 是一个字符串对象，其值为表创建时在字段规定中枚举的一列值，语法格式如下。

```
字段名 ENUM(' 值 1',' 值 2',…, ' 值 n')
```

其中，“字段”名指的是将要定义的字段名称；“值 n”指的是枚举列表中的第 n 个值。ENUM 类型的字段在取值时，只能在指定的枚举列表中取，而且一次只能取一个值。如果创建的成员中有空格，其尾部的空格将自动被删除。ENUM 值在内部用整数表示，每个枚举值均有一个索引值，列表值所允许的成员值从 1 开始编号，MySQL 存储的就是这个索引编号。枚举最多可以有 65 535 个元素。

例如定义 ENUM 类型的字段 ('first','second','third')，该字段可以取的值和每个值的索引如表 5–7 所示。

表 5 –7　　ENUM 类型的取值范围

值	索引
NULL	NULL
''	0
first	1
second	2
third	3

ENUM 值依照索引顺序排列，并且空字符串排在非空字符串之前，NULL 值排在其他所有枚举值之前。

【范例 5–18】ENUM 类型的使用

创建表 ex9，定义字段 a 为 ENUM 的数据类型，字段 a 的枚举列表为 ('x','y','z')，查看字段 a 的成员并显示其索引值。

首先创建表 ex9，SQL 语句如下。

```
create table ex9 (a ENUM('x','y','z'));
```

向表中插入数据并查看插入结果，SQL 语句如下。

```
insert into ex9 values('y'),('x'),('z'),(NULL);
```

使用 a+0 查看表中字段 a 的值的索引值，查看执行结果如下。

```
mysql> create table ex9 (a ENUM('x','y','z'));
Query OK, 0 rows affected (0.31 sec)
mysql> insert into ex9 values('y'),('x'),('z'),(NULL);
Query OK, 4 rows affected (0.05 sec)
Records: 4  Duplicates: 0  Warnings: 0
mysql> select a, a+0 from ex9;
+------+------+
| a    | a+0  |
+------+------+
| y    |    2 |
| x    |    1 |
| z    |    3 |
| NULL | NULL |
+------+------+
```

由执行结果可以看出，字段 a 枚举列表中的索引值跟定义的时候一致。

技巧：ENUM 类型的字段有一个默认值 NULL。如果将 ENUM 列声明为允许 NULL，NULL 值则为该字段的一个有效值，并且默认值为 NULL。如果 ENUM 列被声明为 NOT NULL，其默认值为允许的值列的第 1 个元素。

【范例 5-19】通过 ENUM 类型枚举列表中的字符串值或对应索引的编号插入数据

创建表 ex10，定义字段 score 为 TINYINT 类型，字段 grade 为 ENUM 类型，枚举列表值为 ('distinct','good','pass','fail’)，向表 ex10 中插入测试数据。

首先创建表 ex10，SQL 语句如下。

```
create table ex10 (score TINYINT, grade ENUM('distinct','good','pass','fail'));
```

向表中插入数据并查看插入结果，SQL 语句如下。

```
insert into ex10 values (80,'good'),(98,1),(65,3),(46,'fail');
```

查看执行结果如下。

```
mysql> create table ex10 (score TINYINT, grade ENUM('distinct','good','pass','fail'));
Query OK, 0 rows affected (0.36 sec)
mysql> insert into ex10 values (80,'good'),(98,1),(65,3),(46,'fail');
Query OK, 4 rows affected (0.05 sec)
Records: 4  Duplicates: 0  Warnings: 0
mysql> select * from ex10;
+-------+----------+
| score | grade    |
```

```
+-------+----------+
|   80 | good     |
|   98 | distinct |
|   65 | pass     |
|   46 | fail     |
+-------+----------+
```

假如再插入测试数据，SQL 语句如下。

```
insert into ex10 values (100,'best');
```

显示结果如下。

```
mysql> insert into ex10 values (100,'best');
ERROR 1265 (01000): Data truncated for column 'grade' at row 1
```

由执行结果可以看出，无论插入 ENUM 类型枚举列表中的字符串值还是其对应索引的编号，都可以正确存储数据。但是假如插入的值不是枚举列表中的内容，比如上例中的 'best'，系统就会报错。

4. SET 类型

SET 类型是一个字符串对象，可以有零或多个值，SET 字段最大可以有 64 个成员，其值为表创建时规定的一列值。指定包括多个 SET 成员的 SET 字段值时，各成员之间用逗号隔开，语法格式如下。

```
SET(' 值 1',' 值 2',…, ' 值 n')
```

与ENUM类型相同，SET值在内部用整数表示，列表中每一个值都有一个索引编号。当创建表时，SET 成员值的尾部空格将自动被删除。但与 ENUM 类型不同的是，ENUM 类型的字段只能从定义的字段值中选择一个值插入，而 SET 类型的字段可从定义的列值中选择多个字符的联合。

如果插入 SET 字段中的值有重复，则 MySQL 自动删除重复的值；插入 SET 字段的值的顺序不重要，MySQL 会在存入数据库的时候，按照定义的顺序显示；如果插入了不正确的值，默认情况下，MySQL 将忽视这些值，并给出相应警告。

【范例 5-20】SET 类型的使用

创建表 ex11，定义字段 a 为 SET 类型，取值列表为 ('x', 'y', 'z')，插入测试数据（'x'），('x, z, x')，('z, x, y')，('z, y')，('m, y')。

首先创建表 ex11，SQL 语句如下。

```
create table ex11 (a SET('x','y','z'));
```

向表中插入数据并查看插入结果，SQL 语句如下。

```
insert into ex11 values ('x'),('x,z,x'),('z,x,y'),('z,y');
```

查看执行结果如下。

```
mysql> create table ex11 (a SET('x','y','z'));
Query OK, 0 rows affected (0.31 sec)
```

```
mysql> insert into ex11 values ('x'),('x,z,x'),('z,x,y'),('z,y');
Query OK, 4 rows affected (0.04 sec)
Records: 4  Duplicates: 0  Warnings: 0
```

继续向表中插入数据，SQL 语句如下。

```
insert into ex11 values ('m,y');
```

执行结果如下。

```
mysql> insert into ex11 values ('m,y');
ERROR 1265 (01000): Data truncated for column 'a' at row 1
```

由于插入的数据 m 不是 SET 集合中的值，系统提示错误。

最后查看表 ex11 内容，结果如下。

```
mysql> select * from ex11;
+-------+
| a     |
+-------+
| x     |
| x,z   |
| x,y,z |
| y,z   |
+-------+
```

由结果可以看出，如果插入的值被包含在 SET 集合中，但是有重复的值，结果只取一个，例如 'x,z,x'，最终结果为 'x,z'；如果插入的值不按 SET 定义时的顺序排列，则会自动排序插入，如 'z,x,y'，最终结果为 'x,y,z'；如果试图插入非 SET 集合中的值，系统提示错误，禁止插入。

5.1.5 二进制类型

MySQL 支持两种字符型数据：文本字符串和二进制字符串。前面讲了文本字符串类型，本小节讲解 MySQL 中用来存储二进制数据的数据类型。MySQL 中的二进制数据类型有：BIT、BINARY、VARBINARY，TINYBLOB、BLOB、MEDIUMBLOB 和 LONGBLOB。表 5–8 列出了 MySQL 中的二进制数据类型。

表 5 –8　　MySQL 中的二进制数据类型

类型名称	说明	存储需求
BIT(M)	位字段类型	大约 (M+7)/8 字节
BINARY(M)	固定长度的二进制字符串	M 字节
VARBINARY(M)	可变长度的二进制字符串	M+1 字节
TINYBLOB(M)	非常小的 BLOB	L+1 字节，此处 L<28
BLOB(M)	小 BLOB	L+2 字节，此处 L<216

续表

类型名称	说明	存储需求
MEDIUMBLOB(M)	中等大小的 BLOB	L+3 字节，此处 L<224
LONGBLOB(M)	非常大的 BLOB	L+4 字节，此处 L<232

1. BIT 类型

上表中，BIT(M) 为位字段类型，M 表示每个值的位数，取值范围为 1~64。如果 M 被省略，默认为 1。如果为 BIT(M) 字段分配的值的长度小于 M 位，在值的左边用 0 填充。例如，为 BIT(6) 字段分配一个值 b'101'，其效果与分配 b'000101' 相同。BIT 数据类型用来保存位字段值，例如，以二进制的形式保存十进制数据 12，12 的二进制形式为 1100，在这里需要位数至少为 4 位的 BIT 类型，即可以定义字段类型 BIT(4)。大于二进制 1111 的数据不能插入 BIT(4) 类型的字段中。

【范例 5-21】BIT 类型的使用

创建表 ex12，定义字段 a 为 BIT(4) 类型，向表中插入数值 3、7、15、16。

首先创建表 ex12，SQL 语句如下。

```
create table ex12 (a BIT(4));
```

向表中插入数据并查看插入结果，SQL 语句如下。

```
insert into ex12 values (3),(7),(15);
```

查看执行结果如下。

```
mysql> create table ex12 (a BIT(4));
Query OK, 0 rows affected (0.28 sec)
mysql> insert into ex12 values (3),(7),(15);
Query OK, 3 rows affected (0.05 sec)
Records: 3  Duplicates: 0  Warnings: 0
```

继续向表中插入测试数据，SQL 语句如下。

```
insert into ex12 values (16);
```

执行结果如下。

```
mysql> insert into ex12 values (16);
ERROR 1406 (22001): Data too long for column 'a' at row 1
```

结果显示，十进制数 16 已超出了 BIT(4) 的取值范围。

最后，要使用 BIN() 函数将数值转换为二进制，a+0 表示将二进制的结果转换为对应的数值，并用 select 查询结果，SQL 语句如下。

```
select BIN(a+0) from ex12;
```

执行结果如下。

```
mysql> select BIN(a+0) from ex12;
+----------+
| BIN(a+0) |
+----------+
| 11       |
| 111      |
| 1111     |
+----------+
```

提示：默认情况下，MySQL 不可以插入超出该字段类型允许范围的值，例如十进制数 16，超出了 BIT(4) 的取值范围，系统报错。

2. BINARY 和 VARBINARY 类型

BINARY 和 VARBINARY 类型类似于 CHAR 和 VARCHAR，不同的是它们包含二进制字符串。其语法格式如下。

```
字段名称 BINARY(M) 或 VARBINARY(M)
```

其中，BINARY 类型的长度是固定的，指定长度后，不足最大长度的，将在右边填充 '\0' 补齐以达到指定长度。例如：指定字段数据类型为 BINARY(4)，当插入 'a' 时，存储的内容实际为 'a\0\0\0'，当插入 'ab' 时，实际存储的内容为 'ab\0\0'，不管存储的内容是否达到指定的长度，其存储空间均为指定的值 M。

VARBINARY 类型的长度是可变的，指定好长度后，其长度可以在 0 到最大值之间。例如，指定字段数据类型为 VARBINARY(30)，如果插入的值的长度只有 20，则实际存储空间为 20+1，即其实际占用的空间为字符串的实际长度加 1。

【范例 5-22】BINARY 和 VARBINARY 类型的使用

创建表 ex13，定义字段 a 为 BINARY(3) 类型，字段 b 为 VARBINARY(3)，向表中插入测试数值 5，比较字段 a 和 b 的存储空间。

首先创建表 ex13，SQL 语句如下。

```
create table ex13 (a BINA
RY(3), b VARBINARY(3));
```

向表中插入数据并查看插入结果，SQL 语句如下。

```
insert into ex13 values (5,5);
```

查看执行结果如下。

```
mysql> create table ex13 (a BINARY(3), b VARBINARY(3));
Query OK, 0 rows affected (0.56 sec)
mysql> insert into ex13 values (5,5);
```

```
Query OK, 1 row affected (0.04 sec)
```

使用 length() 函数查看字段 a 和字段 b 中存储数据的长度，SQL 语句如下。

```
select length(a),length(b) from ex13;
```

执行结果如下。

```
mysql> select length(a),length(b) from ex13;
+-----------+-----------+
| length(a) | length(b) |
+-----------+-----------+
|         3 |         1 |
+-----------+-----------+
```

结果显示，字段 a 的值的存储数据长度是 3，而字段 b 的存储数据长度是 1。

为了进一步确认数值 5 在字段 a 和 b 中不同的存储方式，使用以下 SQL 语句查询。

```
select a,b,a='5',a='5\0\0',b='5',b='5\0\0' from ex13;
```

执行结果如下。

```
mysql> select a,b,a='5',a='5\0\0',b='5',b='5\0\0' from ex13;
+------+------+-------+----------+-------+-----------+
| a    | b    | a='5' | a='5\0\0' | b='5' | b='5\0\0' |
+------+------+-------+----------+-------+-----------+
| 5    | 5    |     0 |        1 |     1 |         0 |
+------+------+-------+----------+-------+-----------+
```

由执行结果可以看出，字段 a 和 b 长度不同，因为字段 a 是 BINARY 类型，不足的空间用 '\0' 补满，而字段 b 是 VARBINARY 类型，是可变的长度，不需要填充。

3. BLOB 类型

BLOB 类型是一个二进制大对象，用来存储可变数量的数据。BLOB 类型分为 4 种：TINYBLOB、BLOB、MEDIUMBLOB 和 LONGBLOB，它们的存储范围见表 5–9。

表 5 –9　　BLOB 类型的存储范围

数据类型	存储范围
TINYBLOB	最大长度为 255（2^8-1）字节
BLOB	最大长度为 65 535（$2^{16}-1$）字节
MEDIUMBLOB	最大长度为 16 777 215（$2^{24}-1$）字节
LONGBLOB	最大长度为 4 294 967 295 或 4GB（$2^{32}-1$）字节

BLOB 字段存储的是二进制字符串（字节字符串），TEXT 存储的是非二进制字符串（字符字符串）。BLOB 字段没有字符集，且排列和比较基于字段值字节的数值，TEXT 字段有一个字符集，并根据字符集对值进行排序和比较。

5.2 如何选择数据类型

MySQL 提供了大量的数据类型，为了优化存储，提高数据库性能，在不同情况下应使用最精确的类型。在选择数据类型时，在可以表示该字段值的所有类型中，应当使用占用存储空间最少的数据类型。因为这样不仅可以减少存储（内存、磁盘）空间，从而节省 I/O 资源（检索相同数据情况下），还可以在数据计算的时候减轻 CPU 负载。

1. 整数和浮点数

如果插入的数据不需要小数部分，则使用整数类型存储数据；如果需要小数部分，则使用浮点数类型。例如，如果字段取值范围在 1~50000，选择 SMALLINT UNSIGNED 是最好的；假如需要存储带有小数位的值如 3.1415926，则需选择浮点数类型。

浮点类型包括 FLOAT 和 DOUBLE 类型，DOUBLE 类型精度比 FLOAT 高。因此，需要存储精度较高时，需选择 DOUBLE 类型。

2. 浮点数和定点数

浮点型 FLOAT 和 DOUBLE 与定点型 DECIMAL 的不同点是，在长度固定的情况下，浮点型能表示的数据范围更大。当一个字段被定义为浮点类型后，如果插入数据的精度超过该列定义的实际精度，则插入值会被四舍五入到实际定义的精度值，然后插入，四舍五入的过程不会报错。由于浮点型容易因四舍五入产生误差，因此对于精确度要求比较高时，要使用定点型 DECIMAL 来存储。

定点数实际上是以字符串形式存放的，所以定点数可以更精确地保存数据。如果实际插入的数值精度大于实际定义的精度，则 MySQL 会进行警告（默认的 SQLMode 下），但是数据按照实际精度四舍五入后插入；如果 SQLMode 是在 TRADITIONAL（传统模式）下，则系统会直接报错，导致数据无法插入。

在数据迁移中，FLOAT(M,D) 是非标准 SQL 定义，数据迁移可能出现问题，最好不要使用。另外，两个浮点型数据进行减法和比较运算时也容易出问题，因此在进行计算的时候，一定要注意，如果要进行数值比较，最好使用定点型 DECIMAL。

3. 日期与时间类型

MySQL 中选择日期类型的原则如下。

⑴ 根据实际需要选择能够满足应用的最小存储的日期类型。如果应用只需要记录“年份”，那么用 1 个字节来存储的 YEAR 类型完全能够满足，而不需要用 4 个字节来存储的 DATE 类型。这样不仅能节约存储空间，更能够提高表的操作效率。

⑵ 如果要记录年月日时分秒，并且记录的年份比较久远，那么最好使用 DATETIEM，而不要使用 TIMESTAMP。因为 TIMESTAMP 表示的日期范围比 DATETIME 要短得多。

⑶ 如果记录的日期需要让不同时区的用户使用，那么最好使用 TIMESTAMP，因为日期类型中只有它能够和实际时区相对应。而且当插入一条记录时没有指定 TIMESTAMP 这个字段值的话，MySQL 会把 TIMESTAMP 字段设为当前的时间。因此当需要在插入记录的同时插入当前时间时，使用 TIMESTAMP 比较方便。

4. CHAR 与 VARCHAR

CHAR 和 VARCHAR 类型类似，都用来存储字符串，但它们保存和检索的方式不同。CHAR

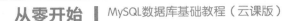

属于固定长度的字符类型，而 VARCHAR 属于可变长度的字符类型。CHAR 会自动删除插入数据的尾部空格，VARCHAR 不会删除尾部的空格。

由于 CHAR 是固定长度的，所以它的处理速度比 VARCHAR 快得多，但是其缺点是浪费存储空间，程序需要对行尾空格进行处理，所以对于那些长度变化不大且对查询速度有较高要求的数据，可以考虑用 CHAR 类型来存储。另外，在 MySQL 中，不同的存储引擎对 CHAR 和 VARCHAR 的使用原则有所不同，概括如下。

⑴ MyISAM 存储引擎：建议使用固定长度的数据列代替可变长度的数据列。

⑵ MEMORY 存储引擎：目前都使用固定长度的数据行存储，因此无论使用 CHAR 或 VARCHAR 列都没有关系，两者都是作为 CHAR 类型处理。

⑶ InnoDB 存储引擎：建议使用 VARCHAR 类型。对于 InnoDB 数据表，内部的行存储格式没有区分固定长度和可变长度列（所有数据行都使用指向数据列值的头指针），因此在本质上，使用固定长度的 CHAR 列不一定比使用可变长度的 VARCHAR 列性能要好。因此，主要的性能因素是数据行使用的存储总量。由于 CHAR 平均占用的空间多于 VARCHAR，因此使用 VARCHAR 来最小化需要处理的数据行的存储总量和磁盘 I/O 是比较好的。

5. ENUM 和 SET

ENUM 只能取单值，它的数据列表是一个枚举集合。它的合法取值列表最多允许有 65 535 个成员。因此，在需要从多个值中选取一个时，可以使用 ENUM。例如，性别字段适合定义为 ENUM 类型，每次只能从“男”和“女”中取一个值。

SET 可以取多个值。它的合法取值列表最多允许有 64 个成员。空字符串也是一个合法的 SET 值。因此，在需要取多个值的时候，适合使用 SET 类型。例如，要存储一个人的特长，最好使用 SET 类型。

ENUM 和 SET 的值是以字符串形式出现的，但在 MySQL 内部，实际是以数值索引的形式存储它们。

6. BLOB 和 TEXT

一般保存少量字符串的时候，可以选择 CHAR 或 VARCHAR，而在保存大文本时，通常会选择使用 TEXT 或 BLOB，二者之间的主要差别是 BLOB 能用来保存二进制数据，比如照片、音频信息等；而 TEXT 只能保存字符数据，比如一篇文章或日记。以下是 BLOB 与 TEXT 存在的一些常见的问题。

⑴ BLOB 和 TEXT 值会引起一些性能问题，特别是执行了大量的删除操作时。删除操作会在数据表中留下很大的“空洞”，以后填入这些“空洞”的记录在插入的性能上会有影响。为了提高性能，建议定期使用 OPTIMIZE TABLE 功能对这类表进行碎片整理，避免因为“空洞”导致性能问题。

⑵ 使用合成的（Synthetic）索引来提高大文本字段（BLOB 或 TEXT）的查询性能。

⑶ 在不必要的时候避免检索大型的 BLOB 或 TEXT 值。例如，SELECT * 查询就不是很好的想法，除非能够确定作为约束条件的 WHERE 子句只会找到所需要的数据行，否则，很可能毫无目的地在网络上传输大量的值。

⑷ 把 BLOB 或 TEXT 列分离到单独的表中。在某些环境中，如果把这些数据列移动到第二张数据表中，可以把原数据表中的数据列转换为固定长度的数据行格式，那么它就是有意义的。这会减少主表中的碎片，可以得到固定长度数据行的性能优势。它还可以使主数据表在运行 SELECT * 查询的时候不会通过网络传输大量的 BLOB 或 TEXT 值。

5.3 常见运算符

运算符连接表达式中各个操作数，其作用是指明对操作数所进行的运算。常见的运算有数学计算、比较运算、位运算以及逻辑运算。运用运算符可以更加灵活地使用表中的数据，常见的运算符类型有：算术运算符、比较运算符、逻辑运算符、位运算符。本节将介绍各种操作符的特点和使用方法。

5.3.1 运算符概述

运算符的作用是告诉 MySQL 执行特定算术或逻辑操作的符号。MySQL 的内部运算符很丰富，主要有四大类：算术运算符、比较运算符、逻辑运算符和位操作运算符。

1. 算术运算符

算术运算符用于各类数值运算，包括加（+）、减（–）、乘（*）、除（/）、求余（或称取模运算，%）。

2. 比较运算符

比较运算符用于比较运算，包括大于（>）、小于（<）、等于（=）、大于等于（>=）、小于等于（<=）、不等于（!=），以及 IN、BETWEEN AND、IS NULL、GREATEST、LEAST、LIKE、REGEXP 等。

3. 逻辑运算符

逻辑运算符的求值所得结果均为 1（TRUE）或 0（FALSE），这类运算符有逻辑非（NOT 或者!）、逻辑与（AND 或者 &&）、逻辑或（OR 或者 ||）、逻辑异或（XOR）。

4. 位操作运算符

参与运算的操作数按二进制位进行运算，包括位与（&）、位或（|）、位非（~）、位异或（^）、左移（<<）、右移（>>）6 种。

接下来将对 MySQL 中各种运算符的使用进行详细的介绍。

5.3.2 算术运算符

算术运算符是 SQL 中最基本的运算符，MySQL 中的算术运算符如表 5-10 所示。

表 5-10 MySQL 中的算术运算符

运算符	作用
+	加法运算
–	减法运算
*	乘法运算
/	除法运算，返回商
%	求余运算，返回余数

下面分别介绍不同算术运算符的使用方法。

【范例 5-23】加减算术运算符的使用

创建表 tmp14，定义数据类型为 INT 的字段 num，插入值 64，对 num 值进行算术运算。

首先，创建表 tmp14，输入语句如下。

```
CREATE TABLE tmp14(num INT);
```

向字段 num 插入数据 99，语句如下。

```
INSERT INTO tmp14 value(99);
```

接下来，对 num 值进行加法和减法运算，语句如下。

```
mysql> SELECT num,num+1,num-5+1,num+1-5,num+1.5 FROM tmp14;
+------+-------+---------+---------+---------+
| num  | num+1 | num-5+1 | num+1-5 | num+1.5 |
+------+-------+---------+---------+---------+
|   99 |   100 |      95 |      95 |   100.5 |
+------+-------+---------+---------+---------+
1 row in set (0.05 sec)
```

由计算结果可以看到，可以对 num 字段的值进行加法和减法的运算，而且由于“+”和“–”的优先级相同，因此先加后减，或先减后加之后的结果是相同的。

【范例 5-24】乘除法运算符的使用

对 tmp14 表中的 num 进行乘法、除法运算。

```
mysql> SELECT num,num*2,num/3,num/7,num%4 FROM tmp14;
+------+-------+---------+---------+-------+
| num  | num*2 | num/3   | num/7   | num%4 |
+------+-------+---------+---------+-------+
|   99 |   198 | 33.0000 | 14.1429 |     3 |
+------+-------+---------+---------+-------+
1 row in set (0.00 sec)
```

由计算结果可以看到，对 num 进行除法运算的时候，由于 99 无法被 7 整除，因此 MySQL 对 num/7 求商的结果保存到小数点后面四位，结果为 14.1429；99 除以 4 的余数为 3，因此取余运算 num%4 结果为 3。

在数学运算时，除数为 0 的时候无意义，因此除法运算中除数不能为 0，如果被 0 除，则返回结果 NULL。

【范例 5-25】0 作除数的结果为 NULL

除数为 0 时运算的结果：用 0 除 num。

```
mysql> SELECT num,num/0,num%0 FROM tmp14;
+------+-------+-------+
| num  | num/0 | num%0 |
```

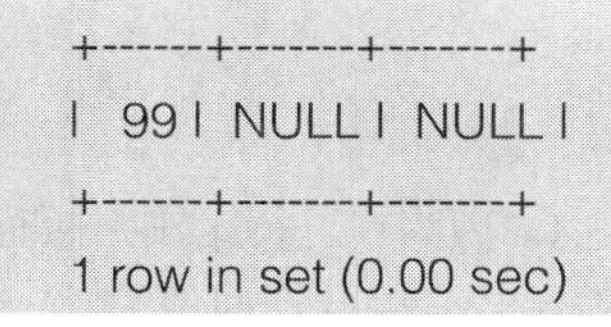

```
+------+-------+-------+
|  99 | NULL | NULL |
+------+-------+-------+
1 row in set (0.00 sec)
```

由计算结果可以看出，用 0 对 num 进行除法运算和取余运算结果均为 NULL。

5.3.3 比较运算符

一个比较运算符的结果总是 1、0 或 NULL。比较运算符经常在 SELECT 查询条件子句中使用，用来查询满足指定条件的记录。MySQL 中的比较运算符如表 5-11 所示。

表 5-11　　MySQL 中的比较运算符

运算符	作用
=	等于
<=>	安全等于（可以比较 NULL）
<>(!=)	不等于
<=	小于等于
>=	大于等于
<	小于
>	大于
IS NULL	判断一个值是否为 NULL
IS NOT NULL	判断一个值是否不为 NULL
LEAST	在有两个或多个参数时，返回最小值
GREATEST	当有两个或多个参数时，返回最大值
BETWEEN AND	判断一个值是否落在两个值之间
ISNULL	与 IS NULL 相同
IN	判断一个值是 IN 列表中的任意一值
NOT IN	判断一个值不是 IN 列表中的任意一个值
LIKE	通配符匹配
REGEXP	正则表达式匹配

下面依次讨论各个比较运算符的使用方法。

1. 等于运算符 "="

等号 "=" 用来判断数字、字符串和表达式是否相等。如果相等，返回值为 1，否则返回值为 0。

【范例 5-26】等于运算符的使用

使用 "=" 进行相等判断，语句如下。

```
mysql> SELECT 1=2,'3'=3,3=3,'0.01'=0,'a'='a',(2+4)=(3+3),NULL=NULL;
+-----+-------+-----+----------+---------+------------+-----------+
| 1=2 | '3'=3 | 3=3 | '0.01'=0 | 'a'='a' | (2+4)=(3+3) | NULL=NULL |
+-----+-------+-----+----------+---------+------------+-----------+
|  0 |    1 |   1 |       0 |      1 |          1 |     NULL |
```

```
+-----+-------+-----+---------+--------+-----------+----------+
1 row in set (0.00 sec)
```

由结果可以看到，在进行判断时，'3'=3 和 3=3 的返回值相同，都是 1。因为在进行比较判断时，MySQL 自动进行了转换，把字符 '3' 转换成数字 3；'a'='a' 为相同的字符比较，因此返回值为 1；表达式 2+4 和 3+3 的结果都为 6，结果相等，因此返回值为 1；由于"="不能用于空值 NULL 的判断，因此返回值为 NULL。

数值比较时有如下规则。

(1) 若有一个或两个参数为 NULL，则比较运算的结果为 NULL。

(2) 若同一个比较运算中的两个参数都是字符串，则按照字符串进行比较。

(3) 若两个参数均为正数，则按照整数进行比较。

(4) 若一个字符串和一个数字进行相等判断，则 MySQL 可以自动将字符串转换为数字。

2. 安全等于运算符"<=>"

这个操作符具备"="操作符的所有功能，唯一不同的是"<=>"可以用来判断 NULL 值。在两个操作数均为 NULL 时，其返回值为 1 而不为 NULL；当其中一个操作数为 NULL 时，其返回值为 0 而不为 NULL。

【范例 5-27】安全等于运算符的使用

使用"<=>"进行相等的判断，语句如下。

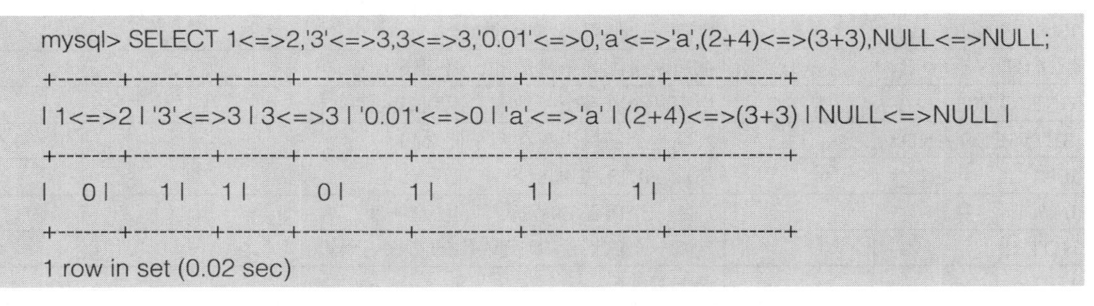

```
mysql> SELECT 1<=>2,'3'<=>3,3<=>3,'0.01'<=>0,'a'<=>'a',(2+4)<=>(3+3),NULL<=>NULL;
+-------+--------+-------+----------+---------+-------------+-----------+
| 1<=>2 | '3'<=>3 | 3<=>3 | '0.01'<=>0 | 'a'<=>'a' | (2+4)<=>(3+3) | NULL<=>NULL |
+-------+--------+-------+----------+---------+-------------+-----------+
|    0 |      1 |    1 |        0 |       1 |           1 |         1 |
+-------+--------+-------+----------+---------+-------------+-----------+
1 row in set (0.02 sec)
```

由结果可以看到，"<=>"在执行比较操作时和"="的作用是相似的，唯一的区别是"<=>"可以用来对 NULL 进行判断，两者都为 NULL 时返回值为 1。

3. 不等于运算符"<>"或"!="

"<>"或者"!="用于判断数字、字符串、表达式不相等的判断。如果不相等，返回值为 1；否则返回值为 0。这两个运算符不能用于判断空值 NULL。

【范例 5-28】不等于运算符的使用

使用"<>"和"!="进行不相等的判断，语句如下。

```
mysql> SELECT 'bad'<>'bed',1<>2,3!=3,4.4!=4,(1+1)!=(2+2),NULL<>NULL;
+-------------+------+------+--------+-------------+-----------+
| 'bad'<>'bed' | 1<>2 | 3!=3 | 4.4!=4 | (1+1)!=(2+2) | NULL<>NULL |
+-------------+------+------+--------+-------------+-----------+
|           1 |    1 |    0 |      1 |           1 |      NULL |
```

```
+-------------+------+------+--------+-------------+------------+
1 row in set (0.01 sec)
```

由结果可以看到，两个不等于运算符作用相同，都可以进行数字、字符串、表达式的比较。

4. 小于或等于运算符“<=”

“<=”用来判断左边的操作数是否小于等于右边的操作数。如果小于或等于，返回值为 1，否则返回值为 0。“<=”不能用于判断空值 NULL。

【范例 5-29】小于或等于运算符的使用

使用“<=”进行比较判断，SQL 语句如下。

```
mysql> SELECT 'bad'<='bed',1<=2,3<=3,4.4<=4,(1+1)<=(2+2),NULL<=NULL;
+-------------+------+------+--------+-------------+------------+
| 'bad'<='bed' | 1<=2 | 3<=3 | 4.4<=4 | (1+1)<=(2+2) | NULL<=NULL |
+-------------+------+------+--------+-------------+------------+
|           1 |    1 |    1 |      0 |           1 |       NULL |
+-------------+------+------+--------+-------------+------------+
1 row in set (0.03 sec)
```

由结果可以看出，左边操作数小于或等于右边时，返回值为 1，例如 'bad'<='bed'，'bad' 第二位字符 'a' 在字母表中的顺序小于 bed 第二位字符 e，因此返回值为 1；左边操作数大于右边操作数时，返回值为 0，例如 4.4<=4，返回值为 0；同样，比较 NULL 值时，返回 NULL。

5. 小于运算符“<”

“<”运算符用来判断左边的操作数是否小于右边的操作数，如果小于，返回值为 1；否则返回值为 0。“<”不能用于判断空值 NULL。

【范例 5-30】小于运算符的使用

使用“<”进行比较判断，SQL 语句如下。

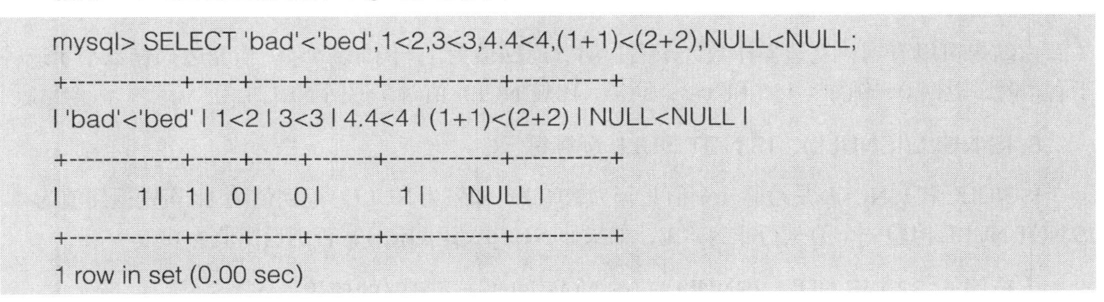

```
mysql> SELECT 'bad'<'bed',1<2,3<3,4.4<4,(1+1)<(2+2),NULL<NULL;
+------------+-----+-----+-------+------------+-----------+
| 'bad'<'bed' | 1<2 | 3<3 | 4.4<4 | (1+1)<(2+2) | NULL<NULL |
+------------+-----+-----+-------+------------+-----------+
|          1 |   1 |   0 |     0 |          1 |      NULL |
+------------+-----+-----+-------+------------+-----------+
1 row in set (0.00 sec)
```

由结果可以看出，当左边操作数小于右边时，返回值为 1，例如 'bad'<='bed'，'bad' 第二位字符 a 在字母表中的顺序小于 bed 第二位字符 e，因此返回值为 1；当左边操作数大于或等于右边时，返回值为 0，例如 1<2 和 3<3；同样，比较 NULL 值时，返回 NULL。

6. 大于或等于运算符“>=”

“>=”运算符用来判断左边的操作数是否大于或者等于右边的操作数，如果大于或者等于，返回值为 1；否则返回值为 0。“>=”不能用于判断空值 NULL。

【范例 5-31】大于或等于运算符的使用

使用“>=”进行判断比较，语句如下。

```
mysql> SELECT 'bad'>='bed',1>=2,3>=3,4.4>=4,(1+1)>=(2+2),NULL>=NULL;
+-------------+------+------+--------+-------------+------------+
| 'bad'>='bed' | 1>=2 | 3>=3 | 4.4>=4 | (1+1)>=(2+2) | NULL>=NULL |
+-------------+------+------+--------+-------------+------------+
|           0 |    0 |    1 |      1 |           0 |       NULL |
+-------------+------+------+--------+-------------+------------+
1 row in set (0.00 sec)
```

由结果可以看到，左边操作数大于或等于右边操作数时，返回值为 1，例如 3>=3；当左边操作数小于右边时，返回值为 0，例如 1>=2；同样，比较 NULL 值时，返回 NULL。

7. 大于运算符“>”

“>”运算符用来判断左边的操作数是否大于右边的操作数，如果大于，返回值 1；否则返回值 0。“>”不能用于判断空值 NULL。

【范例 5-32】大于运算符的使用

使用“>”进行比较，语句如下。

```
mysql> SELECT 'bad'>'bed',1>2,3>3,4.4>4,(1+1)>(2+2),NULL>NULL;
+------------+-----+-----+-------+------------+-----------+
| 'bad'>'bed' | 1>2 | 3>3 | 4.4>4 | (1+1)>(2+2) | NULL>NULL |
+------------+-----+-----+-------+------------+-----------+
|          0 |   0 |   0 |     1 |          0 |      NULL |
+------------+-----+-----+-------+------------+-----------+
1 row in set (0.00 sec)
```

由结果可以看到，左边操作数大于右边时，返回值为 1，例如 4.4>4；当左边操作数小于或等于右边时，返回 0，例如：1>2 和 3>3；同样，比较 NULL 值时，返回 NULL。

8. IS NULL(ISNULL)、IS NOT NULL 运算符

IS NULL 和 ISNULL 是检验一个值是否为 NULL，如果为 NULL，返回值为 1，否则返回值为 0；IS NOT NULL 检验一个值是否非 NULL，如果非 NULL，返回值 1，否则返回值为 0。

【范例 5-33】IS NULL(ISNULL)、IS NOT NULL 运算符的使用

使用 IS NULL、ISNULL 和 IS NOT NULL 判断 NULL 值和非 NULL 值，语句如下。

```
mysql> SELECT NULL IS NULL,ISNULL(NULL),ISNULL(99),99 IS NOT NULL;
+--------------+--------------+------------+----------------+
| NULL IS NULL | ISNULL(NULL) | ISNULL(99) | 99 IS NOT NULL |
```

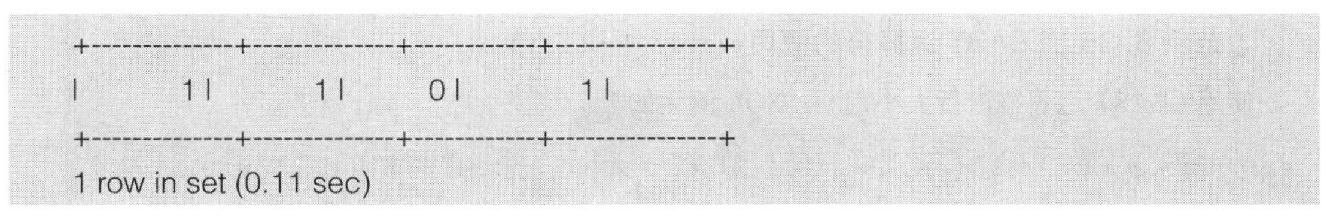

```
+-------------+-------------+-----------+-------------+
|          1 |          1 |        0 |           1 |
+-------------+-------------+-----------+-------------+
1 row in set (0.11 sec)
```

由结果可以看出，IS NULL 和 ISNULL 的作用相同，使用格式不同。ISNULL 和 IS NOT NULL 的返回值正好相反。

9. BETWEEN AND 运算符

该运算符语法格式如下。

```
expr BETWEEN min AND max
```

假如 expr 大于或等于 min 且小于或等于 max，则 BETWEEN 的返回值为 1，否则返回值为 0。

【范例 5-34】BETWEEN AND 运算符的使用

使用 BETWEEN AND 进行值区间判断，输入 SQL 语句如下。

```
mysql> SELECT 3 BETWEEN 2 AND 4,3 BETWEEN 3 AND 4,3 BETWEEN 9 AND 10;
+-----------------+-----------------+------------------+
| 3 BETWEEN 2 AND 4 | 3 BETWEEN 3 AND 4 | 7 BETWEEN 9 AND 10 |
+-----------------+-----------------+------------------+
|              1 |              1 |               0 |
+-----------------+-----------------+------------------+
1 row in set (0.00 sec)
mysql> SELECT 'b' BETWEEN 'a' AND 'c','z'BETWEEN 'a' AND 'b';
+---------------------+---------------------+
| 'b' BETWEEN 'a' AND 'c' | 'z' BETWEEN 'a' AND 'b' |
+---------------------+---------------------+
|                  1 |                  0 |
+---------------------+---------------------+
1 row in set (0.00 sec)
```

由结果可以看到，3 在端点区间或者等于其中一个端点值时，BETWEEN AND 表达式返回值为 1；7 不在指定区间内，因此返回值为 0；对于字符串类型的比较，按字母表中字母顺序进行比较，'b' 位于指定字母区间内，因此返回值为 1，'z' 不在指定的字母区间内，因此返回值为 0。

10. LEAST(value1,value2,…)

该运算符语法格式如下。

```
LEAST( 值 1，值 2，…值 n)
```

其中，“值 n”表示参数列表中有 n 个值。在有两个或多个参数的情况下，返回最小值。假如任意一个自变量为 NULL，则 LEAST() 的返回值为 NULL。

【范例 5-35】LEAST 运算符的使用

使用 LEAST 运算符进行大小判断，SQL 语句如下。

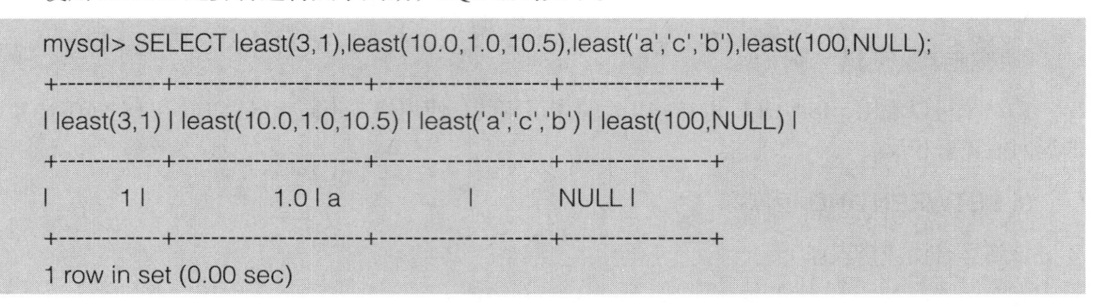

```
mysql> SELECT least(3,1),least(10.0,1.0,10.5),least('a','c','b'),least(100,NULL);
+------------+----------------------+--------------------+-----------------+
| least(3,1) | least(10.0,1.0,10.5) | least('a','c','b') | least(100,NULL) |
+------------+----------------------+--------------------+-----------------+
|          1 |                  1.0 | a                  |            NULL |
+------------+----------------------+--------------------+-----------------+
1 row in set (0.00 sec)
```

由结果可以看到，当参数中是整数或浮点数时，LEAST 将返回其中最小的值；当参数为字符串时，返回字母表顺序最靠前的字符；当比较值列表中有 NULL 时，不能判断大小，返回值为 NULL。

11. GREATEST(value1,value2,…)

该运算符语法格式如下。

```
GREATEST( 值 1，值 2，…值 n)
```

其中，“值 n”表示参数列表中有 n 个值。当有两个或多个参数时，返回值为最大值，假如任意一个自变量为 NULL，则 GREATEST() 的返回值为 NULL。

【范例 5-36】GREATEST 运算符的使用

使用 GREATEST 运算符进行大小判断，SQL 语句如下。

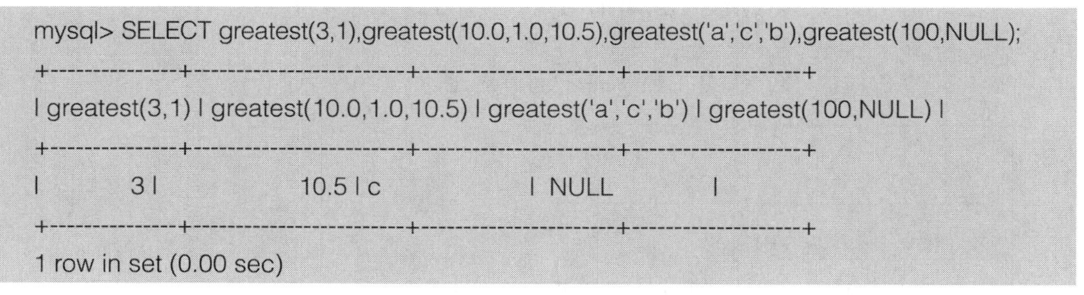

```
mysql> SELECT greatest(3,1),greatest(10.0,1.0,10.5),greatest('a','c','b'),greatest(100,NULL);
+---------------+-------------------------+-----------------------+--------------------+
| greatest(3,1) | greatest(10.0,1.0,10.5) | greatest('a','c','b') | greatest(100,NULL) |
+---------------+-------------------------+-----------------------+--------------------+
|             3 |                    10.5 | c                     | NULL               |
+---------------+-------------------------+-----------------------+--------------------+
1 row in set (0.00 sec)
```

由结果可以看到，当参数中是整数或浮点数时，GREATEST 将返回其中最大值；当参数为字符串时，返回字母表顺序中最靠后的字符；当比较值列表中有 NULL 时，不能判断大小，返回值为 NULL。

12. IN、NOT IN 运算符

IN 运算符用来判断操作数是否为 IN 列表中的一个值，如果是，返回值为 1；否则返回值为 0。

NOT IN 运算符用来判断操作数是否为 IN 列表中的一个值，如果不是，返回值为 1；否则返回值为 0。

【范例 5-37】IN、NOT IN 运算符的使用

使用 IN、NOT IN 运算符进行判断，SQL 语句如下。

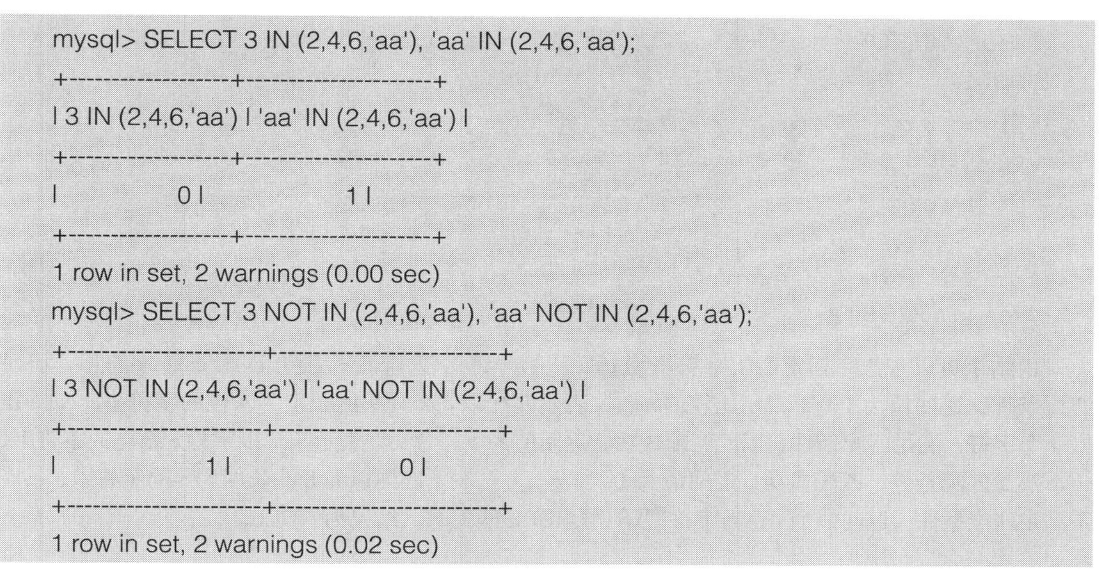

```
mysql> SELECT 3 IN (2,4,6,'aa'), 'aa' IN (2,4,6,'aa');
+-------------------+---------------------+
| 3 IN (2,4,6,'aa') | 'aa' IN (2,4,6,'aa') |
+-------------------+---------------------+
|                 0 |                   1 |
+-------------------+---------------------+
1 row in set, 2 warnings (0.00 sec)
mysql> SELECT 3 NOT IN (2,4,6,'aa'), 'aa' NOT IN (2,4,6,'aa');
+-----------------------+-------------------------+
| 3 NOT IN (2,4,6,'aa') | 'aa' NOT IN (2,4,6,'aa') |
+-----------------------+-------------------------+
|                     1 |                       0 |
+-----------------------+-------------------------+
1 row in set, 2 warnings (0.02 sec)
```

由结果可以看到，IN 和 NOT IN 的返回值正好相反。

在左侧表达式为 NULL 的情况下，或是表中找不到匹配项并且表中一个表达式为 NULL 的情况下，IN 的返回值均为 NULL。

【范例 5-38】NULL 值时的 IN 查询

存在 NULL 值时的 IN 查询，SQL 语句如下。

```
mysql> SELECT NULL IN (2,4,6,'aa'), 9 IN (2,3,NULL,'aa');
+----------------------+---------------------+
| NULL IN (2,4,6,'aa') | 9 IN (2,3,NULL,'aa') |
+----------------------+---------------------+
|                 NULL |                NULL |
+----------------------+---------------------+
1 row in set, 1 warning (0.00 sec)
```

IN 语法也可用于在 SELECT 语句中进行嵌套子查询，后面章节中会具体讲解。

13. LIKE

LIKE 运算符用来匹配字符串，其语法格式如下。

```
expr LIKE 匹配条件
```

如果 expr 满足匹配条件，则返回值为 1（TRUE）；如果不匹配，则返回值为 0（FALSE）。若 expr 或匹配条件中任何一个为 NULL，则结果为 NULL。

LIKE 运算符在进行匹配时，可以使用下面两种通配符。

(1) “%”匹配任何数目字符，甚至包括零字符。

(2) “_”只能匹配一个字符。

【范例 5-39】运算符 LIKE 的使用

使用运算符 LIKE 进行字符串匹配运算，SQL 语句如下。

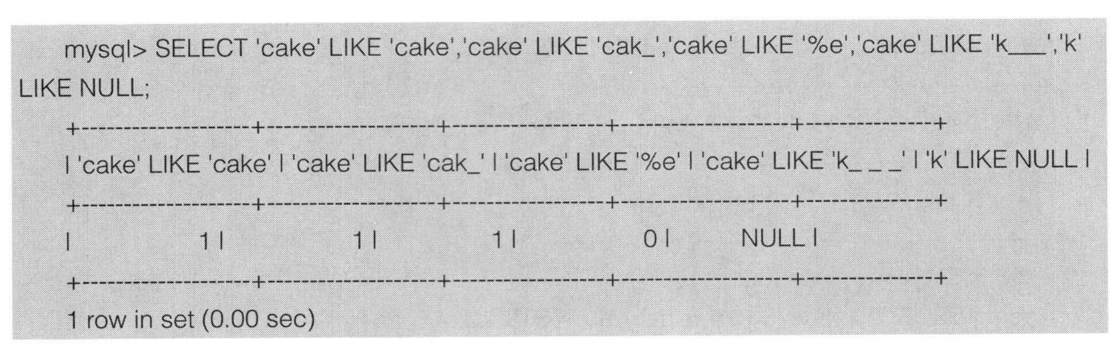

```
mysql> SELECT 'cake' LIKE 'cake','cake' LIKE 'cak_','cake' LIKE '%e','cake' LIKE 'k___','k'
LIKE NULL;
+-------------------+-------------------+------------------+-------------------+---------------+
| 'cake' LIKE 'cake' | 'cake' LIKE 'cak_' | 'cake' LIKE '%e' | 'cake' LIKE 'k_ _ _' | 'k' LIKE NULL |
+-------------------+-------------------+------------------+-------------------+---------------+
|              1 |              1 |             1 |              0 |      NULL |
+-------------------+-------------------+------------------+-------------------+---------------+
1 row in set (0.00 sec)
```

由结果可以看出，指定匹配字符串为cake。第一组比较“cake”直接匹配cake字符串，满足匹配条件，返回值为1；第二组比较“cak_”表示匹配以cak开头的长度为4位的字符串，cake正好4个字符，满足匹配条件，因此匹配成功，返回值为1；“%e”表示匹配以字母e结尾的字符串，cake满足匹配条件，匹配成功，返回值为1；“k_ _ _”表示匹配以k开头长度为4的字符串，cake不满足匹配条件，返回值为0；当字符“k”与NULL匹配时，结果为NULL。

14. REGEXP

REGEXP运算符用来匹配字符串，语法格式如下。

```
expr REGEXP 匹配条件
```

如果expr满足匹配条件，返回1；如果不满足，则返回0；若expr或匹配条件任意一个为NULL，则结果为NULL。

REGEXP运算符在进行匹配时，常用的有下面几种通配符。

(1) '^' 匹配以该字符后面的字符开头的字符串。

(2) '$' 匹配以该字符前面的字符结尾的字符串。

(3) '.' 匹配任何一个单字符。

(4) “[…]”匹配在方括号内的任何字符。例如，“[abc]”匹配a、b或c。为了命名字符的范围，使用一个 '–'。“[a–z]”匹配任意字母，而“[0–9]”匹配任意数字。

(5) '*' 匹配零个或多个在它前面的字符。例如，“x*”匹配任意数量的 'x' 字符，“[0–9]*”匹配任意数量的数字，而“.*”则匹配任意数量的任意字符。

【范例5–40】REGEXP运算符的使用

使用运算符REGEXP进行字符串匹配运算，SQL语句如下。

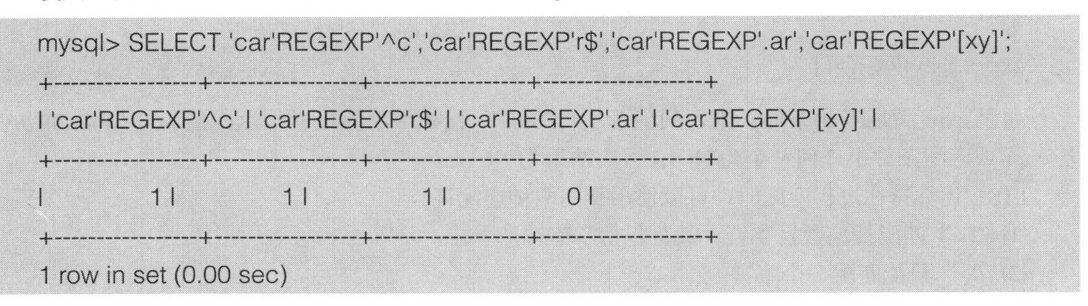

```
mysql> SELECT 'car'REGEXP'^c','car'REGEXP'r$','car'REGEXP'.ar','car'REGEXP'[xy]';
+-----------------+-----------------+-----------------+-------------------+
| 'car'REGEXP'^c' | 'car'REGEXP'r$' | 'car'REGEXP'.ar' | 'car'REGEXP'[xy]' |
+-----------------+-----------------+-----------------+-------------------+
|            1 |            1 |             1 |              0 |
+-----------------+-----------------+-----------------+-------------------+
1 row in set (0.00 sec)
```

由结果可以看到，指定匹配字符串为car。“^c”表示匹配任何以字母c开头的字符串，满足匹配条件，因此返回值为1；“r$”表示任何以字母r结尾的字符串，满足匹配条件，因此返回值为1；“.ar”

匹配任何以 ar 结尾，字符总长度为 3 的字符串，满足匹配条件，因此返回值为 1；“[xy]”匹配任何包含字母 x 或 y 的字符串，指定字符串中没有字母 x 或 y，不满足匹配条件，因此返回值为 0。

提示：正则表达式是一个可以进行复杂查询的强大工具，相对于 LIKE 字符串匹配，它可以使用更多的通配符类型，查询结果更加灵活。读者可以参考相关资料，详细学习正则表达式的写法，在此不做详细介绍。

5.3.4 逻辑运算符

在 SQL 中，所有逻辑运算符的求值所得结果均为 TRUE、FALSE 或 NULL。在 MySQL 中，它们分别显示为 1（TRUE）、0（FALSE）和 NULL。其中大多数都与其他的 SQL 数据库通用，MySQL 中的逻辑运算符如表 5–12 所示。

表 5 –12　　MySQL 中的逻辑运算符

运算符	作用
NOT 或者 !	逻辑非
AND 或者 &&	逻辑与
OR 或者 II	逻辑或
XOR	逻辑异或

下面分别讨论不同逻辑运算符的使用方法。

1. NOT 或者 !

逻辑非运算符 NOT 或“!”表示当操作数为 0 时，返回值为 1；当操作数为 1 时，返回值为 0；当操作数为 NULL 时，返回值为 NULL。

【范例 5–41】逻辑非运算符的使用

分别使用逻辑非运算符 NOT 和“!”进行逻辑判断，SQL 语句如下。

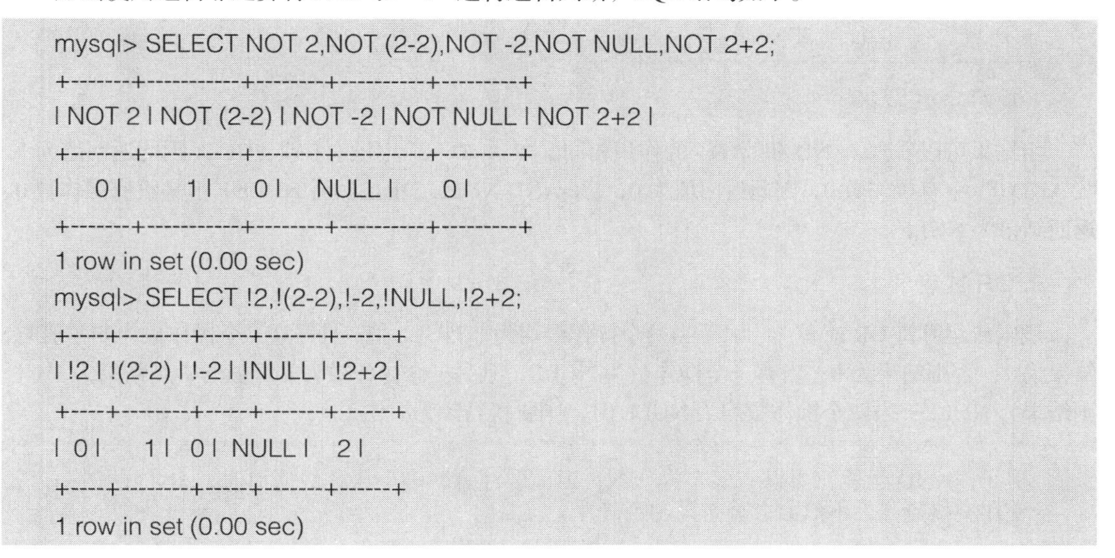
```
mysql> SELECT NOT 2,NOT (2-2),NOT -2,NOT NULL,NOT 2+2;
+-------+----------+--------+---------+---------+
| NOT 2 | NOT (2-2) | NOT -2 | NOT NULL | NOT 2+2 |
+-------+----------+--------+---------+---------+
|   0 |        1 |    0 |   NULL |      0 |
+-------+----------+--------+---------+---------+
1 row in set (0.00 sec)
mysql> SELECT !2,!(2-2),!-2,!NULL,!2+2;
+----+--------+-----+-------+------+
| !2 | !(2-2) | !-2 | !NULL | !2+2 |
+----+--------+-----+-------+------+
|  0 |      1 |   0 | NULL |    2 |
+----+--------+-----+-------+------+
1 row in set (0.00 sec)
```

由结果可以看到，前 4 列 NOT 和“!”的返回值都相同。但是最后 1 列结果不同。出现这种结

果的原因是 NOT 与“!”的优先级不同。NOT 的优先级低于“+”，因此“NOT 2+2”先计算“2+2”，然后在进行逻辑非运算，因为操作数不为 0，因此“NOT 2+2”最终返回值为 0；另一个逻辑非运算符“!”的优先级高于“+”运算符，因此“!2+2”先进行逻辑非运算“!2”，结果为 0，然后再进行加法运算“0+2”，因此，最终返回值为 2。

> 提示：在使用运算符时，一定要注意不同运算符的优先级，如果不能确定优先级顺序，最好使用括号，以保证运算结果的正确。

2. AND 或者 &&

逻辑与运算符 AND 或者“&&”表示当所有操作数均为非零值，并且不为 NULL 时，返回值为 1；当一个或多个操作数为 0 时，返回值为 0；其余情况返回值为 NULL。

【范例 5-42】逻辑与运算符的使用

分别使用逻辑与运算符 AND 和“&&”进行逻辑判断，SQL 语句如下。

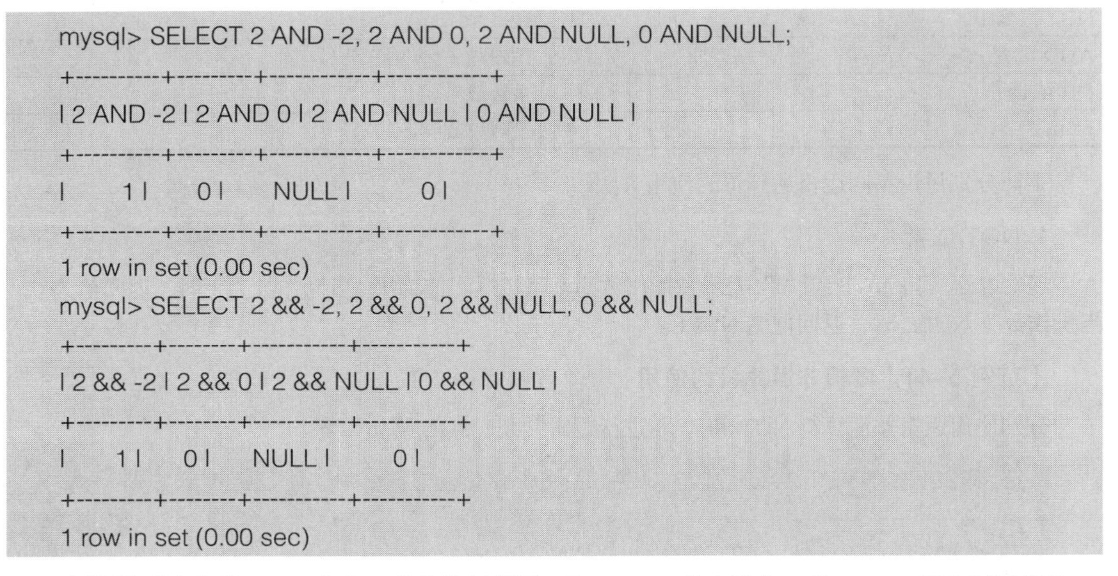

```
mysql> SELECT 2 AND -2, 2 AND 0, 2 AND NULL, 0 AND NULL;
+----------+---------+------------+------------+
| 2 AND -2 | 2 AND 0 | 2 AND NULL | 0 AND NULL |
+----------+---------+------------+------------+
|        1 |       0 |       NULL |          0 |
+----------+---------+------------+------------+
1 row in set (0.00 sec)
mysql> SELECT 2 && -2, 2 && 0, 2 && NULL, 0 && NULL;
+---------+--------+-----------+-----------+
| 2 && -2 | 2 && 0 | 2 && NULL | 0 && NULL |
+---------+--------+-----------+-----------+
|       1 |      0 |      NULL |         0 |
+---------+--------+-----------+-----------+
1 row in set (0.00 sec)
```

由结果可以看到，AND 和“&&”的作用相同。“2 AND –2”中没有 0 或 NULL，因此返回值为 1；“2 AND 0”中有操作数 0，因此返回值为 0；“2 AND NULL”中虽然有 NULL，但是没有操作数 0，返回结果为 NULL。

3. OR 或者 ||

逻辑或运算符 OR 或者“||”表示当两个操作数均为非 NULL 值，且任意一个操作数为非零值时，结果为 1，否则结果为 0；当有一个操作数为 NULL，且另一个操作数为非零值时，则结果为 1，否则结果为 NULL；当两个操作数均为 NULL 时，则所得结果为 NULL。

> 提示：AND 运算符可以有多个操作数，但需要注意，多个操作数运算时，AND 两边一定要使用空格隔开，不然会影响结果的正确性。

【范例 5-43】逻辑或运算符的使用

分别使用逻辑或运算符 OR 和“||”进行逻辑判断，SQL 语句如下。

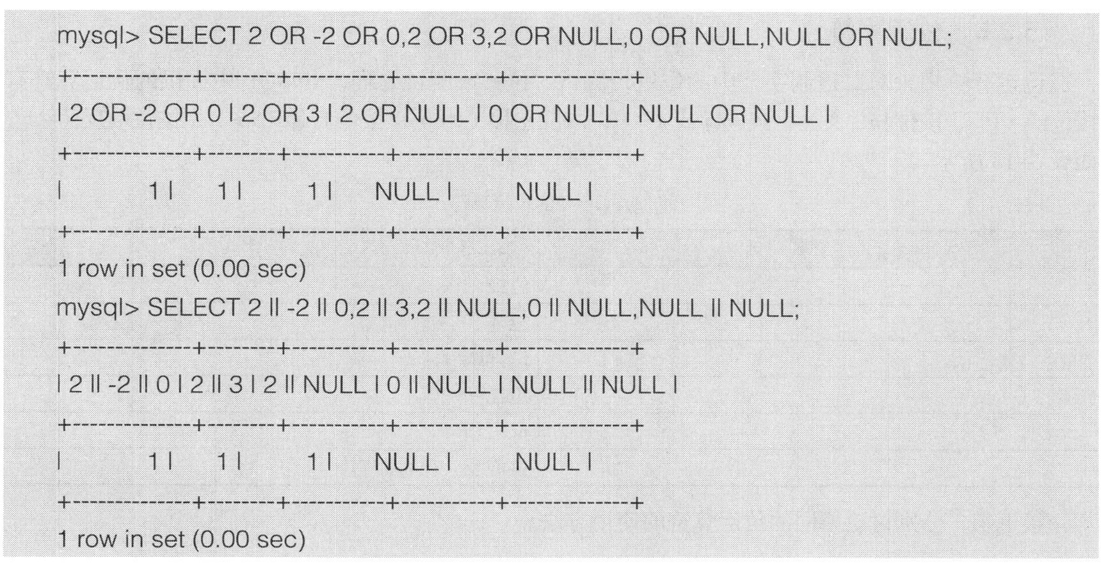

```
mysql> SELECT 2 OR -2 OR 0,2 OR 3,2 OR NULL,0 OR NULL,NULL OR NULL;
+-------------+--------+----------+----------+-------------+
| 2 OR -2 OR 0 | 2 OR 3 | 2 OR NULL | 0 OR NULL | NULL OR NULL |
+-------------+--------+----------+----------+-------------+
|           1 |      1 |        1 |     NULL |        NULL |
+-------------+--------+----------+----------+-------------+
1 row in set (0.00 sec)
mysql> SELECT 2 || -2 || 0,2 || 3,2 || NULL,0 || NULL,NULL || NULL;
+-------------+--------+----------+----------+-------------+
| 2 || -2 || 0 | 2 || 3 | 2 || NULL | 0 || NULL | NULL || NULL |
+-------------+--------+----------+----------+-------------+
|           1 |      1 |        1 |     NULL |        NULL |
+-------------+--------+----------+----------+-------------+
1 row in set (0.00 sec)
```

由结果可以看出，OR 和“||”的作用相同。“2 OR –2 OR 0”中有 0，但同时包含有非 0 的值 2 和 –2，返回值结果为 1；“2 OR 3”中没有操作数 0，返回值结果为 1；“2 || NULL”中虽然有 NULL，但是有操作数 2，返回值结果为 1；“0 OR NULL”中没有非零值，并且有 NULL，返回结果为 NULL；“NULL OR NULL”中只有 NULL，返回值结果为 NULL。

4. XOR

逻辑异或运算符 XOR。当任意一个操作数为 NULL 时，返回值为 NULL；对于非 NULL 的操作数，如果两个操作数都是非零值或者都是 0，则返回值结果为 0；如果一个为 0，另一个为非零值，返回值结果为 1。

【范例 5-44】异或运算符的使用

使用异或运算符 XOR 进行逻辑判断，SQL 语句如下。

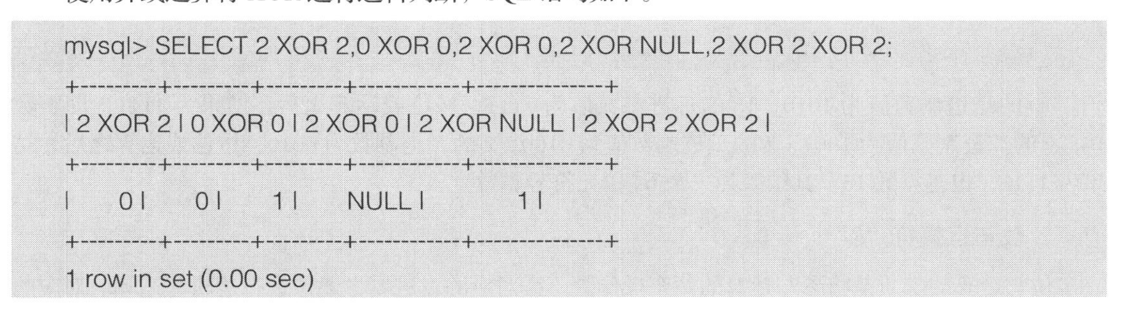

```
mysql> SELECT 2 XOR 2,0 XOR 0,2 XOR 0,2 XOR NULL,2 XOR 2 XOR 2;
+---------+---------+---------+-----------+--------------+
| 2 XOR 2 | 0 XOR 0 | 2 XOR 0 | 2 XOR NULL | 2 XOR 2 XOR 2 |
+---------+---------+---------+-----------+--------------+
|       0 |       0 |       1 |      NULL |            1 |
+---------+---------+---------+-----------+--------------+
1 row in set (0.00 sec)
```

由结果可以看到，“2 XOR 2”和“0 XOR 0”中运算符两边的操作数都为非零值，或者都是 0，因此返回 0；“2 XOR 0”中两边的操作数，一个为 0，另一个为非零值，返回结果为 1；“2 XOR NULL”中有一个操作数为 NULL，返回值为 NULL；“2 XOR 2 XOR 2”中有多个操作数，运算符相同，因此运算顺序从左到右依次运算，“2 XOR 2”的结果为 0，再与 2 进行异或运算，因此结果为 1。

提示：a XOR b 的计算等同于（a AND（NOT b））或者（（NOT a）AND b）。

5.3.5 位运算符

位运算符用来对二进制字节中的位进行测试、位移或测试处理，MySQL 中提供的位运算符有按位或（|）、按位与（&）、按位异或（^）、按位左移（<<）、按位右移（>>）、按位取反（~），如表 5-13 所示。

表 5-13　MySQL 中的位运算符

运算符	作用
|	位或
&	位与
^	位异或
<<	位左移
>>	位右移
~	位取反，反转所有比特

接下来，分别讨论不同的位运算符的使用方法。

1. 位或运算符“|”

位或运算符的实质是将参与运算的两个数据，按对应的二进制数进行逻辑或运算。对应的二进制位有一个或两个为 1 则该位的运算结果为 1，否则为 0。

【范例 5-45】位或运算符的使用

使用位或运算符进行运算，SQL 语句如下。

```
mysql> SELECT 10|15,9|4|2;
+-------+-------+
| 10|15 | 9|4|2 |
+-------+-------+
|    15 |    15 |
+-------+-------+
1 row in set (0.04 sec)
```

10 的二进制数值为 1010，15 的二进制数值为 1111，按位或运算之后，结果为 1111，即整数 15；9 的二进制数值为 1001，4 的二进制数值为 0100，2 的二进制数为 0010，按位或运算之后，结果为 1111，也是整数 15。其结果为一个 64 位无符号整数。

2. 位与运算符“&”

位与运算的实质是将参与运算的两个操作数，按对应的二进制数逐位进行逻辑与运算。对应的二进制位都为 1，则该位的运算结果为 1，否则为 0。

【范例 5-46】位与运算符的使用

使用位与运算符进行运算，SQL 语句如下。

```
mysql> SELECT 10 & 15, 9 & 4 & 2;
+---------+-----------+
| 10 & 15 | 9 & 4 & 2 |
+---------+-----------+
|      10 |         0 |
+---------+-----------+
1 row in set (0.00 sec)
```

10 的二进制数值为 1010，15 的二进制数值为 1111，按位与运算之后，结果为 1010，即整数 10；9 的二进制数值为 1001，4 的二进制数值为 0100，2 的二进制数值为 0010，按位与运算之后，结果为 0000，即整数 0。其结果为一个 64 位无符号整数。

3. 位异或运算符“^”

位异或运算的实质是将参与运算的两个数据，按对应的二进制数逐位进行逻辑异或运算。对应的二进制数不同时，对应位的结果才为 1；如果两个对应位数都为 0 或者都为 1，则对应位的运算结果为 0。

【范例 5-47】位异或运算符的使用

使用位异或运算符进行运算，SQL 语句如下。

```
mysql> SELECT 10^15,1^0,1^1;
+-------+-----+-----+
| 10^15 | 1^0 | 1^1 |
+-------+-----+-----+
|     5 |   1 |   0 |
+-------+-----+-----+
1 row in set (0.01 sec)
```

10 的二进制数为 1010，15 的二进制数为 1111，按位异或运算之后，结果为 0101，即整数 5；1 的二进制数为 0001，0 的二进制数为 0000，按位异或运算之后，结果为 0001，即整数 1；1 和 1 本身二进制完全相同，因此运算结果为 0。

4. 位左移运算符“<<”

位左移运算符“<<”的功能是让指定二进制值的所有位都左移指定的位数。左移指定位数之后，左边高位的数值将被移出并丢弃，右边低位空出的位置用 0 补齐。语法格式为：a<<n。这里的 n 指定值 a 要移动的位置。

【范例 5-48】位左移运算符的使用

使用位左移运算符进行运算，SQL 语句如下。

```
mysql> SELECT 1<<2,4<<2;
+------+------+
| 1<<2 | 4<<2 |
```

```
+------+------+
|   4|  16|
+------+------+
1 row in set (0.01 sec)
```

1 的二进制值为 0000 0001，左移两位之后变成 0000 0100，即十进制整数 4；十进制 4 左移两位之后变成 0001 0000，即十进制数 16。

5. 位右移运算符“>>”

位右移运算符“>>”的功能是让指定的二进制值的所有位都右移指定的位数。右移指定位数之后，右边低位的数值将被移出并丢弃，左边高位空出的位置用 0 补齐。语法格式为：a>>n。这里的 n 指定值 a 要移动的位置。

【范例 5-49】位右移运算符的使用

使用位右移运算符进行运算，SQL 语句如下。

```
mysql> SELECT 1>>1,16>>2;
+------+-------+
| 1>>1 | 16>>2 |
+------+-------+
|   0|    4|
+------+-------+
1 row in set (0.00 sec)
```

1 的二进制值为 0000 0001，右移 1 位之后变成 0000 0000，即十进制整数 0；16 的二进制值为 0001 0000，右移两位之后变成 0000 0100，即十进制数 4。

6. 位取反运算符“~”

位取反运算符的实质是将参与运算的数据，按对应的二进制数逐位反转，即 1 取反后变为 0，0 取反后变为 1。

【范例 5-50】位取反运算符的使用

使用位取反运算符进行运算，SQL 语句如下。

```
mysql> SELECT 5&~1;
+-------+
| 5 &~1 |
+-------+
|    4|
+-------+
1 row in set (0.02 sec)
```

逻辑运算 5&~1，由于位取反运算符“~”的级别高于位与运算符“&”，因此先对 1 取反操作，取反之后，除了最低位为 0 其他都为 1，然后再与十进制数值 5 进行运算，结果为 0100，即整数 4。

> 提示：MySQL 经过位运算之后的数值是一个 64 位的无符号整数，1 的二进制数值表示为最右边为 1，其他位均为 0；取反操作之后，除了最低位，其他位均变为 1。

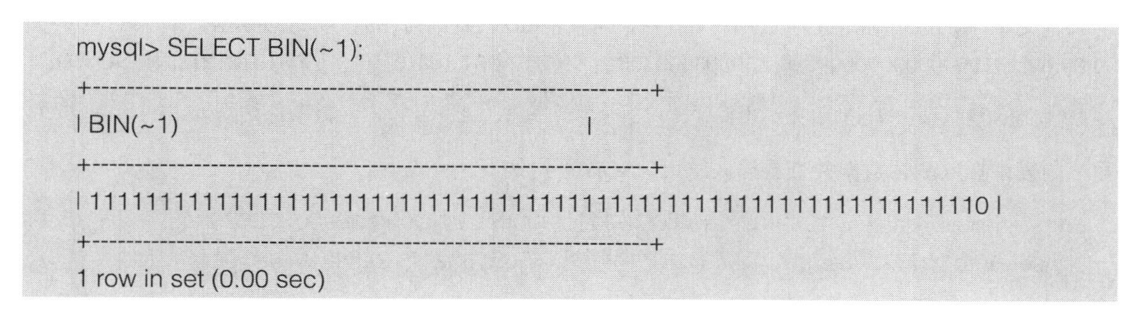

```
mysql> SELECT BIN(~1);
+------------------------------------------------------------------+
| BIN(~1)                                                          |
+------------------------------------------------------------------+
| 1111111111111111111111111111111111111111111111111111111111111110 |
+------------------------------------------------------------------+
1 row in set (0.00 sec)
```

7. 运算符的优先级

运算符的优先级决定了不同的运算符在表达式中计算的先后顺序，表 5-14 列出了 MySQL 中的各类运算符及其优先级。

表 5-14　运算符按优先级由低到高排列

<table>
<tr><th>优先级</th><th>运算符</th></tr>
<tr><td>最低</td><td>=（赋值运算），:=</td></tr>
<tr><td></td><td>||，OR</td></tr>
<tr><td></td><td>XOR</td></tr>
<tr><td></td><td>&&,AND</td></tr>
<tr><td></td><td>NOT</td></tr>
<tr><td></td><td>BETWEEN,CASE,WHEN,THEN,ELSE</td></tr>
<tr><td></td><td>=(比较运算)，<=>，>=，>，<=，<，<>，!=，IS，LIKE，REGEXP，IN</td></tr>
<tr><td></td><td>|</td></tr>
<tr><td></td><td>&</td></tr>
<tr><td></td><td><< ，>></td></tr>
<tr><td></td><td>－，+</td></tr>
<tr><td></td><td>*，/（DIV），%（MOD）</td></tr>
<tr><td></td><td>^</td></tr>
<tr><td></td><td>-(符号)，~（位反转）</td></tr>
<tr><td>最高</td><td>!</td></tr>
</table>

可以看到，不同运算符的优先级是不同的。一般情况下，级别高的运算符先进行计算，如果级别相同，MySQL 按表达式的顺序从左到右依次计算。当然，在无法确定优先级的情况下，可以使用圆括号（ ）来改变优先级，并且这样会使计算过程更加清晰。

5.4 综合案例——系统时区的改变

定义字段 a 的数据类型为 TIMESTAMP，向表中插入各种形式的日期时间数据，如 '1999-09-09 09:09:09'、'19990909090909' 和 '150303030303'，'99@12@31 10*10*10'、150316121212，和 NOW()。

```
create table ex7(a TIMESTAMP);
```

向表中插入测试数据并查看插入结果，SQL 语句如下。

```
Insertintoex7values('1999-09-0909:09:09'),('199909090909'),('150303030303');
insert into ex7 values('99@12@31 10*10*10'),(150316121212),(NOW());
```

查看执行结果如下。

```
mysql> create table ex7(a TIMESTAMP);
Query OK, 0 rows affected (0.33 sec)
mysql> insert into ex7 values('1999-09-09 09:09:09'),('19990909090909'),('150303030303');
Query OK, 3 rows affected (0.05 sec)
Records: 3 Duplicates: 0 Warnings: 0
mysql> insert into ex7 values('99@12@31 10*10*10'),(150316121212),(NOW());
Query OK, 3 rows affected (0.10 sec)
Records: 3 Duplicates: 0 Warnings: 0
mysql> select * from ex7;
+---------------------+
| a |
+---------------------+
| 1999-09-09 09:09:09 |
| 1999-09-09 09:09:09 |
| 2015-03-03 03:03:03 |
| 1999-12-31 10:10:10 |
| 2015-03-16 12:12:12 |
| 2015-03-22 17:19:11 |
+---------------------+
```

向 ex7 表中插入当年日期时间，查看插入值，并更改时区为东 7 区，再次查看插入值。

为了方便观察结果，可先清空表 ex7 中原有的数据，SQL 语句如下。

```
delete from ex7;
```

然后再插入测试数据，为当前时区的系统时间（作者在中国，时区是东 8 区），SQL 语句如下。

```
insert into ex7 values (NOW());
```

查看结果如下。

```
mysql> delete from ex7;
Query OK, 6 rows affected (0.04 sec)
mysql> insert into ex7 values (NOW());
Query OK, 1 row affected (0.05 sec)
mysql> select * from ex7;
+---------------------+
| a |
+---------------------+
| 2015-03-22 17:21:44 |
+---------------------+
```

接着，修改当前时区为东 7 区，SQL 语句如下。

```
set time_zone='+7:00';
```

然后再次查看插入时的日期时间值，SQL 语句如下。

```
mysql> set time_zone='+7:00';
Query OK, 0 rows affected (0.03 sec)
mysql> select * from ex7;
+---------------------+
| a |
+---------------------+
| 2015-03-22 16:21:44 |
+---------------------+
```

由上述结果可以看出，因为东 7 区比东 8 区慢一个小时，因此查询结果在经过时区转换之后，值减少了一个小时。

> 提示：TIMESTAMP 和 DATETIME 除了存储字节和支持的范围不同之外，还有一个最大的区别，即 DATETIME 在存储日期数据时，按实际输入的格式存储，即输入什么就存储什么，和读者所在的时区无关；而 TIMESTAMP 值的存储是以 UTC（世界标准时间）格式保存的，存储时对当前时区进行转换，检索时再转换回当前时区。在进行查询时，根据读者所在时区不同，显示的日期时间值是不同的。

5.5 本章小结

本章主要介绍数据库对象中存储的数据类型和连接表达式中各个操作数的运算符。数据类型主要介绍了整数类型、浮点数类型、定点数类型、日期与时间类型、字符串类型、二进制类型等，并详细讲解了如何为数据表中的字段选择数据类型。针对运算符，主要讲解了算术运算符、比较运算符、逻辑运算符和位运算符四大类。本章为 MySQL 的基础，读者必须熟练掌握本章内容。

5.6 疑难解答

问：MySQL 中怎么输入特殊符号？

答：在 MySQL 中，单引号（’）、双引号（”）、反斜线（\）等特殊符号是不能直接输入使用的，否则会将这些字符按照系统赋予的意思解释。在 MySQL 中，这些特殊字符称为转义字符，在需要输入这些转义字符时，要以反斜线（\）符号开始，表示将原本系统赋予转义符号的意思去除，恢复其原始的样子。所以在使用单引号和双引号的时候应输入（\’）和（\”），输入反斜线时输入（\\），其他特殊字符还有回车符（\r）、换行符（\n）、制表符（\tab）、退格符（\b）等。向数据库中插入这些特殊字符时，一定要进行转义处理。

问：MySQL 中如何执行区分大小写的字符串比较？

答：在 Windows 平台下，MySQL 是不区分大小写的，因此字符串比较函数也不区分大小写。如果想执行区分大小写的比较，可以在字符串前面添加 BINARY 关键字。例如默认情况下，a=A 返回结果为 1，如果使用 BINARY 关键字，BINARY 'a' = 'A' 结果为 0，在区分大小写的情况下，a 与 A 并不相同。

5.7 实战练习

⑴ MySQL 中的小数如何表示？

⑵ 设计留言信息表时，留言内容应该选取什么类型的数据？

第 6 章

MySQL 函数

本章导读

有过程序开发经验的程序员一定可以体会到函数的重要性，即丰富的函数往往能使程序员的工作事半功倍。作为 MySQL 的初学者，更要认真学习 MySQL 的常用函数，函数可以帮助开发者做很多事情，比如字符串的处理、数值和日期的运算等，可以极大地提高对数据库的管理效率。

MySQL 提供了多种内置函数帮助开发者简单快速地编写 SQL 语句，常用的函数包括：数学函数、字符串函数、日期和时间函数、控制流函数、系统信息函数和加密函数等。本章将结合一些实例详细介绍上述函数的功能和语法。

本章课时：理论 2 学时 + 实践 2 学时

学习目标

- 数学函数
- 字符串函数
- 日期和时间函数
- 控制流函数
- 系统信息函数
- 加密函数
- 其他函数

6.1 数学函数

数学函数是用来处理数值数据方面的运算，主要的数学函数有：绝对值函数、三角函数（包含正弦函数、余弦函数、正切函数、余切函数等）、对数函数、随机函数等。使用数学函数过程中，如果有错误产生，该函数将会返回空值 NULL。本节将结合实例介绍常用的数学函数的功能及用法，如表 6–1 所示。

表 6–1　　MySQL 中常用的数学函数

数学函数	功能介绍	组合键
ABS(x)	返回 x 的绝对值	正数的绝对值是其本身，负数的绝对值是其相反数
PI()	返回圆周率	返回 π 的值，默认显示 6 位小数 3.141593
SQRT(x)	返回非负数 x 的二次方根	因负数没有平方根，如 x 为负值，则此函数返回 NULL
MOD(x,y)	返回 x/y 的模，即 x 被 y 除之后的余数	此函数对于带有小数的数值也起作用，返回除法运算后的精确余数（见范例 6–1）
CEIL(x) 和 CEILING(x)	这两个函数功能相同，返回不小于 x 的最小整数值，返回值转化为一个 BIGINT	注意正负数及小数和整数的区别（见范例 6–2）
FLOOR(x)	返回不大于 x 的最大整数值，返回值转化为一个 BIGINT	注意正负数及小数和整数的区别（见范例 6–3）
RAND()	返回一个随机浮点值 v，0 ≤ v ≤ 1	此函数每次产生的随机数不同（见范例 6–4）
RAND(x)	返回一个随机浮点值 v，0 ≤ v ≤ 1；参数 x 为整数，被用作种子值，用来产生重复序列	此函数带有参数 x，x 相同时，产生相同的随机数；x 不同时，产生的随机数也不同（见范例 6–5）
ROUND(x)	返回最接近于参数 x 的整数，对 x 值进行四舍五入	此函数返回值为整数，注意参数 x 为正负数及小数的情况（见范例 6–6）
ROUND(x,y)	返回最接近于参数 x 的值，此值保留到小数点后面的 y 位	如果参数 y 取负值，则将保留 x 值到小数点左边 y 位（见范例 6–7）
TRUNCATE(x,y)	返回截去小数点后 y 位的数值 x	如果 y 取 0，则返回值为整数；若 y 取负值，则截去（归零）x 小数点左起第 y 位开始后面所有低位的值（见范例 6–8）
SIGN(x)	返回参数 x 的符号	x 值为负,返回 –1,;x 为零,返回 0;x 值为正,返回 1
POW(x,y) 和 POWER(x,y)	这两个函数功能相同，都是返回 x 的 y 次方的结果值	y 可以取负数、零、小数、分数、正数等（见范例 6–9）
EXP(x)	返回 e 的 x 次方后的值	x 可以取负数、零、小数、分数、正数等
LOG(x)	返回 x 的自然对数 ，x 相对于基数 e 的对数	对数的定义域不能为负值和零，因此如果 x 取值为负数或零时，返回值为 NULL
LOG10(x)	返回 x 的基数为 10 的对数	对数的定义域不能为负值和零，因此如果 x 取值为负数或零时，返回值为 NULL

续表

数学函数	功能介绍	组合键
RADIANS(x)	返回参数 x 由角度转化为弧度的值	x 取值为角度值，如 x 取值 90，则返回的弧度值为 PI()/2
DEGREES(x)	返回参数 x 由弧度转化为角度的值	x 取值为弧度值，如 x 取值为 PI()，则返回的角度值为 180
SIN(x)	返回参数 x 的正弦值	x 为弧度值，如 x 取值为 PI()/6，相当于 sin(30°)，返回值约为 0.5
ASIN(x)	返回参数 x 的反正弦，即正弦为 x 的值	x 取值必须在 –1~1 的范围内，即 –1 ≤ x ≤ 1，如超出此范围，返回值为 NULL
COS(x)	返回参数 x 的余弦值	x 为弧度值，如 x 取值为 PI()/3，相当于 cos(60°)，返回值约为 0.5
ACOS(x)	返回参数 x 的反余弦，即余弦为 x 的值	x 取值必须在 –1~1 的范围内，即 –1 ≤ x ≤ 1，如超出此范围，返回值为 NULL
TAN(x)	返回参数 x 的正切值	x 为弧度值。如 x 取值为 PI()/4，相当于 tan (45°)，返回值约为 1
ATAN(x)	返回参数 x 的反正切值	如 x 取值为 1，则该函数返回值约为 PI()/4，对应角度值为 45°
COT(x)	返回参数 x 的余切值	x 为弧度值。如 x 取值为 PI()/4，相当于 cot(45°)，返回值约为 1

【范例 6–1】MOD 函数的使用

对 MOD(25,6)、MOD(365,9)、MOD(35.4,8.3) 进行求余运算，输入语句如下。

```
mySQL> select MOD(25,6),MOD(365,9),MOD(35.4,8.3);
+-----------+-----------+-------------+
| MOD(25,6) | MOD(365,9) | MOD(35.4,8.3) |
+-----------+-----------+-------------+
|         1 |         5 |         2.2 |
+-----------+-----------+-------------+
```

【范例 6–2】CEIL(x) 和 CEILING(x) 函数的使用

使用 CEIL(x) 和 CEILING(x) 函数返回不小于 x 的最小整数，输入语句如下。

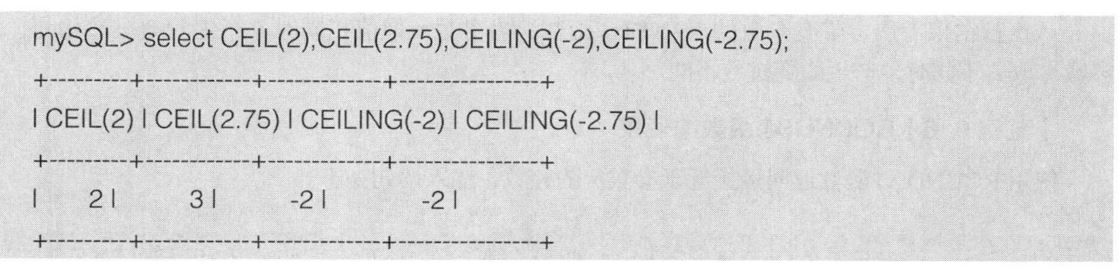

```
mySQL> select CEIL(2),CEIL(2.75),CEILING(-2),CEILING(-2.75);
+---------+-----------+------------+---------------+
| CEIL(2) | CEIL(2.75) | CEILING(-2) | CEILING(-2.75) |
+---------+-----------+------------+---------------+
|       2 |         3 |         -2 |            -2 |
+---------+-----------+------------+---------------+
```

请注意此例中输入正负数及小数和整数的不同：输入整数 2 和 –2 时，CEIL 函数返回值是其自

身；输入小数且为正数 2.75 时，返回值是 3；输入小数且为负数 –2.75 时，返回值是 –2。

【范例 6–3】FLOOR(x) 函数的使用

使用 FLOOR(x) 函数返回不大于 x 的最大整数，输入语句如下。

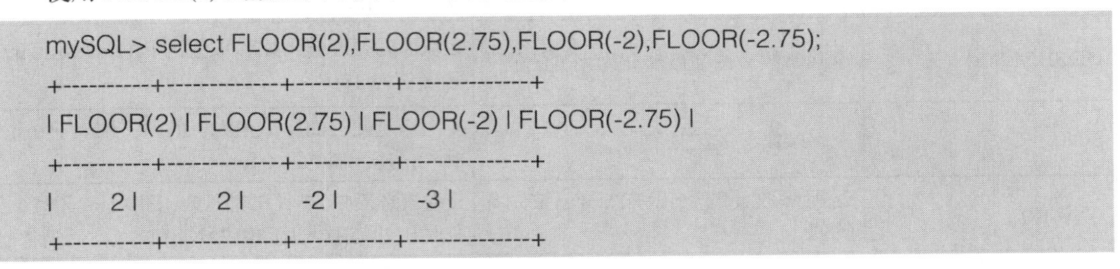

```
mySQL> select FLOOR(2),FLOOR(2.75),FLOOR(-2),FLOOR(-2.75);
+----------+------------+----------+-------------+
| FLOOR(2) | FLOOR(2.75) | FLOOR(-2) | FLOOR(-2.75) |
+----------+------------+----------+-------------+
|      2 |         2 |      -2 |       -3 |
+----------+------------+----------+-------------+
```

请注意此例中输入正负数及小数和整数的不同：输入整数 2 和 –2 时，FLOOR 函数返回值是其自身；输入小数且为正数 2.75 时，返回值是 2；输入小数且为负数 –2.75 时，返回值是 –3。

【范例 6–4】RAND() 函数的使用

使用 RAND() 函数产生随机数，输入语句如下。

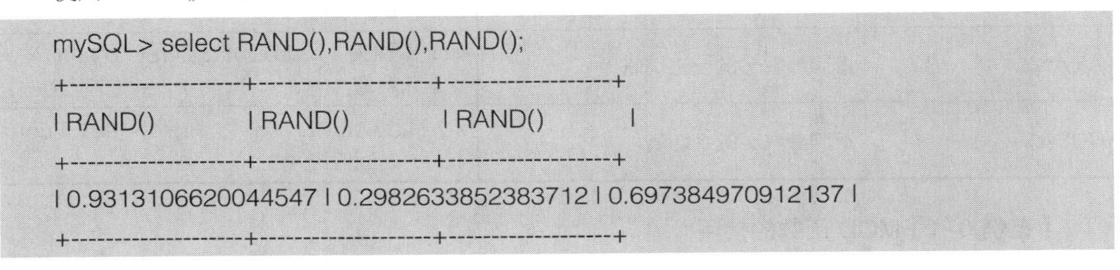

```
mySQL> select RAND(),RAND(),RAND();
+------------------+------------------+------------------+
| RAND()           | RAND()           | RAND()           |
+------------------+------------------+------------------+
| 0.9313106620044547 | 0.2982633852383712 | 0.697384970912137 |
+------------------+------------------+------------------+
```

从执行结果看出，不带参数的 RAND() 函数，每次产生的随机数是不同。

【范例 6–5】RAND(x) 函数的使用

使用 RAND(x) 函数产生随机数，输入语句如下。

```
mySQL> select RAND(5),RAND(5),RAND(11);
+-------------------+-------------------+------------------+
| RAND (5)          | RAND (5)          | RAND(11)         |
+-------------------+-------------------+------------------+
| 0.40613597483014313 | 0.40613597483014313 | 0.907234631392392 |
+-------------------+-------------------+------------------+
```

从执行结果看出，带有参数的 RAND(x) 函数，当参数 x 取值相同时，产生的随机数相同；当参数 x 取值不同时，产生的随机数不同。

【范例 6–6】ROUND(x) 函数的使用

使用 ROUND(x) 函数返回最接近于参数 x 的整数，输入语句如下。

```
mySQL> select ROUND(-2.5),ROUND(-2.25),ROUND(-2.75),ROUND(2.25),ROUND(-2.75);
+------------+-------------+-------------+------------+-------------+
```

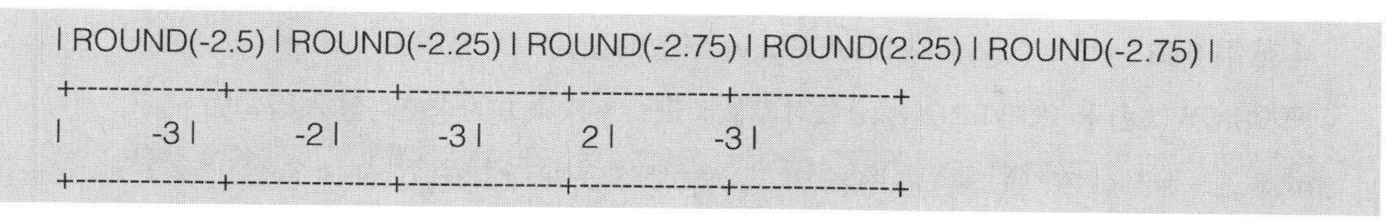

```
| ROUND(-2.5) | ROUND(-2.25) | ROUND(-2.75) | ROUND(2.25) | ROUND(-2.75) |
+------------+-------------+-------------+------------+-------------+
|        -3 |          -2 |          -3 |          2 |          -3 |
+------------+-------------+-------------+------------+-------------+
```

从执行结果可以看出，ROUND(x) 将值 x 四舍五入之后保留了整数部分。

【范例 6-7】ROUND(x,y) 函数的使用

使用 ROUND(x,y) 函数对参数 x 进行四舍五入的操作，返回值保留小数点后面指定的 y 位，输入语句如下。

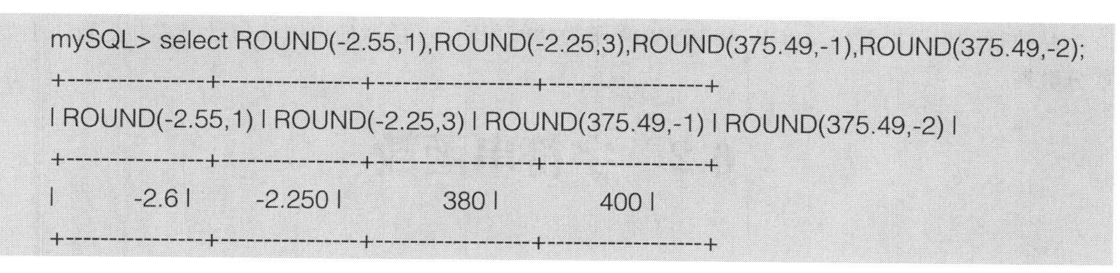

```
mySQL> select ROUND(-2.55,1),ROUND(-2.25,3),ROUND(375.49,-1),ROUND(375.49,-2);
+---------------+---------------+-----------------+-----------------+
| ROUND(-2.55,1) | ROUND(-2.25,3) | ROUND(375.49,-1) | ROUND(375.49,-2) |
+---------------+---------------+-----------------+-----------------+
|         -2.6 |        -2.250 |             380 |             400 |
+---------------+---------------+-----------------+-----------------+
```

从执行结果可以看出，根据参数 y 值，将参数 x 四舍五入后得到保留小数点后 y 位的值，x 值小数位不够 y 位的补零；如 y 为负值，则保留小数点左边 y 位，先进行四舍五入操作，再将相应的位数值取零。

> 提示：ROUND(x,y) 函数中 y 为负值时，先进行四舍五入操作，再将保留的小数点左边相应的位数直接保存为 0。

【范例 6-8】TRUNCATE(x,y) 函数的使用

使用 TRUNCATE(x,y) 函数对参数 x 进行截取操作，返回值保留小数点后面指定的 y 位，输入语句如下。

```
mySQL> select TRUNCATE(2.25,1),TRUNCATE(2.99,1),TRUNCATE(2.99,0),TRUNCA
TE(99.99,-1);
+-----------------+-----------------+-----------------+-------------------+
| TRUNCATE(2.25,1) | TRUNCATE(2.99,1) | TRUNCATE(2.99,0) | TRUNCATE(99.99,-1) |
+-----------------+-----------------+-----------------+-------------------+
|            2.2 |            2.9 |              2 |                90 |
+-----------------+-----------------+-----------------+-------------------+
```

从执行结果可以看出，TRUNCATE(x,y) 函数并不是四舍五入的函数，而是直接截去指定保留 y 位之外的值。y 取负值时，先将小数点左边第 y 位的值归零，右边其余低位全部截去。

> 技巧：ROUND(x,y) 函数是进行四舍五入的取值，而 TRUNCATE(x,y) 函数则是直接截取指定位，并不进行四舍五入。

【范例 6-9】POW(x,y) 和 POWER(x,y) 函数的使用

使用 POW(x,y) 和 POWER(x,y) 函数对参数 x 进行 y 次乘方的求值，输入语句如下。

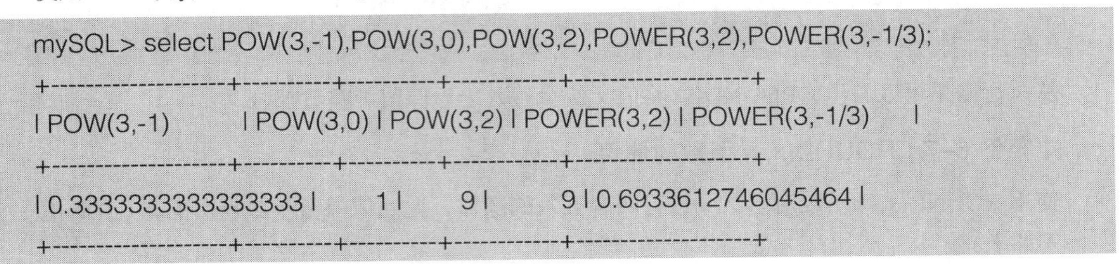

```
mySQL> select POW(3,-1),POW(3,0),POW(3,2),POWER(3,2),POWER(3,-1/3);
+--------------------+----------+----------+------------+--------------------+
| POW(3,-1)          | POW(3,0) | POW(3,2) | POWER(3,2) | POWER(3,-1/3)      |
+--------------------+----------+----------+------------+--------------------+
| 0.3333333333333333 |        1 |        9 |          9 | 0.6933612746045464 |
+--------------------+----------+----------+------------+--------------------+
```

从执行结果可以看出，POW 和 POWER 函数功能相同，y 的取值可以为负数、零、正数、小数或分数等。

6.2　字符串函数

字符串函数主要用来处理字符串数据，MySQL 中字符串函数主要有：计算字符长度函数、字符串合并函数、字符串转换函数、字符串比较函数、查找指定字符串位置函数等。本节将结合实例介绍常用字符串函数的功能和用法，如表 6-2 所示。

表 6-2　　MySQL 中的字符串函数

字符串函数	功能介绍	使用说明
CHAR_LENGTH(str)	计算字符串字符数函数，返回字符串 str 包含的字符个数	一个多字节字符算作一个单字符（见范例 6-10）
LENGTH(str)	计算字符串长度函数，返回字符串的字节长度	使用 utf8（UNICODE 的变长字符编码，又称万国码）编码字符集时，一个汉字是 3 个字节，一个数字或字母是一个字节（见范例 6-11）
CONCAT(s1,s2,…)	合并字符串函数，返回结果为连接参数产生的字符串。参数可以是一个或多个	如有任意一个参数为 NULL，则返回值为 NULL；如所有参数均为非二进制字符串，则结果为非二进制字符串；如自变量中含有任一个二进制字符串，则结果为一个二进制字符串（见范例 6-12）
CONCAT_WS(x,s1,s2,…)	此函数代表 CONCAT With Separator，是 CONCAT() 的特殊形式	第一个参数 x 是其他参数的分隔符，分隔符的位置放在要连接的两个字符串之间；分隔符可以是一个字符串，如分隔符是 NULL，则结果为 NULL；函数忽略任何分隔符参数后的 NULL（见范例 6-13）
INSERT(str,pos,len,newstr)	替换字符串函数，返回字符串 str，在位置 pos 起始的子串且 len 个字符长的子串由字符串 newstr 代替	如 pos 超过字符串长度，则返回原始字符串；如 len 的长度大于 str 的长度，则从位置 pos 开始替换，并将 newstr 全部显示；如任何一个参数为 NULL，则返回值为 NULL（见范例 6-14）
LOWER(str) 和 LCASE(str)	这两个函数功能相同，都是将字符串 str 中字母转换为小写	如字符串参数 str 由大小写混合的字符组成，则小写字符不变，大写字符被转换成小写字符

续表

字符串函数	功能介绍	使用说明
UPPER(str) 和 UCASE(str)	这两个函数功能相同，都是将字符串 str 中字母转换为大写	如字符串参数 str 由大小写混合的字符组成，则大写字符不变，小写字符被转换成大写字符
LEFT(str,len)	截取左侧字符串函数，返回原始字符串 str 的最左面 len 个字符	如原始字符串为 'MySQL'，则 LEFT('MySQL',2) 的结果为 'My'
RIGHT(str,len)	截取右侧字符串函数，返回原始字符串 str 的最右面 len 个字符	如原始字符串为 'MySQL'，则 RIGHT('MySQL',3) 的结果为 'SQL'
LPAD(s1,len,s2)	填充左侧字符串函数，返回字符串 s1 的左边由字符串 s2 填补到满足 len 个字符长度	假如 s1 的长度大于 len，则返回值缩短到 len 长度的字符串（见范例 6–15）
RPAD(s1,len,s2)	填充右侧字符串函数，返回字符串 s1 的右边被字符串 s2 填补到满足 len 个字符长度	假如 s1 的长度大于 len，则返回值缩短到 len 长度的字符串（见范例 6–16）
LTRIM(str)	删除字符串左侧空格函数	假如字符串 ' abc' 左侧有 3 个空格，使用此函数可得结果字符串 'abc'
RTRIM(str)	删除字符串右侧空格函数	假如字符串 'abc ' 右侧有 2 个空格，使用此函数可得结果字符串 'abc'
TRIM(str)	删除字符串左右两侧空格函数	假如字符串 ' abc ' 左右两侧皆有空格，使用此函数可得结果字符串 'abc'
TRIM(s1 from str)	删除指定字符串函数，删除字符串 str 中两端包含的子字符串 s1	s1 为可选项，在未指定情况下，删除的是空格（见范例 6–17）
REPEAT(str,n)	重复生成字符串函数，返回一个由重复的字符串 str 组成的字符串，该字符串中 str 的重复次数是 n	若 n<=0，则返回一个空字符串；若 str 或 n 为 NULL，则返回 NULL
SPACE(n)	空格函数，返回一个由 n 个空格组成的字符串	若 n<=0，则返回一个空字符串
STRCMP(s1,s2)	比较字符串大小函数	若 s1 和 s2 相同，则返回 0；若 s1 小于 s2，则返回 –1；若 s1 大于 s2，则返回 1
REPLACE (str,s1,s2)	替换函数，使用字符串 s2 替换字符串 str 中所有的子字符串 s1	若 str，s1，s2 三个参数任意一个为 NULL，则返回结果为 NULL
LOCATE(s1,str)	匹配子字符串开始位置的函数，返回子字符串 s1 在字符串 str 中第一次出现的位置	若字符串 str 中没有包含子字符串 s1，则返回结果为 0；否则，返回 s1 在 str 中第一次出现的位置（见范例 6–19）

续表

字符串函数	功能介绍	使用说明
POSITION(s1 IN str)	匹配子字符串开始位置的函数，功能同 LOCATE 函数，返回子字符串 s1 在字符串 str 中的开始位置	使用方法同 LOCATE 函数
INSTR(str,s1)	匹配子字符串开始位置的函数，功能同 LOCATE 函数和 POSITION 函数，返回子字符串 s1 在字符串 str 中的开始位置	使用方法同 LOCATE 函数和 POSITION 函数
REVERSE(str)	字符串逆序函数，返回和原始字符串 str 顺序相反的字符串	如 REVERSE('hello'),执行可得结果字符串“olleh”
ELT(n,s1,s2,s3,…,sn)	返回指定位置的字符串函数，根据 n 的取值，返回指定的字符串 sn	若 n=1，则返回字符串 s1；若 n=2，则返回字符串 s2,以此类推,若 n 小于 1 或大于参数 sn 的数目，则返回值为 NULL（见范例 6–20）
FIELD(s,s1,s2,s3,…)	返回指定字符串位置的函数，返回字符串 s 在列表 s1，s2，…中第一次出现的位置	如找不到 s，返回值为 0；若 s 为 NULL，返回值为 0，因为 NULL 不能同任何值进行同等比较（见范例 6–21）
FIND_IN_SET(s1,s2)	返回子字符串位置的函数，返回字符串 s1 在字符串列表 s2 中出现的位置	字符串列表 s2 是一个由多个逗号隔开的字符串组成的列表。若 s1 不在 s2 中或 s2 为空字符串，则返回值为 0；若 s1 和 s2 中任意一个为 NULL，则返回值 NULL；若 s1 中包含逗号时，则此函数无法正常工作（见范例 6–22）
MAKE_SET(bits,s1,s2,s3,…)	选取字符串的函数，返回一个设定值（一个包含被逗号分开的子字符串的字符串），由在 bits 组中具有相应的比特的字符串组成	s1 对应比特 1，s2 对应比特 01，s3 对应比特 011，以此类推。s1，s2，s3…中的 NULL 值不会被添加到结果中（见范例 6–23）

【范例 6–10】CHAR_LENGTH(str) 函数的使用

使用 CHAR_LENGTH(str) 函数计算字符串的字符个数，输入语句如下。

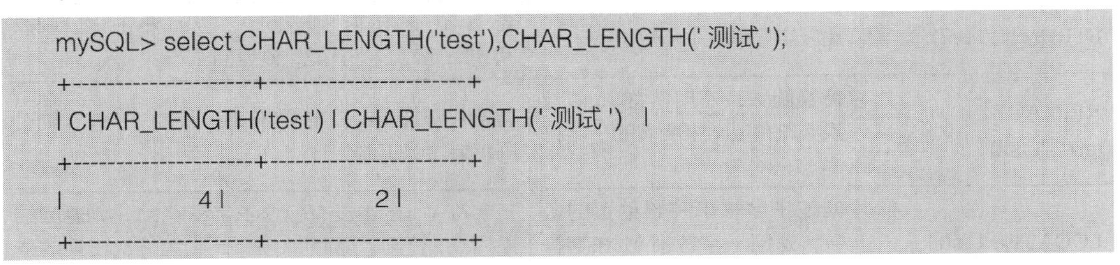

```
mySQL> select CHAR_LENGTH('test'),CHAR_LENGTH(' 测试 ');
+--------------------+----------------------+
| CHAR_LENGTH('test') | CHAR_LENGTH(' 测试 ')  |
+--------------------+----------------------+
|                 4 |                    2 |
+--------------------+----------------------+
```

由执行结果可以看出，汉字是多字节字符，一个汉字是 3 个字节，但在此函数应用中，一个汉字算作是一个单字符。

【范例 6-11】LENGTH(str) 函数的使用

使用 LENGTH(str) 函数计算字符串的字节长度，输入语句如下。

```
mySQL> select LENGTH('test'),LENGTH(' 测试 ');
+---------------+----------------+
| LENGTH('test') | LENGTH(' 测试 ')  |
+---------------+----------------+
|          4 |          6 |
+---------------+----------------+
```

由执行结果看出，一个汉字是 3 个字节，一个数字和英文字符都是一个字节，此函数返回的值是字符串的字节长度。

【范例 6-12】CONCAT(s1,s2,⋯) 函数的使用

使用 CONCAT(s1,s2,⋯) 函数连接多个字符串，输入语句如下。

```
mySQL> select CONCAT('My','SQL'),CONCAT('My',NULL,'SQL'),CONCAT(' 我 ','
爱 ','MySQL');
+------------------+----------------------+-------------------------+
| CONCAT('My','SQL') | CONCAT('My',NULL,'SQL') | CONCAT(' 我 ',' 爱 ','MySQL')  |
+------------------+----------------------+-------------------------+
| MySQL            | NULL                 | 我爱 MySQL                |
+------------------+----------------------+-------------------------+
```

由执行结果可以看出，CONCAT 函数将多个字符串连接起来，如被连接的参数有一个是 NULL，则返回结果为 NULL。

【范例 6-13】CONCAT_WS(x,s1,s2,⋯) 函数的使用

使用 CONCAT_WS(x,s1,s2,⋯) 函数连接带有分隔符的多个字符串，输入语句如下。

```
mySQL> select CONCAT_WS('*','first','second','third'),CONCAT_WS('&',' 你 ',' 我 ');
+-------------------------------------+------------------------+
| CONCAT_WS('*','first','second','third') | CONCAT_WS('&',' 你 ',' 我 ')  |
+-------------------------------------+------------------------+
| first*second*third                  | 你 & 我                 |
+-------------------------------------+------------------------+
mySQL> select CONCAT_WS(NULL,'first','second','third'),CONCAT_WS('&',' 你 ',NULL,' 我 ');
+--------------------------------------+-----------------------------+
| CONCAT_WS(NULL,'first','second','third') | CONCAT_WS('&',' 你 ',NULL,' 我 ')  |
+--------------------------------------+-----------------------------+
| NULL                                 | 你 & 我                      |
+--------------------------------------+-----------------------------+
```

由执行结果可以看出，该函数将参数字符串用指定的分隔符连接成一个字符串，如分隔符为

NULL，则结果为 NULL；如分隔符后的参数为 NULL，则忽略之。

【范例 6-14】INSERT(str,pos,len,newstr) 函数的使用

使用函数 INSERT(str,pos,len,newstr) 进行字符串替换操作，输入语句如下。

```
mySQL> select INSERT('first',2,3,'SECOND') AS column1,
>INSERT('first',-1,2,'SECOND') AS column2,
>INSERT('first',6,3,'SECOND') AS column3,
>INSERT('first',3,20,'SECOND') AS column4,
>INSERT('first',3,NULL,'SECOND') AS column5;
+----------+---------+------------+----------+---------+
| column1  | column2 | column3    | column4  | column5 |
+----------+---------+------------+----------+---------+
| fSECONDt | first   | firstSECOND | fiSECOND | NULL    |
+----------+---------+------------+----------+---------+
```

由执行结果可以看出，column1 中，原始字符串 'first'，从第 2 位字符 'i' 开始，使用替换字符串 'SECOND' 替换 'first' 中的 'irs'3 个字符；column2 中，参数 pos 值等于 -1，在取值范围之外，则结果显示为原始字符串；column3 中，pos 取值为 6，显示结果为原始字符串从第 6 位开始后面显示替换字符串；column4 中，pos 取值为 3，len 取值大于原始字符串长度时，将从原始字符串 'first' 的第 3 位开始全部替换；column5 中，此函数中任何一个参数为 NULL 时，结果都为 NULL。

【范例 6-15】LPAD(s1,len,s2) 函数的使用

使用函数 LPAD(s1,len,s2) 对字符串进行填充的操作，输入语句如下。

```
mySQL> select LPAD('abcd',3,'**'),LPAD('abcd',7,'**');
+--------------------+--------------------+
| LPAD('abcd',3,'**') | LPAD('abcd',7,'**') |
+--------------------+--------------------+
| abc                | ***abcd            |
+--------------------+--------------------+
```

由执行结果可以看出，len 取值为 3 时，小于字符串 'abcd' 的 4 位长度，此时将 s1 缩短为从左到右数的 3 位长度的字符串 'abc'；当 len 取值为 7 时，大于 'abcd' 的 4 位长度，则在其左侧填补字符串 '**'，直至满足 7 位长度。

【范例 6-16】RPAD(s1,len,s2) 函数的使用

使用函数 RPAD(s1,len,s2) 对字符串进行填充的操作，输入语句如下。

```
mySQL> select RPAD('abcd',3,'**'),RPAD('abcd',7,'**');
+--------------------+--------------------+
| RPAD('abcd',3,'**') | RPAD('abcd',7,'**') |
+--------------------+--------------------+
| abc                | abcd***            |
```

```
+--------------------+--------------------+
```

由执行结果可以看出，len 取值为 3 时，小于字符串 'abcd' 的 4 位长度，此时将 s1 缩短为从左到右数的 3 位长度的字符串 'abc'；当 len 取值为 7 时，大于 'abcd' 的 4 位长度，则将其右侧填补字符串 '**'，直至满足 7 位长度。

【范例 6-17】TRIM(s1 FROM str) 函数的使用

使用函数 TRIM(s1 FROM str) 对原始字符串 str 的左右两端进行匹配性删除的操作，输入语句如下。

```
mySQL> select TRIM('st' FROM 'stabcstpqst'),CONCAT('(',TRIM('  df  '),')');
+-----------------------------+-------------------------------+
| TRIM('st' FROM 'stabcstpqst') | CONCAT('(',TRIM(' df '),')') |
+-----------------------------+-------------------------------+
| abcstpq                     | (df)                          |
+-----------------------------+-------------------------------+
```

由执行结果可以看出，原始字符串 'stabcstpqst' 中只有左右两端的字符串 'st' 被删除，中间的并没有被删除；缺省参数 s1 时，则跟 TRIM(str) 函数的作用一样，即删除左右两端的空格。

【范例 6-18】SUBSTRING(str,pos,len) 函数的使用

使用函数 SUBSTRING(str,pos,len) 截取原始字符串 str 中从 pos 开始的 len 长度字符串的操作，输入语句如下。

```
mySQL> select SUBSTRING('MySQL',3,2) AS column1,
>SUBSTRING('MySQL',3) AS column2,
>SUBSTRING('MySQL',-4,3) AS column3,
>SUBSTRING('MySQL',-5) AS column4;
+---------+---------+---------+---------+
| column1 | column2 | column3 | column4 |
+---------+---------+---------+---------+
| SQ      | SQL     | ySQ     | MySQL   |
+---------+---------+---------+---------+
```

由执行结果可以看出，当缺省一位参数时，缺省的是长度 len 参数，获取从 pos 开始的剩余字符串内容；若参数 pos 为负值时，比如 column3 中 pos 取 –4，则返回从 str 字符串 'MySQL' 末尾开始第 4 位，也就是字符 'y' 开始，取 len 位，即 3 位，最终获得字符串 'ySQ'。

【范例 6-19】LOCATE(s1,str) 函数的使用

使用函数 LOCATE(s1,str) 匹配子字符串 s1 在字符串 str 中第一次出现的位置，输入语句如下。

```
mySQL> select LOCATE('my','MySQL'),LOCATE('SQL','MySQLMySQL'),LOCATE('sy','MySQL');
+---------------------+--------------------------+---------------------+
| LOCATE('my','MySQL') | LOCATE('SQL','MySQLMySQL') | LOCATE('sy','MySQL') |
```

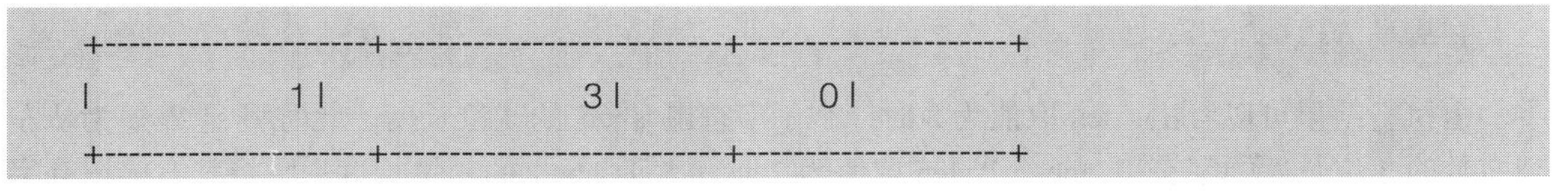

```
+--------------------+--------------------------+--------------------+
|                 1|                       3|                   0|
+--------------------+--------------------------+--------------------+
```

由执行结果可以看出，匹配字符串不区分大小写，'my' 和 'My' 可以匹配；返回结果是 s1'SQL' 在 str'MySQLMySQL' 中第一次出现的位置 3；若 s1 在 str 中找不到，则返回结果 0。

【范例 6-20】ELT(n,s1,s2,s3,…,sn) 函数的使用

使用函数 ELT(n,s1,s2,s3,…,sn) 返回指定位置的字符串的操作，输入语句如下。

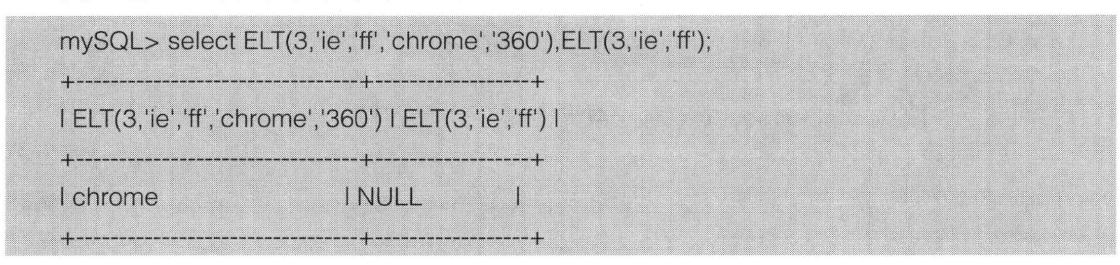

```
mySQL> select ELT(3,'ie','ff','chrome','360'),ELT(3,'ie','ff');
+--------------------------------+------------------+
| ELT(3,'ie','ff','chrome','360') | ELT(3,'ie','ff') |
+--------------------------------+------------------+
| chrome                          | NULL             |
+--------------------------------+------------------+
```

由执行结果可以看出，使用函数 ELT 返回第 3 个位置的字符串，当子字符串 sn 的个数大于 n 的取值时，取 sn 字符串内容；当 n 取值小于 1 或者大于 sn 的个数时，返回 NULL。

【范例 6-21】FIELD(s,s1,s2,s3,…) 函数的使用

使用函数 FIELD(s,s1,s2,s3,…) 返回指定字符串位置的操作，输入语句如下。

```
mySQL> select FIELD('My','my1','mY2','my','MySQL') AS column1,
> FIELD('My','mySQL','php') AS column2,
> FIELD(NULL,'s1','s2') AS column3;
+---------+---------+---------+
| column1 | column2 | column3 |
+---------+---------+---------+
|      3|      0|      0|
+---------+---------+---------+
```

由执行结果可以看出，column1 中，s 字符串 'My' 出现在列表中的第 3 个字符串位置，字符串比较的时候不区分大小写；column2 中，s 字符串 'My' 没有出现在列表中，此时返回值为 0；column3 中，s 字符串取值 NULL，返回值为 0。

【范例 6-22】FIND_IN_SET(s1,s2) 函数的使用

使用函数 FIND_IN_SET(s1,s2) 返回指定字符串位置的操作，输入语句如下。

```
mySQL> select FIND_IN_SET('ie','ff,chrome,ie,safari') AS column1,
> FIND_IN_SET(NULL,'a,b,c') AS column2,
> FIND_IN_SET('ie,ff','ie,ff,chrome') AS column3;
+---------+---------+---------+
| column1 | column2 | column3 |
+---------+---------+---------+
```

```
|      3|  NULL|      0|
+---------+---------+---------+
```

由执行结果可以看出，在 column1 中，字符串 s1'ie' 在字符串列表 s2 中位于第 3 位，返回结果值为 3；在 column2 中，s1 为 NULL，返回结果为 NULL；在 column3 中，s1 中包含逗号，虽然 s2 中有字符串和 s1 相同，但是返回值为 0。

> 提示：虽然 FIND_IN_SET 函数和 FIELD 函数格式不同，但作用相似，都是可以返回指定字符串在字符串列表中的位置。

【范例 6-23】MAKE_SET(x,s1,s2,s3,…) 函数的使用

使用函数 MAKE_SET(x,s1,s2,s3,…) 根据二进制位选取指定相应位字符串的操作，输入语句如下。

```
mySQL> select MAKE_SET(3,'x','y','z') AS column1,
> MAKE_SET(0,'x','y','z') AS column2,
> MAKE_SET(1 | 4,'hello','nice','world') AS column3,
> MAKE_SET(1 | 4,'hello','nice',NULL,'world') AS column4;
+---------+---------+------------+---------+
| column1 | column2 | column3    | column4 |
+---------+---------+------------+---------+
| x,y     |         | hello,world | hello  |
+---------+---------+------------+---------+
```

由执行结果可以看出，column1 中，2 的二进制值为 011，将这个二进制数倒着写，从左到右，由低位到高位写，即 110，取字符串列表 'x'，'y'，'z' 中的第 1 和第 2 位，并以逗号隔开，结果为 'x，y'；column2 中，0 的二进制值还是 000，返回结果为空字符串；column3 中，1 的二进制数是 0001，4 的二进制数是 0100，那么 1|4 是 0001 和 0100 的“或运算”，得 0101，将这个二进制数倒过来写，从左到右，由低位到高位写，为 1010，然后取对应字符串排列为 'hello','nice','world'，对应着从低位到高位的 1，2，3(只有 3 位)，取出 1 对应的字符串。1（hello）0（nice）1（world）0，对应返回值 'hello,word'；同理，在 column4 中，列表第 3 位是 NULL，不显示在结果中，只能返回字符串 'hello'。

6.3 日期和时间函数

日期和时间函数主要用来处理日期和时间的值，一般的日期函数除了使用 DATE 类型的参数外，也可以使用 DATETIME 或 TIMESTAMP 类型的参数，只是忽略了这些类型值的时间部分。类似的情况还有，以 TIME 类型为参数的函数，可以接受 TIMESTAMP 类型的参数，只是忽略了日期部分，许多日期函数可以同时接受数值和字符串类型的参数。表 6-3 至表 6-7 介绍了常用的日期和时间函数的功能及用法。

表 6-3　　MySQL 中的日期和时间函数

日期和时间函数	功能介绍	使用说明
CURDATE() 和 CURRENT_DATE()	这两个函数作用相同，都是返回当前系统的日期值	返回值的格式根据用在字符串或数字语境中而定，可能是 'YYYY-MM-DD' 或 YYYYMMDD（见范例 6-24）
CURTIME() 和 CURRENT_TIME()	这两个函数作用相同，都是返回当前系统的时间值	返回值的格式根据用在字符串或数字语境中而定，可能是 'HH:MM:SS' 或 HHMMSS（见范例 6-25）
CURRENT_TIMESTAMP()、LOCALTIME()、NOW() 和 SYSDATE()	这 4 个函数作用相同，都是返回当前系统的日期和时间值	返回值的格式根据用在字符串或数字语境中而定，可能是 'YYYY-MM-DD HH:MM:SS' 或 YYYYMMDDHHMMSS（见范例 6-26）
UNIX_TIMESTAMP(date)	UNIX 时间戳函数，返回一个以 UNIX 时间戳为基础的无符号整数。UNIX 的时间戳（'1970-01-01 00:00:00' GMT 之后的秒数），其中，GMT（Greenwich Mean Time 是格林威治标准时间）	若无参数 date，则返回 UNIX 时间戳距离当前系统时间的秒数；若有参数 date，返回 UNIX 时间戳距离参数时间值的秒数。date 可以是一个 DATE 字符串，DATETIME 字符串、TIMESTAMP 或者一个 YYMMDD 或 YYYYMMDD 格式的数字（见范例 6-27）
FROM_UNIXTIME(date)	把 UNIX 时间戳转化为时间格式的函数，与 UNIX_TIMESTAMP(date) 函数互为反函数	参数 date 不是普通的日期时间型，而是 UNIX_TIMESTAMP(date) 函数得到的距离 UNIX 时间戳秒数的数值（见范例 6-28）
UTC_DATE()	返回 UTC 日期的函数，返回当前 UTC（世界标准时间）的日期值。注意：由于时差关系，UTC 不一定是当前计算机系统显示的日期值	格式为 'YYYY-MM-DD' 或 YYYYMMDD，具体格式取决于该函数用在字符串还是数值语境中（见范例 6-29）
UTC_TIME()	返回 UTC 时间的函数，返回当前 UTC（世界标准时间）的时间值。注意：由于时差关系，UTC 不一定是当前计算机系统显示的时间值	格式为 'HH:MM:SS' 或 HHMMSS，具体格式取决于该函数用在字符串还是数值语境中（见范例 6-30）
MONTH(date) 和 MONTHNAME(date)	获取日期参数 date 中月份的函数。MONTH 函数返回指定日期参数 date 中的月份，是数值类型；MONTHNAME 函数返回指定日期参数 date 中月份的英文名称，是字符串类型	例如，函数 MONTH('2015-04-06') 返回结果值是数值 4；函数 MONTHNAME (20150406) 返回结果值是字符串 'April'
DAYNAME(date)	获取星期的函数，返回日期参数 date 对应的星期几的英文名称	例如，2015 年 4 月 6 日是星期一，DAYNAME('2015-04-06') 的返回值是 'Monday'（见范例 6-31）

续表

日期和时间函数	功能介绍	使用说明
DAYOFWEEK(date)	获取星期的函数，返回日期参数 date 对应的一周的索引位置值	返回值的范围是 1~7。其中 1 表示周日，2 表示周一，3 表示周二，……，7 表示周六。DAYOFWEEK('2015-04-06') 的返回值是 2（见范例 6-31）
WEEKDAY(date)	获取星期的函数，返回日期参数 date 对应的工作日索引	返回值的范围是 0~6。其中 0 表示周一，1 表示周二，2 表示周三，……，6 表示周日。WEEKDAY('2015-04-06') 的返回值是 0（见范例 6-31）
WEEK(date,mode)	获取星期数的函数，返回日期参数 date 在一年中位于第几周。WEEK() 的双参数形式允许指定该星期是否起始于周日或周一，以及返回值的范围是否为 0 ~ 53 或 1 ~ 53。如果 Mode 参数被省略，则使用 default_week_format 系统自变量的值	WEEK 函数中 mode 参数的取值可参考 WEEK 函数中 mode 参数取值表（见范例 6-32）
WEEKOFYEAR(date)	该函数计算日期参数 date 是一年中的第几个星期。范围是 1 ~ 53，相当于 WEEK(date,3)	（见范例 6-33）
DAYOFYEAR(date)	获取天数的函数，返回日期参数 date 是一年中第几天，范围是 1~366	如 DAYOFYEAR('2015-04-06') 的返回值是 96
DAYOFMONTH(date)	获取天数的函数，返回日期参数 date 在一个月中是第几天，范围是 1~31	如 DAYOFMONTH('2015-04-06') 的返回值是 6
YEAR(date)	获取年份的函数，返回日期参数 date 对应的年份，范围是 1970~2069	date 中 2 位的年份 '00~69' 转换为 '2000~2069'，'70~99' 转换为 '1970~1999'。如 YEAR('15-04-06') 返回结果为 2015，YEAR('77-04-06') 返回结果为 1977
QUARTER(date)	返回日期参数 date 对应的一年中的季度值，范围是 1~4	如 QUARTER('15-04-06') 返回结果值为 2
MINUTE(time)	返回时间参数 time 对应的分钟数，范围是 0~59	如 MINUTE('14:33:56') 返回结果值为 33
SECOND(time)	返回时间参数 time 对应的秒数，范围是 0~59	如 SECOND('14:33:56') 返回结果值为 56
TIME_TO_SEC(time)	时间和秒数转换的函数，返回将时间参数 time 转换为秒值的数值	转换公式：小时数 *3600+ 分钟数 *60+ 秒数（见范例 6-35）

续表

日期和时间函数	功能介绍	使用说明
EXTRACT(type FROM date/time)	获取日期时间参数 date/time 对应指定的 type 类型的函数。type 取值见表 6-5	（见范例 6-34）
SEC_TO_TIME(seconds)	秒数和时间转换的函数，返回将参数 seconds 转化为小时、分钟和秒数的时间值。此函数与 TIME_TO_SEC 函数互为反函数	返回值格式为 'HH:MM:SS' 或 HHMMSS，具体格式根据该函数是用在字符串或数值语境中而定（见范例 6-36）
DATE_ADD(date, INTERVAL expr type) 和 ADDDATE(date, INTERVAL expr type)	加法计算日期函数，这两个函数作用相同，都是返回一个以参数 date 为起始日期加上时间间隔值之后的日期值，expr 是一个字符串，可以是以负号开头的负值时间间隔，type 指出了 expr 被解释的方式，表 6-5 说明了 type 和 expr 参数的关系	参数 date 可以是一个 DATETIME 或 DATE 值，如果是 DATE 值，则没有时间部分，只包括 YEAR、MONTH 和 DAY 部分，否则结果是 DATETIME 值（见范例 6-37）
DATE_SUB (date, INTERVAL expr type) 和 SUBDATE (date, INTERVAL expr type)	减法计算日期函数，这两个函数作用相同，都是返回一个以参数 date 为起始日期减去时间间隔值之后的日期值	（见范例 6-38）
ADDTIME (time, expr)	加法计算时间值函数，返回将 expr 值加上原始时间 time 之后的值	time 是一个 TIME 值或 DATETIME 值，expr 是一个时间表达式（见范例 6-39）
SUBTIME (time, expr)	减法计算时间值函数，返回将原始时间 time 减去 expr 值之后的值	（见范例 6-40）
DATEDIFF (date1, date2)	计算两个日期之间间隔的函数，返回参数 date1 减去 date2 之后的值	当参数 date1 在 date2 之前时，返回的值为负值（见范例 6-41）
DATE_FORMAT (date, format)	将日期和时间格式化的函数，返回根据参数 format 指定的格式显示的 date 值。format 包含的格式见 DATE_FORMAT 和 TIME_FORMAT 函数中 FORMAT 格式表	（见范例 6-42）
TIME_FORMAT (time, format)	将时间格式化的函数，返回根据参数 format 指定的格式显示的 time 值。format 包含的格式见 DATE_FORMAT 和 TIME_FORMAT 函数中 FORMAT 格式表	该函数中的 format 参数仅处理包含小时、分和秒的格式说明符，其他说明符产生一个 NULL 值或 0。若 time 值包含一个大于 23 的小时部分，则 H% 和 %k 小时格式符会产生一个大于 0~23 的通常范围的值（见范例 6-43）

续表

日期和时间函数	功能介绍	使用说明
GET_FORMAT (val_type,format_type)	返回日期时间字符串的显示格式的函数，返回值是一个格式字符串，val_type 表示日期数据类型，包含有 DATE、DATETIME 和 TIME；format_type 表示格式化显示类型，包含有 EUR、INTERVAL、ISO、JIS、USA，对应值见 GET_FORMAT 函数返回的格式表	该函数根据两个参数值类型的组合返回字符串显示的格 式（见范例 6-44）

表 6-4 WEEK 函数中 mode 参数取值

mode	一周的第一天	范围	Week 1 为第一周……
0	周日	0 ~ 53	本年度中有一个周日
1	周一	0 ~ 53	本年度中有 3 天以上
2	周日	1 ~ 53	本年度中有一个周日
3	周一	1 ~ 53	本年度中有 3 天以上
4	周日	0 ~ 53	本年度中有 3 天以上
5	周一	0 ~ 53	本年度中有一个周一
6	周日	1 ~ 53	本年度中有 3 天以上
7	周一	1 ~ 53	本年度中有一个周一

表 6-5 EXTRACT 函数中的 type 取值及计算日期和时间格式函数的 type 和 expr 取值

type 值	预期的 expr 格式
MICROSECOND	MICROSECONDS
SECOND	SECONDS
MINUTE	MINUTES
HOUR	HOURS
DAY	DAYS
WEEK	WEEKS
MONTH	MONTHS
QUARTER	QUARTERS
YEAR	YEARS
SECOND_MICROSECOND	'SECONDS.MICROSECONDS'
MINUTE_MICROSECOND	'MINUTES.MICROSECONDS'
MINUTE_SECOND	'MINUTES:SECONDS'
HOUR_MICROSECOND	'HOURS.MICROSECONDS'

续表

type 值	预期的 expr 格式
HOUR_SECOND	'HOURS:MINUTES:SECONDS'
HOUR_MINUTE	'HOURS:MINUTES'
DAY_MICROSECOND	'DAYS.MICROSECONDS'
DAY_SECOND	'DAYS HOURS:MINUTES:SECONDS'
DAY_MINUTE	'DAYS HOURS:MINUTES'
DAY_HOUR	'DAYS HOURS'
YEAR_MONTH	'YEARS-MONTHS'

表 6-6　DATE_FORMAT 和 TIME_FORMAT 函数中 FORMAT 格式

格式说明符	描述说明
%a	缩写星期名
%b	缩写月名
%c	月，数值
%D	带有英文后缀的月中的天（1st,2nd,3rd,…）
%d	月的天，数值（00~31）
%e	月的天，数值（0~31）
%f	微秒
%H	小时（00~23）
%h	小时（01~12）
%I	小时（01~12）
%i	分钟，数值（00~59）
%j	年的天（001~366）
%k	小时（0~23）
%l	小时（1~12）
%M	月名
%m	月，数值（00~12）
%p	AM 或 PM
%r	时间，12- 小时（hh:mm:ss AM 或 PM）
%S	秒（00~59）
%s	秒（00~59）
%T	时间，24- 小时（hh:mm:ss）
%U	周（00~53）星期日是一周的第一天
%u	周（00~53）星期一是一周的第一天

续表

格式说明符	描述说明
%V	周（01~53）星期日是一周的第一天，与 %X 使用
%v	周（01~53）星期一是一周的第一天，与 %x 使用
%W	星期名
%w	周的天（0= 星期日，6= 星期六）
%X	年，其中的星期日是周的第一天，4 位，与 %V 使用
%x	年，其中的星期一是周的第一天，4 位，与 %v 使用
%Y	年，4 位
%y	年，2 位

表 6-7　GET_FORMAT 函数返回的格式

函数	返回的格式字符串	日期与时间的示例
GET_FORMAT(DATE,'EUR')	'%d.%m.%Y'	30.03.2014
GET_FORMAT(DATE,'USA')	'$m.%d.%Y'	03.30.2014
GET_FORMAT(DATE,'JIS')	'%Y-%m-%d'	2014-03-30
GET_FORMAT(DATE,'ISO')	'%Y-%m-%d'	2014-03-30
GET_FORMAT(DATE,'INTERNAL')	'%Y%m%d'	20140330
GET_FORMAT(DATETIME,'EUR')	'%Y-%m-%d-%H.%i.%s'	2014-03-30-22.48.08
GET_FORMAT(DATETIME,'USA')	'%Y-%m-%d-%H.%i.%s'	2014-03-30-22.48.08
GET_FORMAT(DATETIME,'JIS')	'%Y-%m-%d %H:%i:%s'	2014-03-30 22:48:08
GET_FORMAT(DATETIME,'ISO')	'%Y-%m-%d %H:%i:%s'	2014-03-30 22:48:08
GET_FORMAT(DATETIME,'INTERNAL')	'%Y%m%d%H%i%s'	20140330224808
GET_FORMAT(TIME,'EUR')	'%H.%i.%s'	22.48.08
GET_FORMAT(TIME,'USA')	'%h:%i:%s %p'	10:48:08 PM
GET_FORMAT(TIME,'JIS')	'%H:%i:%s'	22:48:08
GET_FORMAT(TIME,'ISO')	'%H:%i:%s'	22:48:08
GET_FORMAT(TIME,'INTERNAL')	'%H%i%s'	224808

【范例 6-24】CURDATE() 和 CURRENT_DATE() 函数的使用

使用函数 CURDATE() 和 CURRENT_DATE() 函数显示当前系统日期的操作，输入语句如下。

```
mySQL> select CURDATE(),CURRENT_DATE(),CURDATE()+0;
+------------+----------------+-------------+
| CURDATE()  | CURRENT_DATE() | CURDATE()+0 |
+------------+----------------+-------------+
| 2015-04-05 | 2015-04-05     |    20150405 |
```

```
+-----------+---------------+-------------+
```

由执行结果可以看出，这两个函数作用完全相同，都返回了当前系统的日期值，一般情况下，返回的是 'YYYY-MM-DD' 格式的字符串；当将函数参与数值运算时，结果返回的是数值型。

【范例 6-25】CURTIME() 和 CURRENT_TIME() 函数的使用

使用函数 CURTIME() 和 CURRENT_TIME() 函数显示当前系统时间的操作，输入语句如下。

```
mySQL> select CURTIME(),CURRENT_TIME(),CURTIME()+0;
+-----------+---------------+-------------+
| CURTIME() | CURRENT_TIME() | CURTIME()+0 |
+-----------+---------------+-------------+
| 20:35:52  | 20:35:52       |      203552 |
+-----------+---------------+-------------+
```

由执行结果可以看出，这两个函数作用完全相同，都返回了当前系统的时间值，一般情况下，返回的是 'HH:MM:SS' 格式的字符串；当将函数参与数值运算时，结果返回的是数值型。

【范例 6-26】CURRENT_TIMESTAMP()、LOCALTIME()、NOW() 和 SYSDATE() 函数的使用

使用函数 CURRENT_TIMESTAMP()、LOCALTIME()、NOW() 和 SYSDATE() 函数显示当前系统的日期和时间的操作，输入语句如下。

```
mySQL> select CURRENT_TIMESTAMP(),LOCALTIME(),NOW(),SYSDATE();
+--------------------+-------------------+-------------------+--------------------+
| CURRENT_TIMESTAMP() | LOCALTIME()        | NOW()              | SYSDATE()           |
+--------------------+-------------------+-------------------+--------------------+
| 2015-04-05 20:45:13 | 2015-04-05 20:45:13 | 2015-04-05 20:45:13 | 2015-04-05 20:45:13 |
+--------------------+-------------------+-------------------+--------------------+
mySQL> select NOW()+0;
+----------------+
| NOW()+0        |
+----------------+
| 20150405204730 |
+----------------+
```

由执行结果可以看出，这 4 个函数作用相同，返回的都是当前系统日期和时间值，一般情况都是字符串类型；当函数返回值参与数值运算时，返回的是数值型。

【范例 6-27】UNIX_TIMESTAMP(date) 函数的使用

使用 UNIX_TIMESTAMP(date) 函数显示 UNIX 时间戳的操作，输入语句如下。

```
mySQL> select NOW(),UNIX_TIMESTAMP(),UNIX_TIMESTAMP(NOW()),UNIX_
TIMESTAMP(20150406104700);
+--------------------+-----------------+---------------------+----------------------------+
| NOW()              | UNIX_TIMESTAMP() | UNIX_TIMESTAMP(NOW()) | UNIX_
```

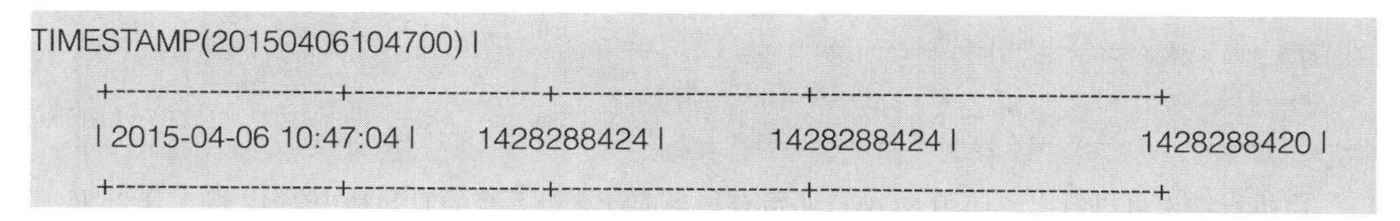

```
TIMESTAMP(20150406104700) |
  +--------------------+-----------------+---------------------+-------------------------------+
  | 2015-04-06 10:47:04 |      1428288424 |         1428288424 |                    1428288420 |
  +--------------------+-----------------+---------------------+-------------------------------+
```

由执行结果可以看出，当前系统时间是 NOW() 函数返回的结果为 2015-04-06 10:47:04，使用 UNIX_TIMESTAMP(NOW()) 可以得到一个无符号整数 1428288424，而缺省 date 参数的 UNIX_TIMESTAMP() 的返回结果同 UNIX_TIMESTAMP(NOW()) 相同，都是 1428288424；使用 UNIX_TIMESTAMP(20150406104700)，参数比当前系统时间早 4 秒，那么得到的结果是 1428288420，这个数值比 1428288424 小 4，也就是距离 UNIX 时间戳少了 4 秒。

【范例 6-28】FROM_UNIXTIME(date) 函数的使用

使用 FROM_UNIXTIME(date) 函数把 UNIX 时间戳转化为普通格式的时间的操作，输入语句如下。

```
mySQL> select UNIX_TIMESTAMP('2015-04-06 10:47:34'),FROM_UNIXTIME(1428288454);
+-------------------------------------+---------------------------+
| UNIX_TIMESTAMP('2015-04-06 10:47:34') | FROM_UNIXTIME(1428288454) |
+-------------------------------------+---------------------------+
|                          1428288454 | 2015-04-06 10:47:34       |
+-------------------------------------+---------------------------+
```

由执行结果可以看出，在范例 6-27 由 UNIX_TIMESTAMP('2015-04-06 10:47:34') 函数产生的 UNIX 时间戳数值 1428288454，可以用 FROM_UNIXTIME(1428288454) 得到相对应的日期时间值 2015-04-06 10:47:34。也就是说，这两个函数互为反函数。

【范例 6-29】UTC_DATE() 函数的使用

使用 UTC_DATE() 函数返回当前 UTC 日期值的操作，输入语句如下。

```
mySQL> select UTC_DATE(),UTC_DATE()+0;
+------------+--------------+
| UTC_DATE() | UTC_DATE()+0 |
+------------+--------------+
| 2015-04-06 |     20150406 |
+------------+--------------+
```

由执行结果可以看出，一般情况下，该函数返回结果为字符串型 '2015-04-06'；当 UTC_DATE() 函数参与数值运算时，返回结果为数值型 20150406。

【范例 6-30】UTC_TIME() 函数的使用

使用 UTC_TIME() 函数返回当前 UTC 时间值的操作，输入语句如下。

```
mySQL> select UTC_TIME(),UTC_TIME()+0,NOW();
+------------+--------------+---------------------+
| UTC_TIME() | UTC_TIME()+0 | NOW()               |
```

```
+-----------+------------+-------------------+
| 04:04:25  |      40425 | 2015-04-06 12:04:25 |
+-----------+------------+-------------------+
```

由执行结果可以看出，使用 NOW() 函数获得当前计算机系统的时间是中午 12 点 4 分 25 秒，而 UTC_TIME() 函数返回值是凌晨 4 点 4 分 25 秒，因为中国位于东八区的时区，所以比 UTC 时间晚了 8 个小时；一般情况下，该函数返回结果为字符串型 '04:04:25'；当 UTC_TIME() 函数参与数值运算时，返回结果为数值型 40425。

【范例 6-31】DAYNAME(date)、DAYOFWEEK(date) 和 WEEKDAY(date) 函数的使用

使用函数 DAYNAME(date)、DAYOFWEEK(date) 和 WEEKDAY(date) 返回日期参数 date 对应的星期几的操作，输入语句如下。

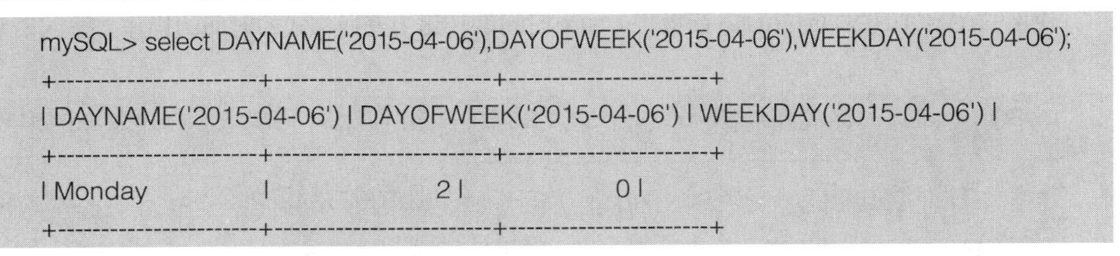

```
mySQL> select DAYNAME('2015-04-06'),DAYOFWEEK('2015-04-06'),WEEKDAY('2015-04-06');
+---------------------+-----------------------+---------------------+
| DAYNAME('2015-04-06') | DAYOFWEEK('2015-04-06') | WEEKDAY('2015-04-06') |
+---------------------+-----------------------+---------------------+
| Monday              |                     2 |                   0 |
+---------------------+-----------------------+---------------------+
```

由执行结果可以看出，假如日期参数 date 取值为 '2015-04-06'，这一天是星期一，那么函数 DAYNAME 的输出结果就是 'Monday'；函数 DAYOFWEEK 的输出结果是 2，是当天在一周中的索引位置，1 表示周日，2 就表示周一；函数 WEEKDAY 的输出结果是 0，是当天对应的工作日索引，0 表示周一。

【范例 6-32】WEEK(date,mode) 函数的使用

使用 WEEK(date,mode) 函数返回日期参数 date 是一年中的第几周的操作，输入语句如下。

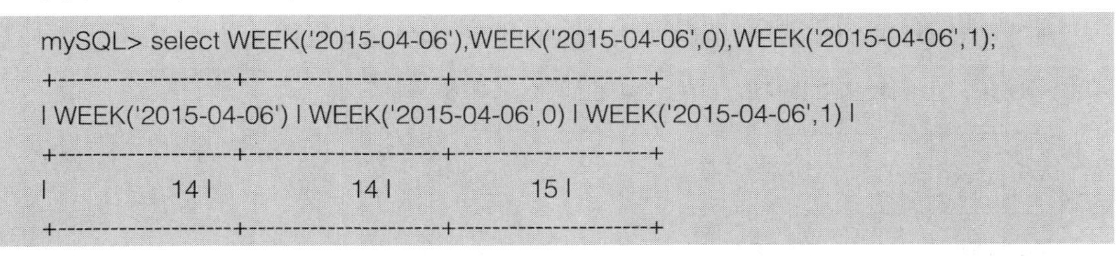

```
mySQL> select WEEK('2015-04-06'),WEEK('2015-04-06',0),WEEK('2015-04-06',1);
+------------------+--------------------+--------------------+
| WEEK('2015-04-06') | WEEK('2015-04-06',0) | WEEK('2015-04-06',1) |
+------------------+--------------------+--------------------+
|               14 |                 14 |                 15 |
+------------------+--------------------+--------------------+
```

由执行结果可以看出，WEEK('2015-04-06') 只使用一个参数 date，它的第二个参数 mode 则为 default_week_format 默认值，MySQL 中该值默认为 0，指定一周的第一天为周日，因此和 WEEK(‘2015-04-06',0) 返回的结果相同，都是 14，也就是说 2015 年 4 月 6 日是一年中的第 14 个星期；WEEK('2015-04-06',1) 中第二个参数 mode 为 1，指定一周的第一天为周一，返回值为 15。可以看到，第二个参数 mode 的取值的不同，返回的结果也不同。使用不同的参数的原因是不同地区和国家的习惯不同，每周的第一天并不相同。

【范例 6-33】WEEKOFYEAR(date) 函数的使用

使用 WEEKOFYEAR(date) 函数计算日期参数 date 位于一年中的第几周的操作，输入语句如下。

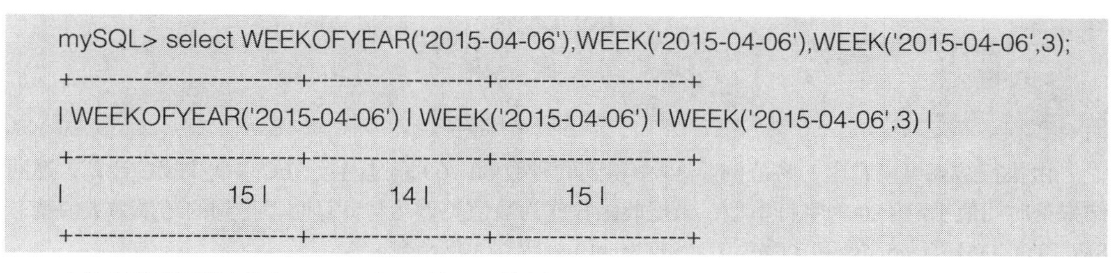

```
mySQL> select WEEKOFYEAR('2015-04-06'),WEEK('2015-04-06'),WEEK('2015-04-06',3);
+------------------------+-------------------+---------------------+
| WEEKOFYEAR('2015-04-06') | WEEK('2015-04-06') | WEEK('2015-04-06',3) |
+------------------------+-------------------+---------------------+
|                     15 |                14 |                  15 |
+------------------------+-------------------+---------------------+
```

由执行结果可以看出，2015 年 4 月 6 日使用 WEEKOFYEAR 函数输出结果是 15，使用 WEEK 函数 mode 取 0 时输出值是 14，而 mode 取 3 时输出值是 15，和 WEEKOFYEAR 函数的结果相同。因此 WEEKOFYEAR 函数可以看作是 WEEK 函数的某一种情况，即 mode 取值为 3 的情况。

【范例 6–34】EXTRACT(type FROM date/time) 函数的使用

使用 EXTRACT(type FROM date/time) 函数提取日期时间参数中指定的 type 类型的操作，输入语句如下。

```
mySQL> select NOW(),EXTRACT(YEAR FROM NOW())AS column1,
> EXTRACT(YEAR_MONTH FROM NOW())AS column2,
> EXTRACT(DAY_MINUTE FROM'2015-04-06 15:22:49')AS column3;
+--------------------+---------+---------+---------+
| NOW()              | column1 | column2 | column3 |
+--------------------+---------+---------+---------+
| 2015-04-06 15:23:14 |    2015 |  201504 |   61522 |
+--------------------+---------+---------+---------+
```

由执行结果可以看出，EXTRACT 函数可以取出当前系统日期时间的年份、年份和月份，也可以取出指定日期时间的日和分钟数，结果由日、小时和分钟数组成。

【范例 6–35】TIME_TO_SEC(time) 函数的使用

使用 TIME_TO_SEC(time) 函数将时间值转换为秒值的操作，输入语句如下。

```
mySQL> select TIME_TO_SEC('16:18:20');
+------------------------+
| TIME_TO_SEC('16:18:20') |
+------------------------+
|                  58700 |
+------------------------+
```

由执行结果可以看出，根据计算公式 16*3600+18*60+20，得出结果秒数 58 700。

【范例 6–36】SEC_TO_TIME(seconds) 函数的使用

使用 SEC_TO_TIME(seconds) 函数将秒值转换为时间格式的操作，输入语句如下。

```
mySQL> select SEC_TO_TIME(58700),SEC_TO_TIME(58700)+0;
+-------------------+---------------------+
| SEC_TO_TIME(58700) | SEC_TO_TIME(58700)+0 |
```

```
+------------------+--------------------+
| 16:18:20         |             161820 |
+------------------+--------------------+
```

由执行结果可以看出，将范例 6-35 中得到的秒数 58 700 通过函数 SEC_TO_TIME 计算，返回结果是时间值 16:18:20 为字符串型；当把此函数作为数值类型参与计算时，得到的结果为数值型。SEC_TO_TIME(seconds) 和 TIME_TO_SEC(time) 函数互为反函数。

【范例 6-37】DATE_ADD(date,INTERVAL expr type) 函数的使用

使用 DATE_ADD(date,INTERVAL expr type) 和 ADDDATE(date,INTERVAL expr type) 函数执行日期的加运算操作，输入语句如下。

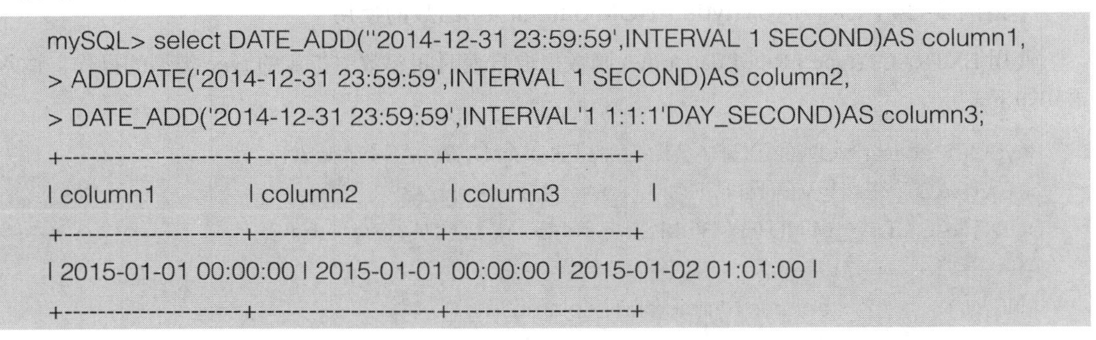

```
mySQL> select DATE_ADD(''2014-12-31 23:59:59',INTERVAL 1 SECOND)AS column1,
> ADDDATE('2014-12-31 23:59:59',INTERVAL 1 SECOND)AS column2,
> DATE_ADD('2014-12-31 23:59:59',INTERVAL'1 1:1:1'DAY_SECOND)AS column3;
+--------------------+--------------------+--------------------+
| column1            | column2            | column3            |
+--------------------+--------------------+--------------------+
| 2015-01-01 00:00:00 | 2015-01-01 00:00:00 | 2015-01-02 01:01:00 |
+--------------------+--------------------+--------------------+
```

由执行结果可以看出，DATE_ADD 和 ADDDATE 函数功能完全相同，在原始时间 '2014-12-31 23:59:59' 上加一秒之后结果都是 '2015-01-01 00:00:00'；根据表 6-5 中显示的 expr 和 type 的关系，在原始时间加一天一小时一分钟一秒的写法是表达式 '1 1:1:1' 及关键词 DAY_SECOND，最终可得结果 '2015-01-02 01:01:00'。

【范例 6-38】DATE_SUB(date,INTERVAL expr type) 和 SUBDATE(date,INTERVAL expr type) 函数的使用

使用 DATE_SUB(date,INTERVAL expr type) 和 SUBDATE(date,INTERVAL expr type) 函数执行日期的减法运算操作，输入语句如下。

```
mySQL> select DATE_SUB('2015-04-06',INTERVAL 31 DAY)AS column1,
> SUBDATE('2015-04-06',INTERVAL 31 DAY)AS column2,
> DATE_SUB('2015-01-02 01:01:00',INTERVAL '1 1:1:1' DAY_SECOND)AS column3;
+-----------+-----------+--------------------+
| column1   | column2   | column3            |
+-----------+-----------+--------------------+
| 2015-03-06 | 2015-03-06 | 2014-12-31 23:59:59 |
+-----------+-----------+--------------------+
```

由执行结果可以看出，DATE_SUBD 和 SUBDATE 函数功能完全相同，在原始时间 '2015-04-06' 上减去 31 天之后结果都是 '2015-03-06'；根据表 6-5 中显示的 expr 和 type 的关系，在原始时间 '2015-01-02 01:01:00 ' 减去一天一小时一分钟一秒的写法是表达式 '1 1:1:1' 及关键词 DAY_SECOND，最终可得结果 '2014-12-31 23:59:59'。

提示：DATE_ADD 和 DATE_SUB 函数在指定加减的时间段时，也可以指定负值，加法的负值即返回原始时间之前的日期和时间，减法的负值即返回原始时间之后的日期和时间。

【范例 6-39】ADDTIME(time,expr) 函数的使用

使用 ADDTIME(time,expr) 函数进行时间的加法运算的操作，输入语句如下。

```
mySQL> select ADDTIME('2014-12-31 23:59:59','0:1:1'),
> ADDTIME('19:32:59','10:12:37');
+--------------------------------------+--------------------------------+
| ADDTIME('2014-12-31 23:59:59','0:1:1') | ADDTIME('19:32:59','10:12:37') |
+--------------------------------------+--------------------------------+
| 2015-01-01 00:01:00                  | 29:45:36                       |
+--------------------------------------+--------------------------------+
```

由执行结果可以看出，在原始日期时间 '2014-12-31 23:59:59' 上加上 0 小时 1 分 1 秒之后，返回的日期时间是 '2015-01-01 00:01:00'；在原始时间 '19:32:59' 上加上 10 小时 12 分 37 秒之后，返回的日期时间是 '29:45:36'。

【范例 6-40】SUBTIME(time,expr) 函数的使用

使用 SUBTIME(time,expr) 函数进行时间的减法运算的操作，输入语句如下。

```
mySQL> select SUBTIME('2014-12-31 23:59:59','0:1:1'),
> SUBTIME('19:32:59','10:12:37');
+--------------------------------------+--------------------------------+
| SUBTIME('2014-12-31 23:59:59','0:1:1') | SUBTIME('19:32:59','10:12:37') |
+--------------------------------------+--------------------------------+
| 2014-12-31 23:58:58                  | 09:20:22                       |
+--------------------------------------+--------------------------------+
```

由执行结果可以看出，在原始日期时间 '2014-12-31 23:59:59' 上减去 0 小时 1 分 1 秒之后，返回的日期时间是 '2014-12-31 23:58:58'；在原始时间 '19:32:59' 上减去 10 小时 12 分 37 秒之后，返回的日期时间是 '09:20:22'。

【范例 6-41】DATEDIFF(date1,date2) 函数的使用

使用 DATEDIFF(date1,date2) 函数计算两个日期之间的间隔天数的操作，输入语句如下。

```
mySQL> select DATEDIFF('2014-12-31','2015-04-06')AS column1,
> DATEDIFF('2015-04-06 20:15:43','2014-12-31 23:59:59')AS column2;
+---------+---------+
| column1 | column2 |
+---------+---------+
|     -96 |      96 |
+---------+---------+
```

由执行结果可以看出，DATEDIFF 函数返回 date1 减去 date2 之后的值，参数忽略时间值，只是将日期值相减。

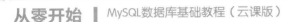

【范例 6-42】DATE_FORMAT(date,format) 函数的使用

使用 DATE_FORMAT(date,format) 函数根据 format 指定的格式显示 date 值的操作，输入语句如下。

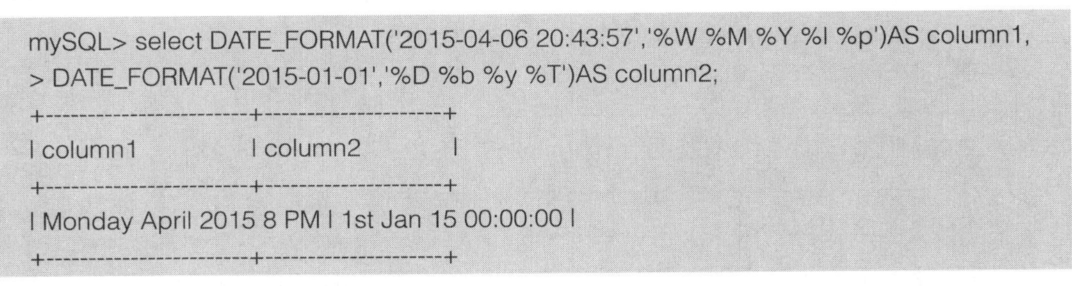

```
mySQL> select DATE_FORMAT('2015-04-06 20:43:57','%W %M %Y %l %p')AS column1,
> DATE_FORMAT('2015-01-01','%D %b %y %T')AS column2;
+-----------------------+--------------------+
| column1               | column2            |
+-----------------------+--------------------+
| Monday April 2015 8 PM | 1st Jan 15 00:00:00 |
+-----------------------+--------------------+
```

由执行结果可以看出，column1 中将日期时间值 '2015-04-06 20:43:57' 格式化为指定格式 '%W %M %Y %l %p'，根据 DATE-FORMAT 和 TIME-FORMAT 函数中 FORMAT 格式表，可得结果 'Monday April 2015 8 PM'；column2 中，将日期值 '2015-01-01' 按照指定格式 '%D %b %y %T' 进行格式化之后，返回结果 '1st Jan 15 00:00:00'。

【范例 6-43】TIME_FORMAT(time,format) 函数的使用

使用 TIME_FORMAT(time,format) 函数根据 format 指定的格式显示 time 值的操作，输入语句如下。

```
mySQL> select TIME_FORMAT('2015-04-06 20:43:57','%W %M %Y %l %p %r')AS column1,
 > TIME_FORMAT('20:43:57','%l %p %r')AS column2,
> TIME_FORMAT('34:06:57','%H %k %h %r')AS column3;
+---------+-----------------+---------------------+
| column1 | column2         | column3             |
+---------+-----------------+---------------------+
| NULL    | 8 PM 08:43:57 PM | 34 34 10 10:06:57 AM |
+---------+-----------------+---------------------+
```

由执行结果可以看出，column1 中，此函数的参数 format 中如果包含非时间格式说明符时，返回结果为 NULL；column2 中，按照 DATE-FORMAT 和 TIME-FORMAT 函数中 FORMAT 格式表格式化了时间值；column3 中，当原始时间值的小时数超过 0~23 取值范围时，小时格式说明符 '%H %k' 返回了一个大于其取值范围的值 34，当使用 '%h %r' 进行格式化的时候，返回小时的值为 10。

【范例 6-44】GET_FORMAT(val_type,format_type) 函数的使用

使用 GET_FORMAT(val_type,format_type) 函数返回日期时间字符串的显示格式的操作，输入语句如下。

```
mySQL> select GET_FORMAT(DATE,'EUR'),GET_FORMAT(DATETIME,'USA');
+-----------------------+---------------------------+
| GET_FORMAT(DATE,'EUR') | GET_FORMAT(DATETIME,'USA') |
```

```
+-----------------------+---------------------------+
| %d.%m.%Y              | %Y-%m-%d %H.%i.%s         |
+-----------------------+---------------------------+
```

由执行结果可以看出，GET_FORMAT 函数中，参数 val_type 和 format_type 取值不同，根据 GET_FORMAT 函数返回的格式表，可以得到不同的日期时间格式化字符串的结果。

在 DATE_FORMAT 函数中，使用 GET_FORMAT 函数返回的显示格式字符串来显示指定的日期值，输入语句如下。

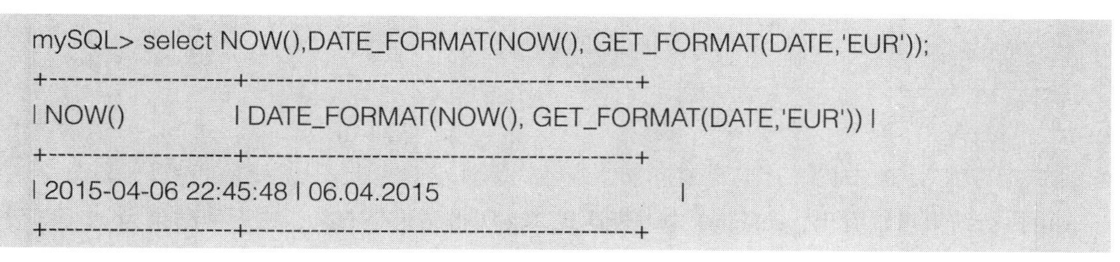

```
mySQL> select NOW(),DATE_FORMAT(NOW(), GET_FORMAT(DATE,'EUR'));
+--------------------+------------------------------------------+
| NOW()              | DATE_FORMAT(NOW(), GET_FORMAT(DATE,'EUR')) |
+--------------------+------------------------------------------+
| 2015-04-06 22:45:48 | 06.04.2015                              |
+--------------------+------------------------------------------+
```

由执行结果可以看出，当前系统时间 NOW() 函数返回值是 '2015-04-06 22:45:48'，使用 GET_FORMAT 函数将此日期时间值格式化为欧洲习惯的日期，查询 GET_FORMAT 函数返回的格式表可得格式化字符串 '%d.%m.%Y'，即日月年的顺序显示日期，最终可得结果 '06.04.2015'。

6.4 控制流函数

控制流函数也称为条件判断函数。函数根据满足的条件不同，执行相应的流程。MySQL 中的控制流函数有 IF、IFNULL 和 CASE。本节将结合实例介绍 MySQL 中控制流函数的功能和用法，如表 6-8 所示。

表 6-8　　MySQL 中的控制流函数

控制流函数	功能介绍	使用说明
IF(expr, v1, v2)函数	返回表达式 expr 得到不同运算结果时对应的值。若 expr 是 TRUE（expr<>0 and expr<>NULL），则 IF() 的返回值为 v1，否则返回值为 v2	IF() 的返回值为数值型或字符串型，具体情况视其所在语境而定（见范例 6-45）
IFNULL(v1, v2)函数	返回参数 v1 或 v2 的值。假如 v1 不为 NULL，则返回值为 v1，否则返回值为 v2	IFNULL() 的返回值为数值型或字符串型，具体情况视其所在语境而定（见范例 6-46）
CASE 函数	写法 1：CASE expr WHEN v1 THEN r1 [WHEN v2 THEN r2] …[WHEN vn THEN rn] …[ELSE r(n+1)] END 写法 2：CASE WHEN v1 THEN r1[WHEN v2 THEN r2] …[WHEN vn THEN rn]… ELSE r(n+1) END	写法 1：如果 expr 等于某个 vn，则返回对应位置 THEN 后面的 rn；如果 expr 和所有的 vn 都不相等，则返回 ELSE 后面的 r(n+1)（见范例 6-47） 写法 2:如果某个 vn 值为 TRUE 时，返回对应位置 THEN 后面的 rn；如果 vn 都不为 TRUE，则返回 ELSE 后面的 r(n+1)（见范例 6-48）

【范例 6-45】IF(expr,v1,v2) 函数的使用

使用 IF(expr,v1,v2) 函数根据 expr 表达式结果返回相应值的操作，输入语句如下。

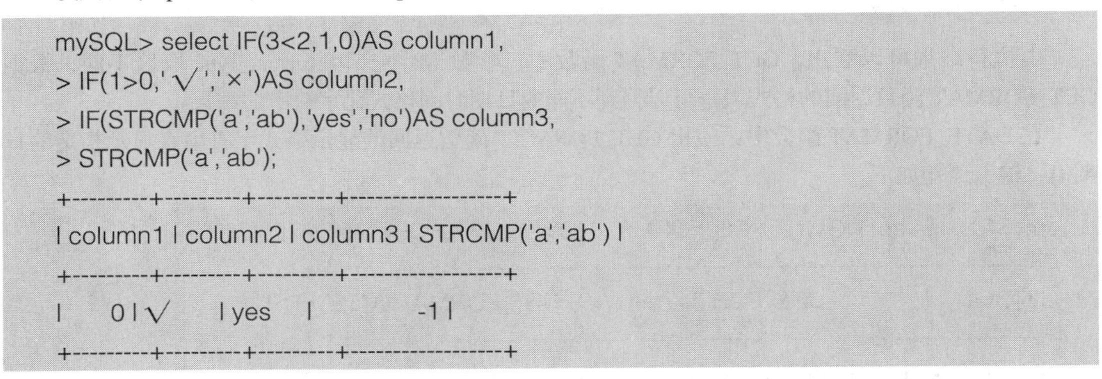

```
mySQL> select IF(3<2,1,0)AS column1,
> IF(1>0,'√','×')AS column2,
> IF(STRCMP('a','ab'),'yes','no')AS column3,
> STRCMP('a','ab');
+---------+---------+---------+-----------------+
| column1 | column2 | column3 | STRCMP('a','ab') |
+---------+---------+---------+-----------------+
|       0 | √       | yes     |              -1 |
+---------+---------+---------+-----------------+
```

由执行结果可以看出，column1 中，表达式 3<2 所得结果是 false，则返回结果为 v2，即数值 0；column2 中，表达式 1>0 结果是 true，则返回结果为 v1，即字符串 '√'；column3 中，先用函数 STRCMP 比较两个字符串的大小，字符串 'a' 和 'ab' 比较结果返回值为 –1，也就是表达式 expr 返回结果不等于 0 且不等于 NULL，则返回值为 v1，即字符串 'yes'。

【范例 6-46】IFNULL(v1,v2) 函数的使用

使用 IFNULL(v1,v2) 函数根据 v1 取值返回相应值的操作，输入语句如下。

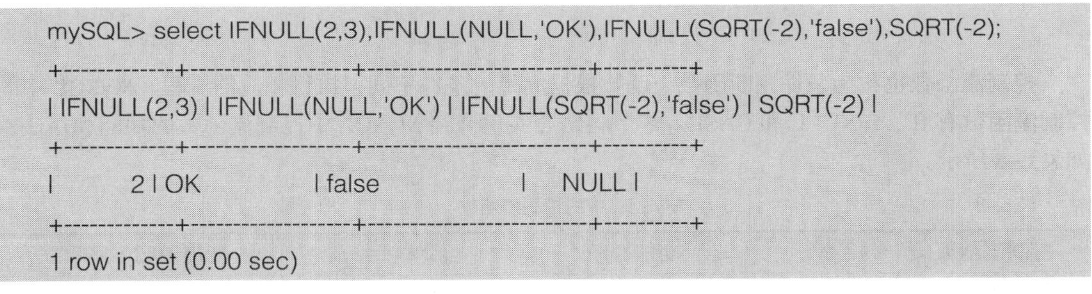

```
mySQL> select IFNULL(2,3),IFNULL(NULL,'OK'),IFNULL(SQRT(-2),'false'),SQRT(-2);
+-------------+-------------------+-------------------------+----------+
| IFNULL(2,3) | IFNULL(NULL,'OK') | IFNULL(SQRT(-2),'false') | SQRT(-2) |
+-------------+-------------------+-------------------------+----------+
|           2 | OK                | false                   |     NULL |
+-------------+-------------------+-------------------------+----------+
1 row in set (0.00 sec)
```

由执行结果可以看出，当 IFNULL 函数中参数 v1=2 和 v2=3 都不为空，即 v1=2 不为空，返回 v1 的值为 2；当 v1=NULL，则返回 v2 的值，即字符串 'OK'；当 v1=SQRT(–2) 时，函数 SQRT(–2) 返回值为 NULL，即 v1=NULL，所以返回 v2 为字符串 'false'。

【范例 6-47】CASE 函数的使用一

使用 CASE 函数根据 expr 取值返回相应值的操作，输入语句如下。

```
mySQL> select CASE WEEKDAY(NOW()) WHEN 0 THEN '星期一' WHEN 1 THEN '星期二' WHEN 2 THEN '星期三' WHEN 3 THEN '星期四' WHEN 4 THEN '星期五' WHEN 5 THEN '星期六' ELSE '星期天' END AS column1, NOW(),WEEKDAY(NOW()),DAYNAME(NOW());
+-----------+---------------------+----------------+----------------+
| column1   | NOW()               | WEEKDAY(NOW()) | DAYNAME(NOW()) |
+-----------+---------------------+----------------+----------------+
| 星期天    | 2015-04-12 15:09:26 |              6 | Sunday         |
```

```
+-----------+--------------------+---------------+---------------+
```

由执行结果可以看出，NOW() 函数得到当前系统时间是 2015 年 4 月 12 日，函数 DAYNAME(NOW()) 得到当天是 'Sunday'，函数 WEEKDAY(NOW()) 返回当前时间的工作日索引是 6，即对应的是星期天；column1 中，CASE 后面表达式为日期时间函数 WEEKDAY(NOW())，结果是 6，对照 WHEN 后面取值不是 0~5，所以返回 ELSE 后面的值 ' 星期天 '。

【范例 6-48】CASE 函数的使用二

使用 CASE 函数根据 vn 取值返回相应值的操作，输入语句如下。

```
mySQL> select CASE WHEN WEEKDAY(NOW())=0 THEN ' 星期一 ' WHEN WEEKDAY
(NOW())=1 THEN ' 星期二 ' WHEN WEEKDAY(NOW())=2 THEN ' 星期三 ' WHEN WEEKDAY
(NOW())=3 THEN ' 星期四 ' WHEN WEEKDAY(NOW())=4 THEN ' 星期五 ' WHEN WEEKDAY
(NOW())=5 THEN ' 星期六 ' ELSE ' 星期天 ' END AS column1, NOW(),WEEKDAY(NOW()),DAYNA
ME(NOW());
```

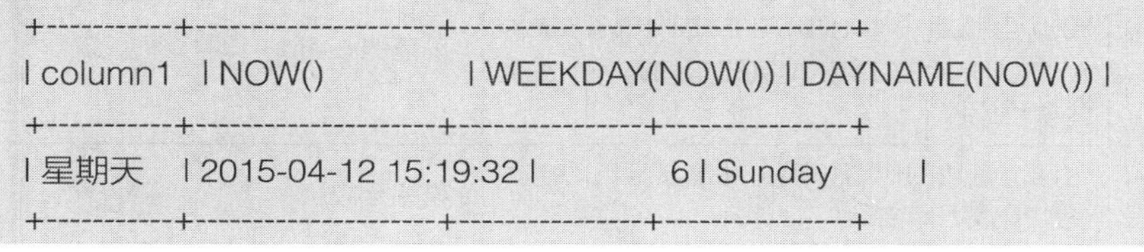

```
+-----------+--------------------+---------------+---------------+
| column1   | NOW()              | WEEKDAY(NOW()) | DAYNAME(NOW()) |
+-----------+--------------------+---------------+---------------+
| 星期天    | 2015-04-12 15:19:32 |             6 | Sunday        |
+-----------+--------------------+---------------+---------------+
```

此范例跟范例 6-47 返回结果一样，只是使用了 CASE 函数的不同写法，WHEN 后面为表达式，当表达式返回结果为 TRUE 时，取 THEN 后面的值；如果都不是，则返回 ELSE 后面的值。

6.5 系统信息函数

MySQL 的系统信息包含数据库的版本号、当前用户名和连接数、系统字符集、最后一个自动生成的值等。本节将介绍使用 MySQL 中的函数返回这些系统信息，如表 6-9 所示。

表 6-9　MySQL 中的系统信息函数

系统信息函数	功能介绍	使用说明
VERSION() 函数	返回当前 MySQL 版本号的字符串	例如，笔者使用的 MySQL 版本的返回值为：5.6.21-log
CONNECTION_ID() 函数	返回 MySQL 服务器当前用户的连接次数	每个连接都有各自唯一的 ID，登录次数不同，返回的数值也就不同
PROCESSLIST 函数	“SHOW PROCESSLIST;”输出结果显示正在运行的线程，不仅可以查看当前所有的连接数，还可以查看当前的连接状态，帮助识别出有问题的查询语句等。如果是 root 账号，能看到所有用户的当前连接，如果是普通账号，只能看到自己占用的连接	“SHOW PROCESSLIST;”只能列出前 100 条连接，如果想全部列出可使用“SHOW FULL PROCESSLIST”
DATEBASE() 函数和 SCHEMA() 函数	这两个函数的作用相同，都是显示目前正在使用的数据库名称	（见范例 6-49）

续表

系统信息函数	功能介绍	使用说明
USER()、CURRENT_USER、CURRENT_USER()、SYSTEM_USER() 和 SESSION_USER() 函数	获取当前登录用户名的函数，这几个函数返回当前被 MySQL 服务器验证过的用户名和主机名组合。一般情况下，这几个函数返回值是相同的	如返回值为 'root@localhost'，表示当前账户连接服务器时的用户名及所连接的客户主机，root 为当前登录的用户名，localhost 为登录的主机名
CHARSET(str) 函数	获取字符串的字符集函数，返回参数字符串 str 使用的字符集	（见范例 6–49）
COLLATION(str) 函数	返回参数字符串 str 的排列方式	如 COLLATION('abc') 返回值为 'utf8_general_ci'；COLLATION(_latin1'abc') 返回值为 'latin1_swedish_ci'
LAST_INSERT_ID() 函数	获取最后一个自动生成的 ID 值的函数。自动返回最后一个 INSERT 或 UPDATE 为 AUTO_INCREMENT 列设置的第一个发生的值	（见范例 6–50）
DATEBASE() 函数和 SCHEMA() 函数	这两个函数的作用相同，都是显示目前正在使用的数据库名称	（见综合应用）

【范例 6–49】CHARSET(str) 函数的使用

使用 CHARSET(str) 函数返回参数字符串 str 使用的字符集的操作，输入语句如下。

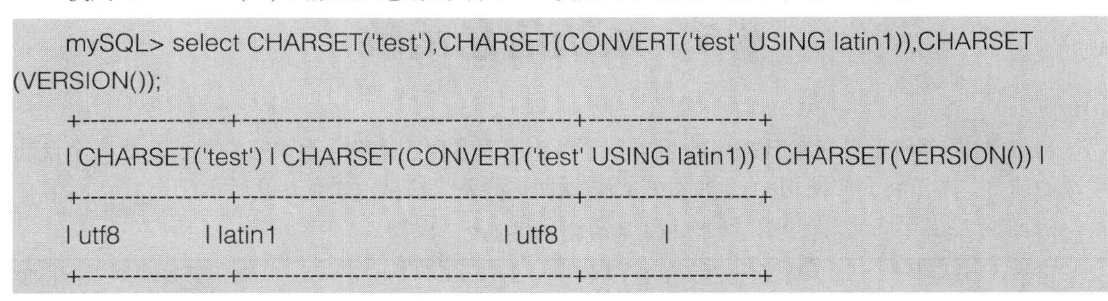

```
mySQL> select CHARSET('test'),CHARSET(CONVERT('test' USING latin1)),CHARSET
(VERSION());
+----------------+-------------------------------------+-------------------+
| CHARSET('test') | CHARSET(CONVERT('test' USING latin1)) | CHARSET(VERSION()) |
+----------------+-------------------------------------+-------------------+
| utf8           | latin1                              | utf8              |
+----------------+-------------------------------------+-------------------+
```

由执行结果可以看出，CHARSET('test') 返回系统默认的字符集 unf8；CHARSET(CONVERT('test' USING latin1)) 返回改变字符集函数 CONVERT 转换之后的字符集 latin1；而 VERSION() 函数返回的字符串本身就是使用 utf8 字符集。

【范例 6–50】LAST_INSERT_ID() 函数的使用

使用 LAST_INSERT_ID() 函数返回最后一个自动生成的 ID 值的操作，执行过程如下。

(1) 一次插入一条记录。

使用数据库 example，创建表 student，其中 ID 字段带有 AUTO_INCREMENT 约束，输入语句如下。

```
mySQL> create table student(ID INT AUTO_INCREMENT NOT NULL PRIMARY KEY, NAME
VARCHAR(40));
Query OK, 0 rows affected (0.32 sec)
```

分别单独向表 student 中插入如下 2 条记录。

```
mySQL> insert into student values(NULL,' 张三 ');
Query OK, 1 row affected (0.07 sec)
mySQL> insert into student values(NULL,' 李四 ');
Query OK, 1 row affected (0.06 sec)
mySQL> select * from student;
+----+--------+
| ID | NAME   |
+----+--------+
|  1 | 张三   |
|  2 | 李四   |
+----+--------+
mySQL> select LAST_INSERT_ID();
+------------------+
| LAST_INSERT_ID() |
+------------------+
|                2 |
+------------------+
```

查看已经插入的数据可以发现，最后插入的一条记录的 ID 字段值为 2，然后使用 LAST_INSERT_ID() 查看最后自动生成的 ID 值也为 2。

可以看出，一次插入一条记录时，返回值为最后一条插入记录的 ID 值。

(2) 一次同时插入多条记录。

再向表中插入多条记录，输入语句如下。

```
mySQL> insert into student values(NULL,' 王五 '),(NULL,' 赵三 '),(NULL,' 周六 ');
Query OK, 3 rows affected (0.03 sec)
Records: 3  Duplicates: 0  Warnings: 0
mySQL> select * from student;
+----+--------+
| ID | NAME   |
+----+--------+
|  1 | 张三   |
|  2 | 李四   |
|  3 | 王五   |
|  4 | 赵三   |
|  5 | 周六   |
+----+--------+
```

执行结果可以看出，插入的最后一条记录的 ID 值为 5，然后使用 LAST_INSERT_ID() 查看最后总共生成的 ID 值。

```
mySQL> select LAST_INSERT_ID();
+------------------+
| LAST_INSERT_ID() |
+------------------+
|                3 |
+------------------+
```

结果显示，使用函数 LAST_INSERT_ID() 得到的值是 3 而不是 5。因为当使用一条 INSERT 语句插入多行记录时，LAST_INSERT_ID() 函数只返回插入的第一行数据时产生的值，也就是第 3 行记录。

> 提示：LAST_INSERT_ID() 函数返回结果与 table 无关，如果向表 1 中插入数据后，再向表 2 中插入数据，LAST_INSERT_ID() 函数返回结果是表 2 中的 ID 值。

6.6 加密函数

MySQL 中加密函数用来对数据进行加密和解密的处理，以保证数据表中某些重要数据不被别人窃取，这些函数能保证数据库的安全。本节将介绍 MySQL 中加密和解密函数的使用方法，如表 6-10 所示。

表 6-10　　MySQL 中的加密函数

加密函数	功能介绍	使用说明
PASSWORD(str) 函数	加密函数。该函数计算原明文密码 str，并返回加密后的密码字符串	当参数 str 为 NULL 时，返回 NULL（见范例 6-51）
MD5(str) 函数	加密函数。该函数为参数字符串 str 计算出一个 MD5 128 比特校验和，该值以 32 位十六进制数字的二进制字符串形式返回	当参数 str 为 NULL 时，返回 NULL（见范例 6-52）
ENCODE(str,pswd_str) 函数	加密函数。该函数使用参数 pswd_str 作为密钥，加密参数 str	该函数的加密结果，要使用 DECODE() 函数进行解密（见范例 6-53）
DECODE(crypt_str, pswd_str) 函数	解密函数。使用参数 pswd_str 作为密钥，解密参数加密字符串 crypt_str，参数 crypt_str 是由函数 ENCODE() 返回的字符串	ENCODE() 和 DECODE() 函数互为反函数（见范例 6-54）

> 提示：PASSWORD(str) 函数在 MySQL 服务器的鉴定系统中使用；不应将其用在个人的应用程序中，PASSWORD(str) 加密是单向的（不可逆），其执行密码加密和 UNIX 中密码加密的方式不同。

【范例 6-51】PASSWORD(str) 函数的使用

使用 PASSWORD(str) 函数返回一个不可逆的加密密码的操作，输入语句如下。

```
mySQL> select PASSWORD('test');
+-------------------------------------------+
| PASSWORD('test')                          |
+-------------------------------------------+
| *94BDCEBE19083CE2A1F959FD02F964C7AF4CFC29 |
+-------------------------------------------+
```

由执行结果可以看出，PASSWORD(str) 函数将字符串 'test' 加密为长字符串，MySQL 将该函数加密之后的密码保存到用户权限表中。

【范例 6-52】MD5(str) 函数的使用

使用 MD5(str) 函数返回加密字符串的操作，输入语句如下。

```
mySQL> select MD5('test');
+----------------------------------+
| MD5('test')                      |
+----------------------------------+
| 098f6bcd4621d373cade4e832627b4f6 |
+----------------------------------+
```

该加密函数的加密形式是可逆的，可以使用在应用程序中。由于 MD5 的加密算法是公开的，所以这种函数的加密级别不高。

【范例 6-53】ENCODE(str,pswd_str) 函数的使用

使用 ENCODE(str,pswd_str) 函数返回加密字符串的操作，输入语句如下。

```
mySQL> select ENCODE('test','hello'),LENGTH(ENCODE('test','hello'));
+------------------------+--------------------------------+
| ENCODE('test','hello') | LENGTH(ENCODE('test','hello')) |
+------------------------+--------------------------------+
| 2=wÍ                   |                              4 |
+------------------------+--------------------------------+
```

由执行结果可以看出，被加密的字符串 'test'，使用密钥 'hello' 经过 ENCODE 函数进行加密之后得到的结果是乱码，但是这个乱码的长度和被加密的字符长度相同，都是 4。

【范例 6-54】DECODE(crypt_str,pswd_str) 函数的使用

使用 DECODE(crypt_str,pswd_str) 函数解密被 ENCODE 加密的字符串的操作，输入语句如下。

```
mySQL> select DECODE(ENCODE('test','hello'),'hello');
+----------------------------------------+
| DECODE(ENCODE('test','hello'),'hello') |
```

```
+--------------------------------------+
| test                                 |
+--------------------------------------+
```

由执行结果可以看出，使用 DECODE 函数可以将使用 ENCODE 加密的字符串解密还原，这两个函数互为反函数。

6.7 其他函数

MySQL 中还有一些函数没有确定归类，但是也会使用到。本节将介绍这些函数的使用方法，如表 6-11 所示。

表 6-11　　　MySQL 中的其他函数

函数	功能介绍	使用说明
FORMAT(x,n) 函数	格式化函数，该函数将数值参数 x 格式化，并以四舍五入的方式保留小数点后 n 位，结果以字符串形式返回	若 n=0，则返回结果函数不含小数部分（见范例 6-55）
CONV(N,from_base,to_base) 函数	不同进制的数字进行转换函数，该函数将数字 N 从 from_base 转换到 to_base，并以字符串形式返回。参数 N 被解释为是一个整数，但是也可以被指定为一个整数或一个字符串。最小基为 2，最大基为 36	如任意一个参数为 NULL，则返回值为 NULL。如果 to_base 是一个负值，N 将被看作为是一个有符号数字。否则，N 被视为是无符号的。CONV 以 64 位精度工作（见范例 6-56）
INET_ATON(expr) 函数	IP 地址与数字相互转换函数。将参数 expr（作为字符串的网络地址的点地址）转换成一个代表该地址数值的整数。数字网络地址可以是 4 或 8 比特	IP 地址如为 '10.212.103.43'，将其转换为数值的计算方法为：10*2563+212*2562+103*256+43= 181 692 203（见范例 6-57）
INET_NTOA(expr) 函数	数字网络地址转换为字符串网络点地址函数。将参数 expr（数字网络地址，4 或 8 比特）转换为字符串型的该地址的点地址表示	INET_NTOA 和 INET_ATON 互为反函数（见范例 6-58）
GET_LOCK(str,timeout) 函数	加锁函数。使用参数字符串 str 给定的名字得到一个锁，超时时间为 timeout 秒。若成功得到锁，返回 1；若超时操作，返回 0；若发生错误，返回 NULL	假如有一个用 GET_LOCK() 得到的锁，当执行 RELEASE_LOCK() 或连接断开（正常或非正常）时，这个锁就会解除（见范例 6-59）
RELEASE_LOCK(str) 函数	解开被 GET_LOCK() 获取的、用字符串 str 命名的锁。若锁被解开，返回 1；若该线程尚未创建锁，返回 0（此时锁没有被解开）；若命名的锁不存在，返回 NULL	若该锁从未被 GET_LOCK() 的调用获取，或锁已经被提前解开，则该锁不存在（见范例 6-59）

续表

函数	功能介绍	使用说明
IS_USED_LOCK(str) 函数	检查名为 str 的锁是否正在被使用（也就是说被锁）。若正在被锁，返回使用该锁的客户端的连接标示符（connection ID）；否则，返回 NULL	（见范例 6–59）
BENCHMARK (count,expr) 函数	重复执行指定操作的函数。该函数重复 count 次执行表达式 expr。该函数可以用于计算 MySQL 处理表达式的速度。结果值通常为 0（0 只是表示处理过程很快，并不是没有花费时间）。该函数的另一个作用是它可以在 MySQL 客户端内部报告语句执行的时间	执行 BENCHMARK 函数后报告的时间是客户端经过的时间，而不是在服务器端的 CPU 时间，每次执行后报告的时间并不一定是相同的。可以尝试多次执行该函数，查看结果
CONVERT(… USING …)	改变字符集函数。该函数可以改变字符串默认的字符集	（见范例 6–49）
CAST(x,AS type) 和 CONVERT(x,type) 函数	改变数据类型的函数。这两个函数功能相同，都是将参数 x 由一个类型转换为另外一个类型 type	可转换的 type 有：BINARY、CHAR(n)、DATE、TIME、DATETIME、DECIMAL、SIGNED、UNSIGHED（见范例 6–60）

【范例 6–55】FORMAT(x,n) 函数的使用

使用 FORMAT(x,n) 函数将数值参数 x 按照 n 的取值格式化的操作，输入语句如下。

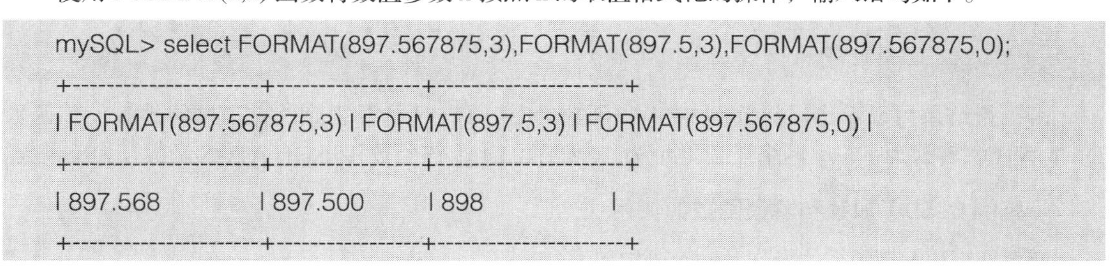

```
mySQL> select FORMAT(897.567875,3),FORMAT(897.5,3),FORMAT(897.567875,0);
+---------------------+----------------+---------------------+
| FORMAT(897.567875,3) | FORMAT(897.5,3) | FORMAT(897.567875,0) |
+---------------------+----------------+---------------------+
| 897.568             | 897.500        | 898                 |
+---------------------+----------------+---------------------+
```

由执行结果可以看出，第 1 列中，FORMAT 函数将数值 897.567875 四舍五入后保留小数点后面 3 位，结果得 897.568；第 2 列中，该函数将数值 897.5 格式化为小数点后面 3 位，位数不够的以 0 补齐；第 3 列中，该函数将数值 897.567875 后面的小数部分去掉前也进行了四舍五入的操作。

【范例 6–56】CONV(N,from_base,to_base) 函数的使用

使用 CONV(N,from_base,to_base) 函数进行不同进制数间的转换的操作，输入语句如下。

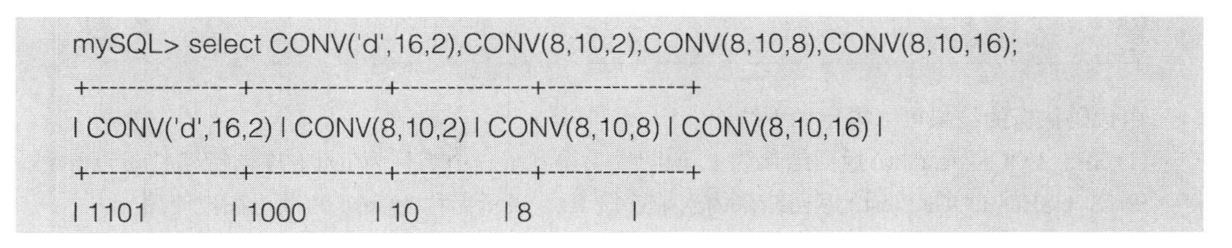

```
mySQL> select CONV('d',16,2),CONV(8,10,2),CONV(8,10,8),CONV(8,10,16);
+---------------+-------------+-------------+--------------+
| CONV('d',16,2) | CONV(8,10,2) | CONV(8,10,8) | CONV(8,10,16) |
+---------------+-------------+-------------+--------------+
| 1101          | 1000        | 10          | 8            |
```

```
+----------------+--------------+--------------+---------------+
```

由执行结果可以看出，该函数可以将自变参数 N 从原来的进制数转换成另外的进制数。第 1 列中，16 进制数的 d 是十进制的 13，换算成二进制即 1101；第 2~4 列中，分别将十进制的 8 转换为二进制数、八进制数、十六进制数。

【范例 6-57】INET_ATON(expr) 函数的使用

使用 INET_ATON(expr) 函数将字符串网络点地址转换为数值网络地址的操作，输入语句如下。

```
mySQL> select INET_ATON('10.212.103.43');
+---------------------------+
| INET_ATON('10.212.103.43') |
+---------------------------+
|               181692203 |
+---------------------------+
```

【范例 6-58】INET_NTOA(expr) 函数的使用

使用 INET_NTOA(expr) 函数将数值网络地址转换为字符串网络点地址的操作，输入语句如下。

```
mySQL> select INET_NTOA(181692203);
+---------------------+
| INET_NTOA(181692203) |
+---------------------+
| 10.212.103.43        |
+---------------------+
```

由执行结果可以看出，将范例 6-57 中函数 INET_ATON 计算得到的数值网络地址使用函数 INET_NTOA 转换为字符串网络点 IP 地址为 '10.212.103.43'。该函数和 INET_ATON 函数互为反函数。

【范例 6-59】加锁和解锁函数的使用

使用加锁和解锁函数的操作，输入语句如下。

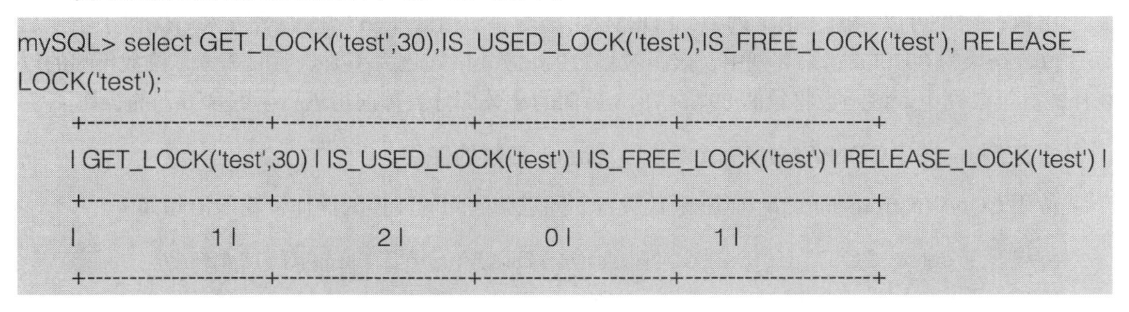

```
mySQL> select GET_LOCK('test',30),IS_USED_LOCK('test'),IS_FREE_LOCK('test'), RELEASE_LOCK('test');
+--------------------+--------------------+--------------------+---------------------+
| GET_LOCK('test',30) | IS_USED_LOCK('test') | IS_FREE_LOCK('test') | RELEASE_LOCK('test') |
+--------------------+--------------------+--------------------+---------------------+
|                 1 |                  2 |                  0 |                   1 |
+--------------------+--------------------+--------------------+---------------------+
```

由代码执行的结果可以得出如下结论。

(1) GET_LOCK('test',30) 返回结果为 1，说明成功得到了一个名称为 'test' 的锁，持续时间为 30 秒。

(2) IS_USED_LOCK('test') 返回结果为当前连接 ID，表示名称为 'test' 的锁正在被使用。

(3) IS_FREE_LOCK('test') 返回结果为 0，说明名称为 'test' 的锁正在被使用。

(4) RELEASE_LOCK('test') 返回值为 1，说明解锁成功。

【范例 6-60】CAST(x,AS type) 和 CONVERT(x,type) 函数的使用

使用 CAST(x,AS type) 和 CONVERT(x,type) 函数转换数据类型的操作，输入语句如下。

```
mySQL> select CAST(6789 AS CHAR(3)),CONVERT('2015-04-13 15:09:30',TIME);
+----------------------+----------------------------------+
| CAST(6789 AS CHAR(3)) | CONVERT('2015-04-13 15:09:30',TIME) |
+----------------------+----------------------------------+
| 678                  | 15:09:30                         |
+----------------------+----------------------------------+
```

由执行结果可以看出，函数 CAST 将 DECIMAL 类型的 6789 转换成了只有 2 个显示宽度的字符串型 '678'；函数 CONVERT 将 DATETIME 类型的值去掉了原有的日期，转换成了 TIME 类型。

6.8 综合案例——查询系统中当前用户的连接信息

使用 SHOW PROCESSLIST 命令输出当前用户的连接信息的操作，输入语句如下。

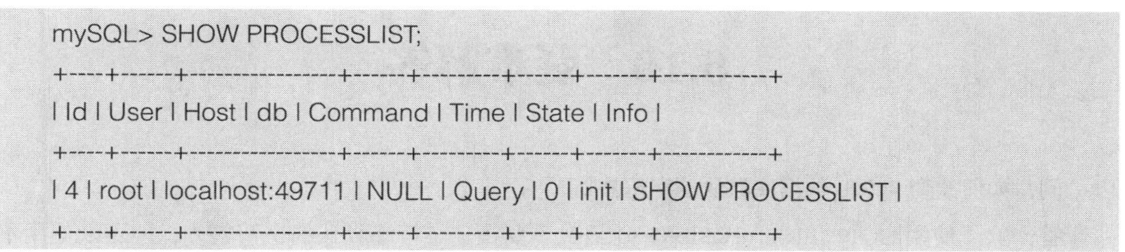

```
mySQL> SHOW PROCESSLIST;
+----+------+-----------------+------+---------+------+-------+------------+
| Id | User | Host | db | Command | Time | State | Info |
+----+------+-----------------+------+---------+------+-------+------------+
| 4 | root | localhost:49711 | NULL | Query | 0 | init | SHOW PROCESSLIST |
+----+------+-----------------+------+---------+------+-------+------------+
```

由执行结果可以看出，显示出连接信息的 8 列内容，各列的含义与用途详解如下。

(1) Id 列：用户登录 MySQL 时系统分配的“connection id”，用于标识一个用户。

(2) User 列：显示当前用户。如果不是 root，这个命令就只显示用户权限范围内的 SQL 语句。

(3) Host 列：显示这个语句是从哪个 IP 的哪个端口上发出的，可用来追踪出现问题语句的用户。

(4) db 列：显示这个进程目前连接的是哪个数据库。

(5) Command 列：显示当前连接的执行的命令，一般就是休眠（Sleep）、查询（Query）、连接（Connect）。

(6) Time 列：显示这个状态持续的时间，单位是秒。

(7) State 列：显示使用当前连接的 SQL 语句的状态，是很重要的列，后续会有所有状态的描述。请注意，State 只是语句执行中的某一个状态。一个 SQL 语句，以查询为例，可能需要经过 Copying to tmp table，Sorting result，Sending data 等状态才可以完成。

(8) Info 列：显示这个 SQL 语句，因为长度有限，所以长的 SQL 语句就显示不全，但是这是一个判断问题语句的重要依据。

使用另外的命令行登录 MySQL，此时将会把所有连接显示出来，在后来登录的命令行下再次输入 SHOW PROCESSLIST 命令，结果如下。

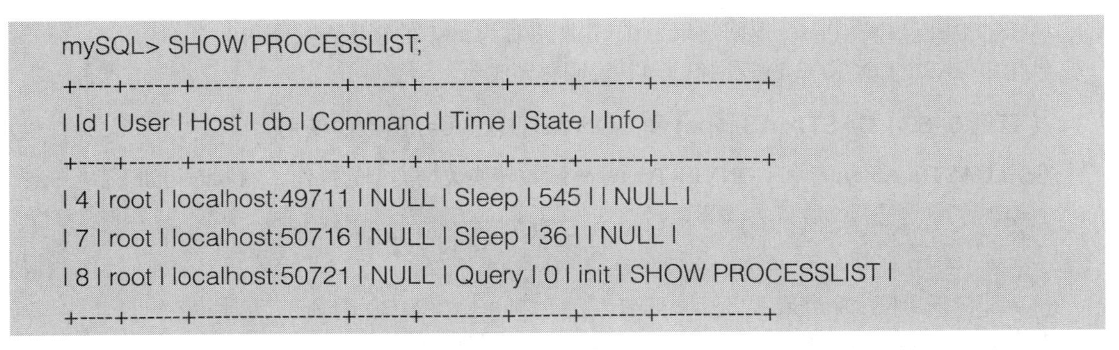

```
mySQL> SHOW PROCESSLIST;
+----+------+---------------+------+--------+------+-------+-----------+
| Id | User | Host | db | Command | Time | State | Info |
+----+------+---------------+------+--------+------+-------+-----------+
| 4 | root | localhost:49711 | NULL | Sleep | 545 | | NULL |
| 7 | root | localhost:50716 | NULL | Sleep | 36 | | NULL |
| 8 | root | localhost:50721 | NULL | Query | 0 | init | SHOW PROCESSLIST |
+----+------+---------------+------+--------+------+-------+-----------+
```

由执行结果可以看出，当前活动用户为登录连接为 8 的用户，正在执行的 Command 命令是 Query（查询），使用的查询命令为 SHOW PROCESSLIST；其余还有两个连接分别是 4 和 7, 这两个用户目前没有进行操作，处于 Sleep 状态，而且分别连接了 545 秒和 36 秒。

6.9 本章小结

本章主要介绍 MySQL 数据库中关于函数的使用，通过讲解与举例详细介绍了数学函数、字符串函数、日期和时间函数、控制流函数、系统信息函数、加密函数的功能与用法。通过本章的学习，可以帮助读者掌握常用函数的使用。

6.10 疑难解答

问：如何改变 MySQL 数据库默认的字符集？

答：除了使用 CONVERT(…USING…) 函数改变指定字符串默认的字符集外，还可以使用本书前面部分介绍的 GUI 图形化安装配置工具进行 MySQL 的安装和配置，在配置过程中，有一个步骤可以选择 MySQL 的默认字符集。如果仅仅改变字符集，不需要将配置过程重新执行一遍，可以有一个简单的方法，直接修改配置文件。在 Windows 7 操作系统中，MySQL 配置文件存放在 C:\ProgramData\MySQL\MySQL Server 5.6 下，名称为 my.ini，修改该配置文件中的 default-character-set 和 character-set-server 的参数值，将其改为想要修改的字符集名称，如 gbk、gb2312、big5 等，修改完后重启 MySQL 服务，数据库的默认字符集就改变了。之后，可以使用“ mySQL> SHOW VARIABLES LIKE 'character%';”查看修改后的数据库默认的字符集信息。

问：使用函数 CURRENT_TIMESTAMP()、LOCALTIME()、NOW() 和 SYSDATE() 显示当前系统的日期和时间有什么不同？

答：在数据库中输入“mySQL> select CURRENT_TIMESTAMP(),LOCALTIME(),NOW(),SYSDATE();”，由执行结果可以看出，这 4 个函数作用相同，返回的都是当前系统日期和时间值，一般情况下都是字符串类型；当函数返回值参与数值运算时，返回的是数值型。

问：使用函数 WEEK(date, mode)、WEEKOFYEAR(date) 返回日期参数 date 是一年中的第几周的

操作与使用有什么不同？

答：WEEKOFYEAR(date) 有一个参数，WEEK(date,mode) 有两个参数，都能返回日期参数 date 是一年中的第几周的操作。WEEK('2015-04-06') 只使用一个参数 date，它的第二个参数 mode 则为 default_week_format 默认值，MySQL 中该值默认为 0，指定一周的第一天为周日。因此和 WEEK('2015-04-06',0) 返回的结果相同。WEEK('2015-04-06', 3) 中，mode 取 3 时输出值是 15，和 WEEKOFYEAR 函数的结果相同。

```
mySQL> select WEEKOFYEAR('2015-04-06'),WEEK('2015-04-06'),
WEEK('2015-04-06',0),WEEK('2015-04-06',1),WEEK('2015-04-06',3);
+----------------------+---------------------+---------------+
| WEEKOFYEAR('2015-04-06') | WEEK('2015-04-06') | WEEK('2015-04-06',3) |
+----------------------+---------------------+---------------+
| 15 | 14 | 14| 15| 15 |
+----------------------+---------------------+---------------+
```

问：LPAD(s1, len, s2) 函数与 RPAD(s1, len, s2) 函数对字符串进行填充的操作有何不同？

答：使用函数 LPAD(s1,len,s2) 对字符串进行填充的操作，当 len 取值为 7 时，大于 'abcd' 的 4 位长度，则在其左侧填补字符串 '**'，直至满足 7 位长度。 使用函数 RPAD(s1,len,s2) 对字符串进行填充的操作，当 len 取值为 7 时，大于 'abcd' 的 4 位长度，则将其右侧填补字符串 '**'，直至满足 7 位长度。

```
mySQL> select LPAD('abcd',3,'**'),LPAD('abcd',7,'**'),
RPAD('abcd',3,'**'),RPAD('abcd',7,'**');
+--------------------+--------------------+
| LPAD('abcd',3,'**') | LPAD('abcd',7,'**') |
+--------------------+--------------------+
| abc | ***abcd | abc | abcd*** |
+--------------------+--------------------+
```

问：使用 LAST_INSERT_ID() 函数返回结果是否与 table 有关？

答：LAST_INSERT_ID() 函数返回结果与 table 无关，如果向表 1 中插入数据后，再向表 2 中插入数据，LAST_INSERT_ID() 函数返回结果是表 2 中的 ID 值。

分别单独向表 student 中插入如下 2 条记录。

```
mySQL> insert into student values(NULL,' 张三 ');
Query OK, 1 row affected (0.07 sec)
mySQL> insert into student values(NULL,' 李四 ');
Query OK, 1 row affected (0.06 sec)
mySQL> select * from student;
```

查看已经插入的数据可以发现，最后插入的一条记录的 ID 字段值为 2，然后使用 LAST_INSERT_ID() 查看最后自动生成的 ID 值也为 2。

可以看出，一次插入一条记录时，返回值为最后一条插入记录的 ID 值。

再向表中插入多条记录，输入语句如下。

mySQL> insert into student values(NULL,' 王五 '),(NULL,' 赵三 '),(NULL,' 周六 ');

Query OK, 3 rows affected (0.03 sec)

Records: 3 Duplicates: 0 Warnings: 0

mySQL> select * from student;

从执行结果可以看出，插入的最后一条记录的 ID 值为 5，然后使用 LAST_INSERT_ID() 查看最后总共生成的 ID 值。

6.11 实战练习

(1) 如何使用数学函数生成一个 4 位数字的随机数？

(2) 使用字符串函数计算“MySQL 5.6.21”的长度，并截取子字符串“5.6.21”。

(3) 使用日期时间函数输出当前系统时间，并按照“2015 13th April Monay 17:05:30”的格式输出。

(4) 将字符串“mypassword”用 MD5 函数进行加密。

第 7 章

查询语句详解

本章导读

查询数据指从数据库中获取所需要的数据。查询数据是数据库操作中最常用，也是最重要的操作。用户可能根据自己对数据的需求，使用不同的查询方式，从而可以获得不同的数据。MySQL 中是使用 SELECT 语句来实现数据的查询的。本章将介绍如何使用 SELECT 语句查询表中的一列或多列数据，查询经过计算的值，使用聚集函数进行统计结果，进行多表连接查询、子查询等。

本章课时：理论 8 学时 + 实践 2 学时

学习目标

- 基本查询语句
- 对查询结果进行排序
- 统计函数和分组记录查询
- GROUP BY 子句
- 使用 LIMIT 限制查询结果的数量
- 连接查询
- 子查询
- 合并查询结果
- 使用正则表达式表示查询

7.1　学生—课程数据库

本章以学生—课程数据库为例来讲解查询语句。学生—课程数据库包括以下三个表（关系的主码加下画线表示）。

⑴ 学生表：（学号，姓名，性别，年龄，系），student(sno,sname,ssex,sage,sdept)。

⑵ 课程表：（课程号，课程名，先行课名），course(cno,cname,cpno)。

⑶ 学生选课表：（学号，课程号，成绩），sc(sno,cno,grade)。

各个表中的数据如下。

```
MySQL> select  * from student;
+-----+-------+------+------+--------+
| sno | sname | ssex | sage | sdept  |
+-----+-------+------+------+--------+
|   1 | 刘敏  | 女   |   19 | 计算机 |
|   2 | 周松  | 男   |   21 | 计算机 |
|   3 | 张明  | 男   |   20 | 经贸   |
|   4 | 孟欣  | 女   |   21 | 信管   |
MySQL> select * from course;
+------+---------+------+
| cno  | cname   | cpno |
+------+---------+------+
|    1 | 数据库  |    4 |
|    2 | 操作系统 |    3 |
|    3 | 信息系统 | NULL |
|    4 | 数据结构 |    2 |
+------+---------+------+
MySQL> select * from sc;
+------+------+-------+
| sno  | cno  | grade |
+------+------+-------+
|    1 |    1 |    89 |
|    1 |    2 |    97 |
|    1 |    3 |    67 |
|    2 |    1 |    78 |
|    2 |    2 |    90 |
+------+------+-------+
```

7.2　基本查询语句

MySQL 提供 SELECT 语句进行数据库的查询，该语句使用方式灵活、功能丰富，其一般格式如下。

```
SELECT 属性列表
FROM 表名或视图名
[WHERE 条件表达式 ]
[GROUP BY 属性名 [HAVING 条件表达式 ]]
ORDER BY 属性名 [ASCIDESC]]
```

SELECT 语句的含义是根据 WHERE 子句的条件表达式，从 FROM 子句指定的基本表或视图中查找满足条件的记录。如果有 GROUP BY 子句，则将结果按照 GROUP BY 子句后的属性进行分组，该属性值相等的记录分为一组，一般会在每组上使用聚集函数进行统计。如果在 GROUP BY 子句后带 HAVING 短语，则只有满足 HAVING 后面表达式的组才予输出。如果有 ORDER BY 子句，则会根据 ORDER BY 子句后面的属性进行升序或降序排序。

SELECT 语句可以完成简单的单表查询，也可以完成复杂的多表查询和嵌套查询。

7.2.1 单表查询

单表查询是指从一张表中查询所需的数据。包括从单表查询部分字段、所有字段、经过计算的值、满足条件的记录、查询空值、满足多条件的查询等内容。

7.2.2 查询表中的部分字段

在一般情况下，用户往往只对表中的部分字段感兴趣，可以通过 SELECT 子句指定哪些字段出现在结果中。不同字段之间用逗号（，）分隔，最后一列后面不需要加逗号。

【范例 7–1】查询部分字段

查询所有课程的课程编号和课程名称，输入语句如下。

```
MySQL> select cno,cname
-> from course;
```

执行结果如下。

```
+------+----------+
| cno  | cname    |
+------+----------+
|    1 | 数据库   |
|    2 | 操作系统 |
|    3 | 信息系统 |
|    4 | 数据结构 |
+------+----------+
4 rows in set (0.59 sec)
```

7.2.3 查询表中的所有字段

将表中所有的字段都查询出有两种方法：一种是在 SELECT 子句中将所有的字段都列出；另一种是将 SELECT 子句中的属性列表指定为“*”——该符号代表所有列。

技巧：如果表中的字段很多，使用“*”后查询的数据量很大，会降低数据的传输效率。所以，除非需要查询表中的所有字段，最好不用“*”。

【范例 7-2】查询全部字段

查询所有学生的记录，输入语句如下。

```
MySQL> select *
-> from student;
```

该语句等价于如下语句。

```
MySQL> select sno,sname,ssex,sage,sdept from student;
```

执行结果如下。

```
+-----+-------+------+------+--------+
| sno | sname | ssex | sage | sdept  |
+-----+-------+------+------+--------+
|   1 | 刘敏  | 女   |   19 | 计算机 |
|   2 | 周松  | 男   |   21 | 计算机 |
|   3 | 张明  | 男   |   20 | 经贸   |
|   4 | 孟欣  | 女   |   21 | 信管   |
+-----+-------+------+------+--------+
4 rows in set (0.00 sec)
```

7.2.4 查询经过计算的值

SELECT 子句后不仅可以是表中的基本字段，也可以是表达式。

【范例 7-3】查询计算的值

查询所有学生的学号、姓名，及出生年月，输入语句如下。

```
MySQL> select sno,sname,year(now())-sage
-> from student;
```

执行结果如下。

```
+-----+-------+------------------+
| sno | sname | year(now())-sage |
+-----+-------+------------------+
|   1 | 刘敏  |             1996 |
|   2 | 周松  |             1994 |
|   3 | 张明  |             1995 |
|   4 | 孟欣  |             1994 |
```

```
+-----+-------+-----------------+
4 rows in set (0.00 sec)
```

查询结果中的 year(now()) 为函数嵌套。now() 函数获取系统日期，year() 函数可以获取参数的年份，year(now()) 的结果为系统日期的年份，year(now())–sage 表达式计算的是学生的出生年份。

该查询中的表达式在查询结果中的列名为表达式本身，可以通过指定别名来改变查询结果的列标题。指定的方法是在待指定别名的字段、表达式后加空格，然后给出列别名。范例 7–3 中可以使用下面语句改变列的标题。

```
MySQL> select sno,sname,year(now())-sage sbir
-> from student;
```

其中，year(now())–sage 表达式后的 sbir 为该表达式的别名，结果如下。

```
+-----+-------+------+
| sno | sname | sbir |
+-----+-------+------+
|   1 | 刘敏  | 1996 |
|   2 | 周松  | 1994 |
|   3 | 张明  | 1995 |
|   4 | 孟欣  | 1994 |
+-----+-------+------+
4 rows in set (0.04 sec)
```

7.2.5 查询表中的若干记录

1. 清除取值重复的行

表中的记录没有重复，但查询后结果可能有相同的行，可以使用关键字 DISTINCT 来消除重复行。

【范例 7–4】查询结果去重复行

查询学生来自哪些系，输入语句如下。

```
MySQL> select sdept
-> from student;
```

执行上面的语句，结果如下。

```
+--------+
| sdept  |
+--------+
| 计算机 |
| 计算机 |
| 经贸   |
| 信管   |
```

```
+--------+
```

查询结果包含重复的系的名称，如果想去掉结果中的重复行，必须使用 DISTINCT 关键字，SQL 语句如下。

```
MySQL> select distinct sdept
-> from student;
```

执行上面的语句，结果如下。

```
+--------+
| sdept  |
+--------+
| 计算机 |
| 经贸   |
| 信管   |
+--------+
```

2. 查询表中满足条件的记录

在查询过程中，可能只需要查询表中特定的数据，即满足一定条件的数据，该要求可以通过 WHERE 子句来实现，即在 WHERE 子句中指出查询的条件。

(1) 比较大小。

下表为操作符列表，可用于 WHERE 子句中。表 7-1 中的实例假定 A 为 5，B 为 10。

表 7-1　　WHERE 子句的操作符

操作符	描述	实例
=	等号，检测两个值是否相等，如果相等返回 true	(A = B) 返回 false
<>, !=	不等于，检测两个值是否相等，如果不相等返回 true	(A != B) 返回 true
>	大于号，检测左边的值是否大于右边的值，如果左边的值大于右边的值返回 true	(A > B) 返回 false
<	小于号，检测左边的值是否小于右边的值，如果左边的值小于右边的值返回 true	(A < B) 返回 true
>=	大于等于号，检测左边的值是否大于或等于右边的值，如果左边的值大于或等于右边的值返回 true	(A >= B) 返回 false
<=	小于等于号，检测左边的值是否小于于或等于右边的值，如果左边的值小于或等于右边的值返回 true	(A <= B) 返回 true

【范例 7-5】where 字句的使用

查询全体女生的学号和姓名，输入语句如下。

```
mysql> select sno,sname
-> from student
-> where ssex=' 女 ';
```

执行结果如下。

```
+-----+-------+
| sno | sname |
+-----+-------+
|   1 | 刘敏  |
|   4 | 孟欣  |
+-----+-------+
2 rows in set (0.03 sec)
```

【范例 7-6】where 子句操作符的使用

查询分数大于 80 分的学生编号，输入语句如下。

```
MySQL> select distinct sno
-> from sc
-> where grade>80;
```

在该查询中需要注意的是，每个学生选修多门课，可能有多门课程的成绩大于 80，如果不加 DISTINCT 关键字，该学生的学号会重复多次，所以要使用 DISTINCT 来消除重复。执行结果如下。

```
+------+
| sno  |
+------+
|   1 |
|   2 |
+------+
2 rows in set (0.04 sec)
```

(2) 确定范围。

如果查询条件为某字段在或不在某个范围，可以使用谓词 BETWEEN…AND 或 NOT BETWEEN…AND，其中 BETWEEN 后面为下限，AND 后面为上限。

【范例 7-7】BETWEEN…AND 的使用

查询年龄在 20~22 岁的学生的学号、姓名和性别，输入语句如下。

```
MySQL> select sno,sname,ssex
-> from student
-> where sage between 20 and 22;
```

执行结果如下。

```
+-----+-------+------+
| sno | sname | ssex |
+-----+-------+------+
|   2 | 周松  | 男   |
|   3 | 张明  | 男   |
```

```
|   4 | 孟欣  | 女   |
+-----+-------+------+
3 rows in set (0.03 sec)
```

(3) 带 IN 关键字的查询。

使用谓词 IN 来确定查找的字段属于指定的集合记录。

【范例 7-8】IN 关键字的使用

查询年龄为 18、20、23 的学生信息，输入语句如下。

```
MySQL> select *
-> from student
-> where sage in(18,20,23);
```

执行结果如下。

```
+-----+-------+------+------+-------+
| sno | sname | ssex | sage | sdept |
+-----+-------+------+------+-------+
|   3 | 张明  | 男   |   20 | 经贸  |
+-----+-------+------+------+-------+
1 row in set (0.03 sec)
```

与之相反，可以使用 NOT IN 来查找不属于指定集合的记录。

【范例 7-9】NOT IN 关键字的使用

查询年龄不为 18、20、23 的学生信息，输入语句如下。

```
MySQL> select *
-> from student
-> where sage not in(18,20,23);
```

执行结果如下。

```
+-----+-------+------+------+--------+
| sno | sname | ssex | sage | sdept  |
+-----+-------+------+------+--------+
|   1 | 刘敏  | 女   |   19 | 计算机 |
|   2 | 周松  | 男   |   21 | 计算机 |
|   4 | 孟欣  | 女   |   21 | 信管   |
+-----+-------+------+------+--------+
3 rows in set (0.00 sec)
```

(4) 带 LIKE 的字符匹配查询。

可以使用“=”进行精确比较，但如果想查询姓“刘”的同学信息，简单的比较便不适用了。谓词 LIKE 可以用来进行字符串的匹配，其语法格式如下。

```
[not] like '< 匹配串 >' [escape '< 换码字符 >']
```

该语法的含义是查找指定的字段值与匹配串相匹配的行的信息。匹配串可以是一个完整的字符串，也可以包含通配符“%”和“_”，如表 7-2 所示。

表 7-2 通配符

字符	说明
%	匹配任何数目的字符，甚至包括零字符
_	只能匹配一个字符

【范例 7-10】谓词 LIKE 及通配符“%”的使用

查询姓“张”的学生编号和姓名，输入语句如下。

```
MySQL> select sno,sname
-> from student
-> where sname like ' 张 %';
```

姓张，即第 1 字符为“张”，而“张”后面有多少字符，不确定，所以“张”后面加通配符“%”。执行结果如下。

```
+-----+-------+
| sno | sname |
+-----+-------+
|   3 | 张明  |
+-----+-------+
1 row in set (0.00 sec)
```

【范例 7-11】谓词 LIKE 及“_”在查询中的使用

查询名字中第 2 个字符为“敏”的学生信息，输入语句如下。

```
MySQL> select *
-> from student
-> where sname like '_ 敏 %';
```

题目要求第 2 个字符为“敏”，即“敏”前面只有一个字符，所以“敏”字符前面加了“_”，而“敏”后面有多少字符，不确定，所以“敏”后面加了通配符“%”。执行结果如下。

```
+-----+-------+------+------+--------+
| sno | sname | ssex | sage | sdept  |
+-----+-------+------+------+--------+
|   1 | 刘敏  | 女   |   19 | 计算机 |
+-----+-------+------+------+--------+
1 row in set (0.00 sec)
```

若要对通配符的字符进行检验，可将转义字符放在该字符前面。如果没有指定转义字符，则假

设为“\”。

【范例 7-12】like 'a_%' 写法的使用

查询 test 表中 aa 列值以“a_”开头的行的信息。如果查询语句如下。

```
MySQL> select *
-> from test
-> where aa like 'a_%';
```

执行结果如下。

```
+-------+------+
| aa    | bb   |
+-------+------+
| a_ddd |    1 |
| akddd |    2 |
+-------+------+
```

like 'a_%' 这种写法，系统会将“a”后面的“_”作为通配符对待，因为上述两行均满足要求。可以使用转义字符将通配符的性质转变，MySQL 默认使用“\”作为转义字符，如表 7-3 所示。

表 7-3　转义字符的使用

字符串	说明
\%	匹配一个“%”字符
_	匹配一个“_”字符

【范例 7-13】like 'a_%' 写法使用一

查询要求正确的写法如下。

```
MySQL> select *
-> from test
-> where aa like 'a\_%';
```

执行结果如下。

```
+-------+------+
| aa    | bb   |
+-------+------+
| a_ddd |    1 |
+-------+------+
```

要指定一个不同的转义字符，可使用 ESCAPE 语句。

【范例 7-14】like 'a*_%' 写法使用二

另一种查询写法如下。

```
MySQL> select *
-> from test
-> where aa like 'a*_%' escape '*';
```

(5) 查询空值。

在 WHERE 子句中可以使用 IS NULL 来查询某字段内容为空的记录。

【范例 7-15】WHERE 子句 IS NULL 的使用

查询先行课为空的课程信息，输入语句如下。

```
MySQL> select *
-> from course
-> where cpno is null;
```

执行结果如下。

```
MySQL> select *
-> from course
-> where cpno is null;
```

【范例 7-16】WHERE 子句 IS NOT NULL 的使用

查询先行课不为空的课程信息，输入语句如下。

```
MySQL> select *
-> from course
-> where cpno is not null;
```

执行结果如下。

```
+------+----------+------+
| cno  | cname    | cpno |
+------+----------+------+
|    1 | 数据库   |    4 |
|    2 | 操作系统 |    3 |
|    4 | 数据结构 |    2 |
+------+----------+------+
```

提示：IS NULL 不能换成 =NULL，如果换成 =NULL, 没有语法错误，但结果为空。

(6) 多重条件查询。

可以使用逻辑运算符 AND 或 OR 来连接多个查询条件。AND 的优先级要高于 OR，可以使用括号来改变优先级的顺序。

【范例 7-17】WHERE 子句逻辑运算符 AND 来连接多个查询条件的使用

查询选修了 1 号课程并且分数在 80 分以上的学生编号，输入语句如下。

```
MySQL> select *
-> from sc
-> where cno=1 and grade>80;
```

执行结果如下。

```
+------+------+-------+
| sno  | cno  | grade |
+------+------+-------+
|   1|   1|   89|
+------+------+-------+
1 row in set (0.09 sec)
```

【范例 7-18】WHERE 子句逻辑运算符 OR 来连接多个查询条件的使用

查询计算机系或经贸系的学生信息，输入语句如下。

```
MySQL> select *
-> from student
-> where sdept=' 计算机 ' or sdept=' 经贸系 ';
```

执行结果如下。

```
+-----+-------+------+------+--------+
| sno | sname | ssex | sage | sdept  |
+-----+-------+------+------+--------+
|   1 | 刘敏  | 女   |   19 | 计算机 |
|   2 | 周松  | 男   |   21 | 计算机 |
+-----+-------+------+------+--------+
2 rows in set (0.01 sec)
```

7.3 对查询结果进行排序

使用 ORDER BY 子句对查询结果进行排序，可以根据一列或多列对结果进行升序（ASC）和降序（DESC）的排列，缺省默认为升序。

【范例 7-19】查询结果降序排列

查询学生的学号、姓名、年龄，结果按年龄降序排列，输入语句如下。

```
MySQL> select sno,sname,sage
-> from student
-> order by sage desc;
```

执行结果如下。

```
+-----+-------+------+
| sno | sname | sage |
+-----+-------+------+
|   2 | 周松  |   21 |
|   4 | 孟欣  |   21 |
|   3 | 张明  |   20 |
|   1 | 刘敏  |   19 |
+-----+-------+------+
4 rows in set (0.00 sec)
```

该结果中，有两个年龄为 21 的，记录的先后顺序可以根据另外一列的升序或降序排列。

【范例 7-20】查询结果依据多个值降序排列

查询学生的学号、姓名、年龄，结果按年龄降序排列，若年龄相同，则按照学号的降序进行排列，输入语句如下。

```
MySQL> select sno,sname,sage
-> from student
-> order by sage desc,sno desc;
```

执行结果如下。

```
+-----+-------+------+
| sno | sname | sage |
+-----+-------+------+
|   4 | 孟欣  |   21 |
|   2 | 周松  |   21 |
|   3 | 张明  |   20 |
|   1 | 刘敏  |   19 |
+-----+-------+------+
4 rows in set (0.00 sec)
```

提示：对于 NULL 值的处理，不同 DBMS 采用不同的处理方式。MySQL 中，升序时 NULL 值在最前方，降序时 NULL 排在最后。

7.4　统计函数和分组记录查询

在实际项目中，用户需要通过表中的基本数据进行统计，比如求某列值的和、某列值的平均值等。MySQL 中提供了统计函数进行统计，如表 7-4 所示。

表 7-4　统计函数

函数	说明
AVG([DISTINCT] <列名>)	返回某列的平均值

续表

函数	说明
COUNT([DISTINCT] *)	返回记录的行数
COUNG([DISTINCT] < 列名 >)	返回一列中的值的个数
MAX([DISTINCT] < 列名 >)	返回某列的最大值
MIN([DISTINCT] < 列名 >)	返回某列的最小值
SUM([DISTINCT] < 列名 >)	返回某个列之和

1. COUNG() 函数

COUNG() 函数有两种形式。一种为 COUNG(*)，参数为“*”，统计的是符合条件的行数；另外一种为 COUNGt（列名），参数为某列名，统计的是列中非空值的个数。这两种形式的参数前都可以加 DISTINCT 关键字消除重复。

【范例 7-21】COUNG(*) 的使用

查询计算机系的学生人数，输入语句如下。

```
MySQL> select count(*) count_stu
-> from student
-> where sdept=' 计算机 ';
```

执行结果如下。

```
+-----------+
| count_stu |
+-----------+
|         2 |
+-----------+
1 row in set (0.04 sec)
```

【范例 7-22】COUNGt(列名) 的使用

查询选修了课程的学生人数，输入语句如下。

```
MySQL> select count(distinct sno)
-> from sc;
```

因为一个学生可能选修多门课，所以要使用 DISTINCT 关键字消除重复的学生编号，然后再进行统计。执行结果如下。

```
+---------------------+
| count(distinct sno) |
+---------------------+
|                   2 |
+---------------------+
1 row in set (0.00 sec)
```

2. AVG([DISTINCT] < 列名 >) 统计某列的平均值

【范例 7-23】AVG(列名) 的使用

查询计算机系的学生平均年龄，输入语句如下。

```
MySQL> select avg(sage)
-> from student
-> where sdept=' 计算机 ';
```

执行结果如下。

```
+-----------+
| avg(sage) |
+-----------+
|   20.0000 |
+-----------+
1 row in set (0.04 sec)
```

3. SUM([DISTINCT] < 列名 >) 统计某列值的总和

【范例 7-24】SUM(列名) 的使用

查询不同年龄的总和，输入语句如下。

```
MySQL> select sum(distinct sage)
-> from student;
```

执行结果如下。

```
+--------------------+
| sum(distinct sage) |
+--------------------+
|                 60 |
+--------------------+
1 row in set (0.03 sec)
```

4. MAX([DISTINCT] < 列名 >) 查询某列的最大值

【范例 7-25】MAX(列名) 的使用

查询选修 1 号课程的最高分，输入语句如下。

```
MySQL> select max(grade)
-> from sc
-> where cno=1;
```

执行结果如下。

```
+------------+
| max(grade) |
+------------+
|         89 |
+------------+
1 row in set (0.05 sec)
```

5. MIN([DISTINCT] < 列名 >) 查询某列的最小值

【范例 7-26】 MIN(列名) 的使用

查询选修 1 号课程的最低分，输入语句如下。

```
MySQL> select min(grade)
-> from sc
-> where cno=1;
```

执行结果如下。

```
+------------+
| min(grade) |
+------------+
|         78 |
+------------+
1 row in set (0.00 sec)
```

MIN() 函数和 MAX() 函数的参数不仅可以为数值类型，也可以为字符类型。

提示：WHERE 子句中不能使用统计函数作为表达式。

7.5 GROUP BY 子句

MySQL 使用 GROUP BY 将查询结果根据某一列或多列的值进行分组，值相等的为一组，分组的目的一般与统计有关。分组之前，统计的是整个查询结果，分组后统计的是每一个组，即每个组上都会得到一个函数结果。

1. 单字段分组

【范例 7-27】根据 sdept 的值进行分组

统计不同系别的学生人数，输入语句如下。

```
MySQL> select sdept,count(*) count_sdept
-> from student
-> group by sdept;
```

执行结果如下。

```
+--------+-------------+
| sdept  | count_sdept |
+--------+-------------+
| 信管   |           1 |
| 经贸   |           1 |
| 计算机 |           2 |
+--------+-------------+
3 rows in set (0.01 sec)
```

该查询结果根据 sdept 的值进行分组，sdept 值相同的为一组，分为三组，然后对每一组进行行数统计，得到每一组的人数。

2. 多字段分组

GROUP BY 也可以根据多个字段进行分组，如范例 7–28 所示。

【范例 7–28】根据 ssex,sage 的值进行多次分组

查询不同性别、不同年龄的学生人数，输入语句如下。

```
MySQL> select ssex,sage,count(*)
-> from student
-> group by ssex,sage;
```

执行结果如下。

```
+------+------+----------+
| ssex | sage | count(*) |
+------+------+----------+
| 女   |   19 |        1 |
| 女   |   21 |        1 |
| 男   |   20 |        1 |
| 男   |   21 |        1 |
+------+------+----------+
4 rows in set (0.00 sec)
```

该查询先根据性别分成两组，然后在女生中根据年龄再次分组，男生中也根据年龄再次分组。

3. GROUP BY 与 HAVING 子句一起使用

如果查询结果只输出满足某种指定条件的组，要使用 HAVING 子句对组进行筛选，得到符合条件的组的信息。

【范例 7–29】HAVING 子句对组进行筛选的使用

查询平均成绩大于 80 分的学生编号和平均成绩，输入语句如下。

```
MySQL> select sno,avg(grade)
-> from sc
-> group by sno
-> having avg(grade)>80;
结果如下。
+------+-----------+
| sno  | avg(grade) |
+------+-----------+
|   1 |   84.3333 |
|   2 |   84.0000 |
+------+-----------+
2 rows in set (0.08 sec)
```

该查询的过程为根据 sno 将学生选修课程的信息分组，然后统计每组的平均成绩，最后删选出平均成绩大于 80 分的组的信息。

4. GROUP BY 子句与 GROUP_CONCAT() 函数一起使用

GROUP BY 子句还可以和 GROUP_CONCAT() 函数一起使用，GROUP_CONCAT() 函数返回一个字符串结果，该结果由分组中的值连接组合而成。

【范例 7-30】将分组结果链接组合使用

查询每个学生的各科成绩，成绩在一行显示，输入语句如下。

```
MySQL> select sno,group_concat(grade)
-> from sc
-> group by sno;
```

执行结果如下。

```
+------+--------------------+
| sno  | group_concat(grade) |
+------+--------------------+
|   1 | 89,97,67           |
|   2 | 78,90              |
+------+--------------------+
2 rows in set (0.00 sec)
```

5. GROUP BY 子句使用 ROLLUP

【范例 7-31】ROLLUP 在分组中的使用

查询每个学生的最高分和最低分，并统计所有学生的最高分和最低分，输入语句如下。

```
MySQL> select sno,max(grade),min(grade)
-> from sc
```

```
-> group by sno
-> with rollup;
```

执行结果如下。

```
+------+-----------+------------+
| sno  | max(grade) | min(grade) |
+------+-----------+------------+
|    1 |        97 |         67 |
|    2 |        90 |         78 |
| NULL |        97 |         67 |
+------+-----------+------------+
```

使用 WITH ROLLUP 之后，该查询的最后结果出现一行。 该行中分组列没有值，GROUP BY 后面分组的列，则根据前面的 MAX 函数和 MIN 函数做了处理，得到后两列对应的最大值和最小值。

> 提示：返回结果的 SELECT 子句字段中，这些字段要么包含在 GROUP BY 语句的后面，作为分组的依据；要么就要被包含在聚合函数中，作为函数的参数。

7.6 使用 LIMIT 限制查询结果的数量

如果查询结果有很多行，而用户想得到第一行或前几行，需要使用 LIMIT 关键字，其语法如下。

```
LIMIT[offset,]rowsrowsOFFSEToffset
```

LIMIT 子句可以被用于强制 SELECT 语句返回指定的记录数。LIMIT 接受一个或两个数字参数，参数必须是一个整数常量。如果给定两个参数，第一个参数指定第一个返回记录行的偏移量，第二个参数指定返回记录行的最大数目。初始记录行的偏移量是 0（而不是 1）。

【范例 7-32】通过 LIMIT 子句限制查询前 2 行

查询表中前两行的学生信息，输入语句如下。

```
MySQL> select *
-> from student
-> limit 2;
```

执行结果如下。

```
+-----+-------+------+------+--------+
| sno | sname | ssex | sage | sdept  |
+-----+-------+------+------+--------+
|   1 | 刘敏  | 女   |   19 | 计算机 |
|   2 | 周松  | 男   |   21 | 计算机 |
+-----+-------+------+------+--------+
```

该例中 LIMIT 后只有一个参数 2，即查询结果中返回 2 行记录。

【范例 7-33】通过 LIMIT 子句限制查询中间 3 行

查询 sc 表，返回从第 2 行开始的 3 行记录，输入语句如下。

```
MySQL> select *
-> from sc
-> limit 1,3;
```

执行结果如下。

```
+------+------+-------+
| sno  | cno  | grade |
+------+------+-------+
|    1 |    2 |    97 |
|    1 |    3 |    67 |
|    2 |    1 |    78 |
+------+------+-------+
3 rows in set (0.00 sec)
```

该例中，查询要求从第 2 行开始，所以 LIMIT 后第一个参数偏移量为 1，第二个参数为查询希望得到的行数，为 3。

7.7 连接查询

涉及两个或两个以上表的查询称为连接查询。连接查询是关系数据库中最重要的查询类型。连接查询分为内连接查询、外连接查询和复合条件的连接查询。本节将详细讲解这 3 种类型查询的实现过程。连接查询要求参加连接的表必须有相同意义的字段，比如学生表和成绩表进行连接，两个表都有相同字段 sno 列，这是连接的前提条件。

1. 内连接查询

连接查询中使用 WHERE 子句给出连接条件，格式如下。

```
Where [<表名 1.]<列名 1〉<比较运算符>[<表名 2.]<列名 2〉
```

这里的比较运算符通常是“=”。

【范例 7-34】两个表通过字段连接后查询

查询选修了课程的学生学号、姓名、课程号、成绩，输入语句如下。

```
MySQL> select student.sno,sname,cno,grade
-> from student,sc
-> where student.sno=sc.sno;
```

执行结果如下。

```
+-----+-------+------+-------+
| sno | sname | cno  | grade |
+-----+-------+------+-------+
|   1 | 刘敏  |    1 |    89 |
|   1 | 刘敏  |    2 |    97 |
|   1 | 刘敏  |    3 |    67 |
|   2 | 周松  |    1 |    78 |
|   2 | 周松  |    2 |    90 |
+-----+-------+------+-------+
5 rows in set (0.08 sec)
```

该查询中，学生的姓名在 student 表中，课程编号和成绩在 sc 表中，因此该查询涉及两个表。两个表中都有学生编号 sno, 那么两个表就通过该公共字段进行连接。在书写查询时注意：sno 字段前面加了表的前缀，是为了避免出现混淆，如果字段名称在参加连接的表中是唯一的，可以省略前缀。

在查询中给 student 定义了表的别名 s, 这样可以简化查询的书写。

> 提示：定义表的别名以后，列的前缀要使用新定义的列的别名，否则出错。

可以使用 ANSI SQL 语法中另外一种书写格式完成范例 7-21 的查询要求。

```
MySQL> select s.sno,sname,cno,grade
-> from student s inner join sc
-> on s.sno=sc.sno;
```

执行结果如下。

```
+-----+-------+------+-------+
| sno | sname | cno  | grade |
+-----+-------+------+-------+
|   1 | 刘敏  |    1 |    89 |
|   1 | 刘敏  |    2 |    97 |
|   1 | 刘敏  |    3 |    67 |
|   2 | 周松  |    1 |    78 |
|   2 | 周松  |    2 |    90 |
+-----+-------+------+-------+
5 rows in set (0.03 sec)
```

ANSI SQL 标准中的写法和使用 WHERE 子句给出连接条件的查询有很大区别：原来 FROM 子句中，参加连接的表之间用“，”号隔开，而标准语法是在参加连接的表中间加入 inner join，连接条件使用 on 关键字给出，连接条件是相同的。

有的查询可能要对同一个表查询多次，可以使用相同表连接实现查询目的，这种连接查询称为自身连接。自身连接查询是内连接查询的一种特殊形式，在实现查询时将表逻辑上视为不同的表，通过表的别名实现。

【范例 7-35】自身连接的使用

查询每门课的课程名称及其先行课的课程名称，输入语句如下。

```
MySQL> select c1.cname,c2.cname
-> from course c1,course c2
-> where c1.cpno=c2.cno;
```

执行结果如下。

```
+----------+----------+
| cname    | cname    |
+----------+----------+
| 数据结构 | 操作系统 |
| 操作系统 | 信息系统 |
| 数据库   | 数据结构 |
+----------+----------+
3 rows in set (0.01 sec)
```

该查询中 course 使用了两次，分别定义了别名 c1 和 c2，然后根据查询要求，定义了连接条件 c1.cpno=c2.cno 进行查询。

2. 外连接查询

在内连接查询中，只有满足连接条件的记录才能出现在查询结果中。但在实际应用中，希望不满足连接条件的记录在结果中出现，这时需要使用外连接查询。例如范例 7-21 中，只有选课的学生信息出现，而没有选修课程的学生因为在 sc 表中没有满足连接条件的行存在，所以被舍弃。如果希望所有同学的信息都出现，在成绩信息对应的字段填写空值（null），此实现可使用外连接。外连接分为左外连接、右外连接、完全外连接，但 MySQL 不支持完全外连接。

(1) left join（左连接）：join 左表中所有记录和右表中满足连接条件的记录信息。

(2) righg join（左连接）：join 右表中所有记录和左表中满足连接条件的记录信息。

【范例 7-36】左连接的使用

查询所有学生的编号、姓名及选课学生的课程号、成绩，输入语句如下。

```
MySQL> select s.sno,sname,cno,grade
-> from student s left join sc
-> on s.sno=sc.sno;
```

执行结果如下。

```
+-----+-------+------+-------+
| sno | sname | cno  | grade |
+-----+-------+------+-------+
|   1 | 刘敏  |    1 |    89 |
|   1 | 刘敏  |    2 |    97 |
|   1 | 刘敏  |    3 |    67 |
```

```
|   2 | 周松  |    1 |    78 |
|   2 | 周松  |    2 |    90 |
|   3 | 张明  | NULL |  NULL |
|   4 | 孟欣  | NULL |  NULL |
+-----+-------+------+-------+
7 rows in set (0.00 sec)
```

该查询中的表的连接类型为 left join， student 表中所有记录均在查询结果中，但 3 号学生和 4 号学生因为在 sc 表中没有满足连接条件的记录存在，因此 sc 对应的列的信息为 NULL。

该查询也可以使用右外连接实现，代码如下。

```
MySQL> select s.sno,sname,cno,grade
-> from sc right join student s
-> on s.sno=sc.sno;
```

执行结果如下。

```
+-----+-------+------+-------+
| sno | sname | cno  | grade |
+-----+-------+------+-------+
|   1 | 刘敏  |    1 |    89 |
|   1 | 刘敏  |    2 |    97 |
|   1 | 刘敏  |    3 |    67 |
|   2 | 周松  |    1 |    78 |
|   2 | 周松  |    2 |    90 |
|   3 | 张明  | NULL |  NULL |
|   4 | 孟欣  | NULL |  NULL |
+-----+-------+------+-------+
7 rows in set (0.00 sec)
```

在上述实现中，将 student 表放到了 join 的右侧，实现了相同的查询功能。

3. 复合条件连接查询

在上述的查询中，WHERE 子句中只有连接条件，该子句还可以跟多个连接条件，称为复合条件的连接。

【范例 7–37】多表连接使用

查询选修了数据库课程的学生的学号、成绩，输入语句如下。

```
MySQL> select sno,grade
-> from course c,sc
-> where c.cno=sc.cno and cname=' 数据库 ';
```

执行结果如下。

```
+------+-------+
```

```
| sno | grade |
+------+-------+
|   1 |   89 |
|   2 |   78 |
+------+-------+
2 rows in set (0.00 sec)
```

连接查询除了可以两个表进行接连，还可以两个以上的表进行连接，称为多表连接。

【范例 7-38】通过第三个表 sc 表连接 student 表和 course 表

查询学生的学号、姓名、选修的课程名，输入语句如下。

```
MySQL> select s.sno,sname,cname
-> from student s,sc,course c
-> where s.sno=sc.sno and c.cno=sc.cno;
```

执行结果如下。

```
+-----+-------+----------+
| sno | sname | cname    |
+-----+-------+----------+
|   1 | 刘敏  | 数据库   |
|   2 | 周松  | 数据库   |
|   1 | 刘敏  | 操作系统 |
|   2 | 周松  | 操作系统 |
|   1 | 刘敏  | 信息系统 |
+-----+-------+----------+
5 rows in set (0.00 sec)
```

该查询要求 student 表中的编号、姓名及 course 表中的 cname 出现在查询结果中，但这两个表没有意义相同的列，不能进行连接。因此，要借助另一个表 sc 参加连接。

7.8　子查询

子查询是将一个查询语句嵌套在另一个查询语句中。例如，可以为 SELECT * FROM t1 WHERE column1 = (SELECT column1 FROM t2) 这样一种写法。其中，SELECT column1 FROM t2 为子查询，必须要位于圆括号中。SELECT * FROM t1…为外部查询。子查询还可嵌套在其他的子查询中。通过子查询，可以实现多表之间的查询。子查询中常用的操作符有 ANY(SOME)、ALL、IN、EXISTS。

1. 带 ANY、SOME、ALL 操作符的子查询

ALL 和 ANY 操作符的常见用法是结合一个比较操作符，对一个数据列子查询的结果进行比较。它们检查比较值是否与子查询所返回的全部或一部分值匹配。例如，如果比较值小于或等于子查

询所返回的每一个值，<= ALL 将是 true；只要比较值小于或等于子查询所返回的任何一个值，<= ANY 将是 true。SOME 是 ANY 的一个同义词。

【范例 7-39】ALL 操作符实现子查询

查询成绩表中最低的分数，输入语句如下。

```
MySQL> select sno,grade
-> from sc
-> where grade<=all(select grade from sc);
```

执行结果如下。

```
+------+-------+
| sno  | grade |
+------+-------+
|    1|    67 |
+------+-------+
1 row in set (0.00 sec)
```

该查询中判断 sc 表中每一行的 grade 是否小于等于所有的成绩，即查询最低的成绩。该查询也可以使用统计函数实现。

```
MySQL> select sno,grade
-> from sc
-> where grade<=(select min(grade) from sc);
```

该实现方法在子查询中查询出最低分，然后在外层查询查询小于等于最小值的成绩，得到的就是最低分对应的成绩信息。

【范例 7-40】ANY 操作符实现子查询

查询其他系比计算机系中某一位学生年龄小的学生信息，输入语句如下。

```
MySQL> select *
-> from student
-> where sage <any(select sage from student where sdept=' 计算机 ')
->and sdept<>' 计算机 ';
```

执行结果如下。

```
+-----+-------+------+------+-------+
| sno | sname | ssex | sage | sdept |
+-----+-------+------+------+-------+
|   3 | 张明  | 男   |   20 | 经贸  |
+-----+-------+------+------+-------+
1 row in set (0.04 sec)
```

该嵌套中的子查询返回值为集合 [19，21]，处理外查询时，查找所有不是计算机系的年龄大于

19 小于 21 的学生信息。该查询也可以使用统计函数实现，输入语句如下。

```
MySQL> select *
-> from student
-> where sage<
->      (select max(sage)
->       from student
->   where sdept=' 计算机 ') and sdept<>' 计算机 ';
```

执行结果与之前相同。

```
+-----+-------+------+------+-------+
| sno | sname | ssex | sage | sdept |
+-----+-------+------+------+-------+
|   3 | 张明  | 男   |   20 | 经贸  |
+-----+-------+------+------+-------+
row in set (0.00 sec)
```

2. IN 和 NOT IN 子查询

带 IN 关键字进行子查询时，内层查询仅返回一个数据列集合。该集合将提供给外层查询进行比较操作。

【范例 7-41】IN 关键字实现子查询

查询选修了 1 号课程的学生编号和姓名，输入语句如下。

```
MySQL> select sno,sname
-> from student
-> where sno in(select sno from sc where cno=1);
```

执行结果如下。

```
+-----+-------+
| sno | sname |
+-----+-------+
|   1 | 刘敏  |
|   2 | 周松  |
+-----+-------+
rows in set (0.04 sec)
```

该嵌套中的子查询首先执行处理，得到结果为集合 [1，2]，返回外层查询作为条件，只要学生编号为集合中的某个值就为 true。

使用 IN 关键字的子查询可以用多表连接来实现，范例 7-40 可以用以下代码实现。

```
MySQL> select s.sno,sname
-> from student s,sc
```

```
-> where s.sno=sc.sno and cno=1;
```

执行结果如下。

```
+-----+-------+
I sno I sname I
+-----+-------+
I   1 I 刘敏  I
I   2 I 周松  I
+-----+-------+
rows in set (0.06 sec)
```

使用多表连接的查询结果与使用 IN 关键字的查询结果相同。

> 提示：使用 IN 关键字的查询可以使用多表连接查询来实现，但使用多表连接的查询不一定可以转化为使用 IN 关键字的嵌套实现。因为使用 IN 关键字的嵌套最后执行的是最外层的查询，因此查询结果只能是最外层表的信息，不能出现内层查询中表的信息。

【范例 7-42】NOT IN 关键字实现子查询

查询没有选修 1 号课程的学生编号和姓名，输入语句如下。

```
MySQL> select *
-> from student
-> where sno not in(select sno
->    from sc
->     where cno=1);
```

判断外查询中某列值不在某个范围，使用 NOT IN 关键字。

使用 NOT IN 关键字的嵌套不能使用多表连接查询实现。如果确定子查询只返回一个单一值时，IN 关键字可以换成 = 操作符。

假如规定一个学生只在一个系学习，完成下面的查询。

【范例 7-43】查询返回唯一值作为外层查询查询条件可用“=”

查询与刘敏同学在同一系学习的学生信息，输入语句如下。

```
MySQL> select *
-> from student
-> where sdept=(select sdept from student where sname=' 刘敏 ')
-> and sname<>' 刘敏 ';
```

执行结果如下。

```
+-----+-------+------+------+--------+
I sno I sname I ssex I sage I sdept  I
+-----+-------+------+------+--------+
```

```
| 2 | 周松 | 男  |  21 | 计算机 |
+-----+-------+------+------+--------+
1 row in set (0.00 sec)
```

该子查询返回刘敏所在的系“计算机”，该值唯一，返回外层查询作为查询条件，外层查询还加入了过滤条件 sname<>' 刘敏 '，如果不加入该条件，刘敏的信息也会出现在查询结果中。

3. EXISTS 和 NOT EXISTS 子查询

EXISTS 和 NOT EXISTS 操作符只测试某个子查询是否返回了数据行：如果是，EXISTS 将是 true，NOT EXISTS 将是 false。在使用 EXISTS 和 NOT EXISTS 操作符时，子查询中的 SELECT 子句通常使用“*”。这两个操作符是根据子查询是否返回了数据行来判断真假的，不关心数据行所包含的内容是什么，所以没必要明确地列出数据列的名字。

【范例 7-44】通过 EXISTS 操作符测试查询是否返回了数据行

查询选修了 1 号课程的学生信息，输入语句如下。

```
MySQL> select *
-> from student
-> where exists(select * from sc where sno=student.sno and cno=1);
```

执行结果如下。

```
+-----+-------+------+------+--------+
| sno | sname | ssex | sage | sdept  |
+-----+-------+------+------+--------+
|   1 | 刘敏  | 女   |  19 | 计算机 |
|   2 | 周松  | 男   |  21 | 计算机 |
+-----+-------+------+------+--------+
rows in set (0.00 sec)
```

该子查询是外查询相关的嵌套查询。执行过程是由外向内的方式，遍历外层查询中 student 表，将每一行的 sno 传递到子查询中，看它们是否满足在子查询里给出的条件，满足条件的外查询中的行出现在结果中，否则相反。

NOT EXISTS 操作符用来寻找不匹配的值（在一个数据表里有但在其他数据表里没有的值）。使用 NOT EXISTS 与 EXISTS 方法相同，返回的结果相反。子查询如果返回至少一行，那么 NOT EXISTS 结果为 false，外查询中对应的行不满足要求。如果子查询没有返回任何行，则 NOT EXISTS 返回的结果为 true，外查询中对应的行满足要求。

【范例 7-45】通过 NOT EXISTS 操作符用来查询不匹配的值

查询没有选修 1 号课程的学生信息，输入语句如下。

```
MySQL> select *
-> from student
-> where not exists(select * from sc where student.sno=sc.sno);
```

执行结果如下。

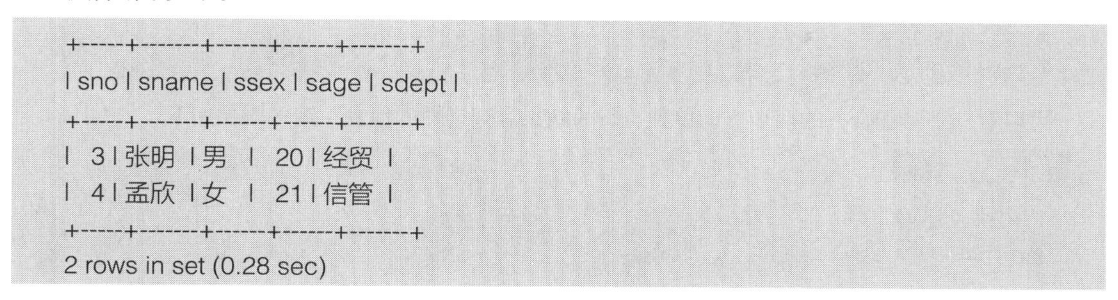

```
+-----+-------+------+------+-------+
| sno | sname | ssex | sage | sdept |
+-----+-------+------+------+-------+
|   3 | 张明  | 男   |   20 | 经贸  |
|   4 | 孟欣  | 女   |   21 | 信管  |
+-----+-------+------+------+-------+
2 rows in set (0.28 sec)
```

7.9 合并查询结果

MySQL 中使用 UNION 关键字，可以将多个 SELECT 结果集合并为单个结果集，但要求参加合并的结果集对应的列数和数据类型必须相同。在第一个 SELECT 语句中被使用的列名称也被用于结果的列名称。语法格式如下。

```
SELECT ...
UNION [ALL | DISTINCT]
SELECT ...
[UNION [ALL | DISTINCT]
SELECT ...]
```

语法中不使用关键词 ALL，则所有返回的行都是唯一的，就好像对整个结果集合使用了 DISTINCT 一样。如果指定了 ALL，SELECT 语句中得到所有匹配的行都会出现。DISTINCT 关键词是一个自选词，不起任何作用，但是根据 SQL 标准的要求，在语法中允许采用。

【范例 7-46】使用 UNION 关键字将两个查询中符合条件的结果进行合并

查询女生的信息或年龄大于 20 的学生信息，输入语句如下。

```
MySQL> select *
-> from student
-> where ssex='女'
-> union
-> select *
-> from student
-> where sage>20;
```

执行结果如下。

```
+-----+-------+------+------+--------+
| sno | sname | ssex | sage | sdept  |
+-----+-------+------+------+--------+
|   1 | 刘敏  | 女   |   19 | 计算机 |
|   4 | 孟欣  | 女   |   21 | 信管   |
```

```
|  2 | 周松  | 男   |  21 | 计算机 |
+-----+-------+------+------+--------+
3 rows in set (0.09 sec)
```

可以看一下参加合并的两个查询单独执行的结果。查询姓的信息，输入语句如下

```
MySQL> select *
-> from student
-> where ssex='女';
+-----+-------+------+------+--------+
|  sno | sname | ssex | sage | sdept  |
+-----+-------+------+------+--------+
|  1 | 刘敏  | 女   |  19 | 计算机 |
|  4 | 孟欣  | 女   |  21 | 信管   |
+-----+-------+------+------+--------+
2 rows in set (0.00 sec)
```

查询年龄大于 20 岁的学生信息，输入语句如下。

```
MySQL> select *
-> from student
-> where sage>20;
+-----+-------+------+------+--------+
| sno | sname | ssex | sage | sdept  |
+-----+-------+------+------+--------+
|  2 | 周松  | 男   |  21 | 计算机 |
|  4 | 孟欣  | 女   |  21 | 信管   |
+-----+-------+------+------+--------+
2 rows in set (0.00 sec)
```

可以看到，学生孟欣的记录在两个查询中都出现了，但合并的结果中只出现了一次，因为没有加关键字 ALL，系统自动删除了所有重复的行。

范例中如果加上关键字 ALL，执行结果如下。

```
MySQL> select *
-> from student
-> where ssex='女'
-> union all
-> select *
-> from student
-> where sage>20;
+-----+-------+------+------+--------+
| sno | sname | ssex | sage | sdept  |
+-----+-------+------+------+--------+
```

```
|   1 | 刘敏  | 女   |   19 | 计算机 |
|   4 | 孟欣  | 女   |   21 | 信管   |
|   2 | 周松  | 男   |   21 | 计算机 |
|   4 | 孟欣  | 女   |   21 | 信管   |
+-----+-------+------+------+--------+
rows in set (0.00 sec)
```

加入关键字 ALL 之后，两个查询中所有符合条件的记录都出现在结果中，没有消除重复记录。

7.10 使用正则表达式表示查询

正则表达式是用某种模式去匹配一类字符串的一种方式，其查询能力要远在通配字符之上，而且相对更加灵活。在 MySQL 中使用 REGEXP 关键字来匹配查询正则表达式，基本形式如下。

```
属性名 REGEXP '匹配方式'
```

1. 模式字符“^”

模式字符“^”的含义为匹配以特定字符或字符串开头的记录。

【范例 7-47】使用“^”匹配特定字符

查询学生所在的系以“计”开头的学生记录，输入语句如下。

```
MySQL> select *
-> from student
-> where sdept regexp '^计';
```

执行结果如下。

```
+-----+-------+------+------+--------+
| sno | sname | ssex | sage | sdept  |
+-----+-------+------+------+--------+
|   1 | 刘敏  | 女   |   19 | 计算机 |
|   2 | 周松  | 男   |   21 | 计算机 |
+-----+-------+------+------+--------+
2 rows in set (0.00 sec)
```

student 表中有两条记录中的 sdept 字段以“计”开头，返回这两条记录。

2. 模式字符“$”

模式的字符“$”的含义为匹配以特定字符或字符串结尾的记录。

【范例 7-48】使用“$”匹配特定字符

查询姓名中以“敏”字为最后一个字符的学生信息，输入语句如下。

```
MySQL> select  *
-> from student
-> where sname regexp ' 敏 $';
```

执行结果如下。

```
+-----+-------+------+------+--------+
| sno | sname | ssex | sage | sdept  |
+-----+-------+------+------+--------+
|   1 | 刘敏  | 女   |   19 | 计算机 |
+-----+-------+------+------+--------+
row in set (0.00 sec)
```

student 表中只有一条记录 sname 最后的字符为“敏”，结果返回这一条记录。

3. 模式字符“.”

模式字符“.”的含义为匹配字符串中任意一个字符 , 包括 Enter 或者换行等。
有一表 test(aa varchar(20))，后面正则表达式的查询例子均基于该表，该表中的记录如下。

```
MySQL> select * from test;
+----------+
| aa       |
+----------+
| a        |
| abcd     |
| kkabcdkk |
| kksdfasd |
| ghjkmn   |
| aupbkkk  |
| akkkkkk  |
+----------+
rows in set (0.00 sec)
```

【范例 7-49】使用“.”一个字符字符

查询 test 表中 aa 以“a”开头，中间有两个字符，最后一个字符为 d 的记录，输入语句如下。

```
MySQL> select *
-> from test
-> where aa regexp('^a..d$');
```

执行结果如下。

```
+------+
| aa   |
+------+
```

```
| abcd |
+------+
1 row in set (0.00 sec)
```

查询中匹配模式为“^a..d$”，要求以“a”为开始字符，最后为字符“d”，“a”和“d”两个字符之间包含两个字符，查询得到一条记录满足要求。

4. 模式字符“[字符集合]”

模式字符“[字符集合]”的含义为匹配字符集合中任意一个字符。

【范例 7-50】模式字符“[字符集合]”的使用

查询上例中表 test 中 aa 列中含字母 b 和字母 s 的记录，输入语句如下。

```
MySQL> select *
-> from test
-> where aa regexp '[bs]';
```

执行结果如下。

```
+----------+
| aa       |
+----------+
| abcd     |
| kkabcdkk |
| kksdfasd |
| aupbkkk  |
+----------+
4 rows in set (0.00 sec)
```

test 表中包含字符“b”或字符“s”的有 4 条记录，查询得到该 4 条记录。

模式字符“[字符集合]”还可以指定集合区间，例如 [4–10] 指定集合区间的所有数字，[a–m] 指定集合区间的所有字母。

5. 模式字符“[^ 字符集合]”

模式字符“[^ 字符集合]”的含义是匹配不在指定字符集合中的任何字符。

【范例 7-51】模式字符“[^ 字符集合]”的使用

查询上例中表 test 中 aa 列中包含字母 a~m 之外的字符的记录，输入语句如下。

```
MySQL> select *
-> from test
-> where aa regexp '[^a-m]';
```

执行结果如下。

```
+----------+
```

```
| aa       |
+----------+
| kksdfasd |
| ghjkmn   |
| aupbkkk  |
+----------+
3 rows in set (0.00 sec)
```

该查询希望包含没有在字母 a~m 之间的字符的记录，只有 3 行记录满足要求。

6. 模式字符“S1|S2|S3”

模式字符“S1|S2|S3”的含义为匹配 S1、S2、S3 中的任意一个字符串。

【范例 7-52】模式字符“S1|S2|S3”的使用

查询上例中表 test 中 aa 列中含字“ab”“sd”和“mn”的记录，输入语句如下。

```
MySQL> select *
-> from test
-> where aa regexp 'ab|sd|mn';
```

执行结果如下。

```
+----------+
| aa       |
+----------+
| abcd     |
| kkabcdkk |
| kksdfasd |
| ghjkmn   |
+----------+
rows in set (0.06 sec)
```

test 表中的列值“abcd”和“kkabcdkk”包含“ab”，“kksdfasd”包含“sd”，“ghjkmn”包含“mn”，4 条记录满足要求。

7. 模式字符“*”

模式字符“*”的含义为匹配多个该字符之前的字符，包括 0 和 1 个。

【范例 7-53】模式字符“*”的使用

查询上例中表 test 中 aa 列中 a 后面跟 b 或不跟 b 的记录，输入语句如下。

```
MySQL> select *
-> from test
-> where aa regexp 'ab*';
```

执行结果如下。

```
+----------+
| aa       |
+----------+
| a        |
| abcd     |
| kkabcdkk |
| kksdfasd |
| aupbkkk  |
| akkkkkk  |
+----------+
rows in set (0.00 sec)
```

模式“ab*”中的“*”前为“b,”意味着b可以出现0次、1次或更多次，表中的6行记录满足要求。

8. 模式字符“+”

模式字符“+”的含义为匹配多个该字符之前的字符，包括1个。

【范例 7-54】模式字符“+”的使用

查询上例中表test中aa列中a后面至少跟一个b的记录，输入语句如下。

```
MySQL> select * from test
-> where aa regexp 'ab+';
```

执行结果如下。

```
+----------+
| aa       |
+----------+
| abcd     |
| kkabcdkk |
+----------+
2 rows in set (0.00 sec)
```

模式'ab+'中的“b”后面是“+”，意味着“a”后的“b”至少出现一次，test表中的记录只有2行满足要求。

9. 模式字符“字符串{N}”

匹配方式中的N表示前面的字符串至少要出现N次。

【范例 7-55】要求某字符至少连续出现N次

查询上例中表test中aa列中“k”至少连续出现4次的记录，输入语句如下。

```
MySQL> select *
-> from test
-> where aa regexp 'k{4}';
```

执行结果如下。

```
+---------+
| aa      |
+---------+
| akkkkkk |
+---------+
row in set (0.00 sec)
```

模式 'k{4}' 中要求 k 字符至少连续出现 4 次，test 表中“akkkkkk”行满足要求。

10. 模式字符“字符串 {M,N}”

匹配方式中的 M 和 N 表示前面的字符串出现至少 M 次，最多 N 次。

【范例 7-56】要求某字符至少 N 次，最多 M 次

查询上例中表 test 中 aa 列中“ab”至少连续出现 1 次，最多 2 次的记录，输入语句如下。

```
MySQL> select *
-> from test
-> where aa regexp 'ab{1,2}';
```

执行结果如下。

```
+----------+
| aa       |
+----------+
| abcd     |
| kkabcdkk |
+----------+
rows in set (0.00 sec)
```

模式 'ab{1,2}' 查询“ab”至少出现 1 次，最多 2 次。test 表中“abcd”“kkabcdkk”两行满足要求。

7.11 综合案例——查询课程数据库

本章详细介绍了数据表的查询语句，通过前面各节的学习，可以了解到查询语句的分类及实现。本节仍然以 7.1 节的学生—课程数据库中的 3 个表为查询对象来进行实战练习，帮助读者掌握综合应用查询语句。

【范例 7-57】在一个表查询相关信息

查询年龄小于 20 岁的女生的学号和姓名，输入语句如下。

```
MySQL> select  sno,sname
-> from student
-> where ssex=' 女 ' and sage>20;
```

执行结果如下。

```
+-----+-------+
| sno | sname |
+-----+-------+
|   4 | 孟欣  |
+-----+-------+
1 row in set (0.12 sec)
```

本查询要求分析： 查询结果为学号和姓名，这两个字段来自 student 表，查询条件为年龄和性别字段，来自 student 表。该查询只涉及一个 student 表，复合条件查询，结果为表中的部分字段。

【范例 7-58】在一个表查询相关信息，并对查询结果分组筛选

查询平均分大于 80 分的学生姓名，输入语句如下。

```
MySQL> select sname
-> from student
-> where sno in(select sno
->            from sc
->           group by sno
->          having avg(grade)>80);
```

执行结果如下。

```
+-------+
| sname |
+-------+
| 刘敏  |
| 周松  |
+-------+
2 rows in set (0.21 sec)
```

本查询要求分析：可以使用嵌套来实现该查询。查询的结果是学生姓名，应该知道学生的学号，在子查询中查询出平均分大于 80 分的学生学号，涉及到分组 GROUP BY 子句及对组的筛选 HAVING 子句 。

如果学生的姓名没有重复数据，该查询要求也可以使用多表连接实现。

```
MySQL> select sname
-> from student s,sc
-> where s.sno=sc.sno
-> group by sname
-> having avg(grade)>80;
```

执行结果同上。

```
+-------+
| sname |
+-------+
| 刘敏  |
| 周松  |
+-------+
rows in set (0.03 sec)
```

【范例 7-59】在多个表查询相关信息

查询选修了数据库课程的学生人数，输入语句如下。

```
MySQL> select count(*) 选课人数
-> from sc
-> where cno in(select cno
->           from course
->           where cname=' 数据库 ');
结果如下。
+----------+
| 选课人数 |
+----------+
|       2 |
+----------+
1 row in set (0.03 sec)
```

本查询要求分析：查询人数需要使用统计函数 count(*)，因为课程名称在 course 表，所以该查询涉及两个表，查询的实现使用的是嵌套查询。在查询中为统计结果使用了列别名。该查询也可以使用多表连接来实现，SQL 语句及执行结果如下。

```
MySQL> select count(*) 选课人数
-> from sc,course
-> where sc.cno=course.cno
-> and cname=' 数据库 ';
```

```
+----------+
| 选课人数 |
+----------+
|        2 |
+----------+
1 row in set (0.00 sec)
```

【范例 7-60】模糊查询

查询名字中有“松”的学生的学号、姓名、成绩，输入语句如下。

```
MySQL> select s.sno,sname,grade
-> from student s,sc
-> where s.sno=sc.sno and sname like '% 松 %';
+-----+-------+-------+
| sno | sname | grade |
+-----+-------+-------+
|   2 | 周松  |    78 |
|   2 | 周松  |    90 |
+-----+-------+-------+
rows in set (0.02 sec)
```

本查询要求分析：学生信息来自 student 表，成绩来自 sc 表，查询的条件涉及模糊查询，使用 LIKE 语句。

7.12 本章小结

本章主要介绍如何实现表的查询。通过本章学习，能够帮助读者掌握基本的查询语句，通过查询语句对查询结果进行排序，使用统计函数对数据进行统计，对查询数据进行分组，通过 LIMIT 限制查询结果的数量，等等。

7.13 疑难解答

问：使用 GROUP BY 子句一定要用统计函数吗？

答：不一定，当只需要查询有哪些组时，不使用统计函数。

问：当使用 ROLLUP 时，是否可以使用 ORDER BY 子句对结果进行排序？

答：不行，当使用 ROLLUP 时，不能同时使用 ORDER BY 子句进行结果排序。ROLLUP 和 ORDER BY 是互相排斥的。

问：WHERE 语句与 HAVING 语句的区别？

答：WHERE 子句的查询条件在进行分组之前决定行的取舍，而 HAVING 查询条件在进行分组之后决定每一组的取舍；WHERE 子句中不能包含统计函数，而 HAVING 子句可以包含统计函数。

问：LIKE 和 REGEXP 的区别？

答：LIKE 匹配整个列。如果被匹配的文本仅在列值中出现，LIKE 并不会找到它，相应的行也不会返回。而 REGEXP 在列值内进行匹配，如果被匹配的文本在列值中出现，REGEXP 将会找到它，相应的行将被返回。

7.14 实战练习

(1) 查询学生—课程数据库中学号在 10~20 的学生的学号、姓名和所在系。

(2) 查询学生—课程数据库中姓周的同学选修的课程数目。

(3) 查询学生—课程数据库中选修了 5 门课程的学生姓名。

(4) 查询学生—课程数据库中没有选修数据库课程的学生姓名。

第 8 章

存储过程与函数

本章导读

存储过程和函数是使用 CREATE PROCEDURE 和 CREATE FUNCTION 语句创建的子程序。一个子程序要么是一个存储程序要么是一个函数。在 MySQL 中，使用 CALL 语句来调用子程序。本章主要介绍如何创建存储过程和函数以及数量的使用，如何查看、修改、删除存储过程和函数。

本章课时：理论 6 学时 + 实践 2 学时

学习目标

- 存储过程的定义
- 存储过程的创建
- 存储过程的操作
- 自定义函数

8.1　存储过程的定义

存储过程是一组为了完成特定功能的 SQL 语句集合。使用存储过程的目的是将常用或复杂的工作，预先用 SQL 语句写好并用一个指定名称存储起来，这个过程经编译和优化后存储在数据库服务器中，因此称为存储过程。以后需要数据库提供与已定义好的存储过程的功能相同的服务时，只需用 CALL 语句来调用存储过程名字，即可自动完成命令。

存储过程的优点如下。

⑴ 运行效率高。存储过程在创建时已经对其进行了语法分析及优化工作，并且存储过程一旦执行，在内存中会保留该存储过程，当数据库服务器再次调用该存储过程时，可以直接从内存中进行读取，所以执行速度更快。

⑵ 降低了网络通信量。使用存储过程可以实现客户机只需通过网络向服务器发出存储过程的名字和参数，就可以执行许多条 SQL 语句。在存储过程包含上百行的 SQL 语句时，执行性能尤为明显。

⑶ 业务逻辑可以封装在存储过程中，方便实施企业规则。利用存储过程将企业规则的运算程序存储在数据库服务器中，由 RDBMS 统一来管理，当用户的规则发生变化时，可以只修改存储过程，无须修改其他应用程序，这样不仅容易维护，而且简化了复杂的操作。

8.2　存储过程的创建

创建存储过程，需要使用 CREATE PROCEDURE 语句，基本语法格式如下。

```
CREATE PROCEDURE sp_name ([proc_parameter[,...]])
[characteristic ...] routine_body
```

下面对创建存储过程各部分语法进行详细说明。

⑴ CREATE PROCEDURE 为创建存储过程的关键字。

⑵ Sp_name 为存储过程的名称，默认为存储过程与当前数据库关联。要明确地把子程序与一个给定数据库关联起来，可以在创建子程序的时候指定其名字为 db_name.sp_name。

⑶ proc_parameter 指定存储过程的参数列表，列表形式如下。

```
[INIOUTIINOUT] param_name type
```

其中，IN 表示输入参数；OUT 表示输出参数；INOUT 表示既可以输入也可以输出；param_name 表示参数名称，type 表示参数的类型，该类型可以是 MySQL 数据库中的任意类型。

⑷ characteristics 指定存储过程的特性，有以下的取值。

① LANGUAGE SQL ：说明 routine_body 部分是由 SQL 语句组成的，当前系统支持的语言为 SQL，SQL 是 LANGUAGE 特性的唯一值。

② [NOT] DETERMINISTIC ：指明存储过程执行的结果是否确定。DETERMINISTIC 表示结果是确定的，每次执行存储过程时，相同的输入会得到相同的输出；[NOT] DETERMINISTIC 表示结果是不确定的，相同的输入可能得到不同的输出。如果没有指定任意一个值，默认为 [NOT] DETERMINISTIC 。

③ CONTAINS SQL | NO SQL | READS SQL DATA | MODIFIES SQL DATA：指明子程序使用SQL语句的限制。

◎ CONTAINS SQL：表明子程序包含SQL语句，但是不包含读写数据的语句。

◎ NO SQL：表明子程序不包含SQL语句。

◎ READS SQL DATA：说明子程序包含读数据的语句。

◎ MODIFIES SQL DATA：表明子程序包含写数据的语句。

默认情况下，系统会指定为CONTAINS SQL。

④ SQL SECURITY { DEFINER | INVOKER }：指明谁有权限来执行。DEFINER表示只有定义者才能执行；INVOKER表示拥有权限的调用者可以执行。默认情况下，系统指定为DEFINER。

⑤ COMMENT 'string'：注释信息，可以用来描述存储过程或函数。

(5) routine_body是SQL代码的内容，可以用BEGIN…END来表示SQL代码的开始和结束。

本章的例子基于雇员表emp，表中的字段分别为empno（雇员编号）、empname（雇员姓名）、empsex（雇员性别）、empage（雇员年龄）、dno（雇员所在的部门编号），如下所示。

```
mysql> create table emp
-> (empno int primary key,
-> empname varchar(20),
-> empsex char(2),
-> empage int,
-> dno int);
Query OK, 0 rows affected (0.81 sec)
-> insert into emp values(1,'张丽','女',28,1);
-> insert into emp values(2,'李小军','男',30,1);
-> insert into emp values(3,'王芳','女',35,2);
-> insert into emp values(4,'周新','男',45,1);
-> insert into emp values(5,'张北','男',37,2);
```

【范例8-1】通过创建存储过程，查询每个部门的雇员人数

创建存储过程，查询每个部门的雇员人数，输入语句如下。

```
mysql> delimiter //
mysql> create procedure pro_emp()
-> begin
-> select count(eno) as c_emp
-> from emp
-> group by dno;
-> end//
```

实现过程如下。

(1) 创建存储过程名称为pro_emp，该存储过程没有参数，但后面的( )必须加上。

(2) 使用BEGIN和END来定义存储过程体。

(3) 存储过程是一个简单的SELECT语言，查询不同部门的人数。

【范例 8-2】通过创建存储过程，查询每个部门的雇员信息

创建存储过程，查询某个部门的雇员信息，输入语句如下。

```
mysql> delimiter //
mysql> create procedure dept_emp(in deptno int)
-> begin
-> select * from emp
-> where dno=deptno;
-> end//
```

实现过程如下。

(1) 创建了存储过程名称为 dept_emp。

(2) 该存储过程有一个输入参数 deptno，该参数用来保存查询的某个部门编号。

(3) 在存储过程体中使用 where dno=deptno 条件语句查询输入的某个部门的雇员信息。

【范例 8-3】通过创建存储过程，使用查询语句查询信息

创建存储过程，查询女雇员的人数，要求输出人数，输入语句如下。

```
mysql> delimiter //
mysql> create procedure count_emp(out cc int)
-> begin
->  select count(empno) into cc
->  from emp
->  where empsex=' 女 ';
-> end//
```

实现过程如下。

(1) 创建了存储过程 count_emp，参数 cc 为输出类型，接收女雇员的人数。

(2) select count(empno) into cc 中的 into 语句实现了将 count(empno) 统计信息赋值给输出参数 cc。SQL 变量名不能和列名一样。如果 SELECT…INTO 语句中包含一个对列的引用，并包含一个与列相同名字的局部变量，MySQL 当前把参考解释为一个变量的名字。

> 提示：由括号包围的参数列必须总是存在。如果没有参数，也该使用一个空参数列 ()。每个参数默认都是一个 IN 参数。要指定为其他参数，可在参数名之前使用关键词 OUT 或 INOUT。

以上 3 个例子比较简单，在存储过程体中只有简单的查询语句，这里只是利用这 3 个例子来了解存储过程的创建语法，熟悉存储过程中的参数及其类型。当然存储过程体也可以是很多语句的复杂组合，能够完成更为复杂的操作。

8.3　存储过程的操作

存储过程创建好以后，接下来可以查看和调用存储过程。本节主要介绍调用存储过程的语法、

调用实例及如何查看已创建好的存储过程。

8.3.1 存储过程的调用

CALL 语句调用一个使用 CREATE PROCEDURE 创建好的存储过程，基本语法如下。

```
CALL sp_name([parameter[,...]])
```

CALL 调用语句中的 sp_name 为存储过程名称，parameter 为存储过程的参数。

【范例 8-4】CALL 语句的使用

创建存储过程，查询某个部门的平均年龄，然后调用该存储过程，输入语句如下。

```
mysql> delimiter //
mysql> create procedure avg_emp(in deptno int,out avgage float)
-> begin
->    select avg(empage) into avgage
->   from emp
->  where dno=deptno;
-> end//
```

以上代码创建了存储过程 avg_emp，该存储过程有两个参数，deptno 为输入参数，存放待查看的部门编号，avgage 为输出参数，存放待查看的部门雇员的平均年龄。

```
mysql> call avg_emp(1,@aa)
```

使用 CALL 语句调用了 avg_emp 存储过程，在该调用语句中的括号中的“1”这个数值赋值给了存储过程中的输入参数 deptno，即查询部门编号为 1 的雇员的平均年龄。然后执行存储过程中的语句，这时存储过程中的语句就变成执行如下程序。

```
select avg(empage) into avgage
from emp
where dno=1
```

该语句执行得到的 avg(empage) 通过 SELECT…INTO 语句赋值给了输出参数 avgage。

查看调用的结果如下。

```
mysql> select @avg//
+------------------+
| @avg             |
+------------------+
| 34.33333206176758 |
+------------------+
1 row in set (0.00 sec)
```

8.3.2 存储过程的查看

存储过程创建好以后，用户可以通过 SHOW PROCEDURE STATUS 语句或 SHOW CREATE PROCEDURE 语句来查看存储过程的状态信息，也可以通过 INFORMATION_SCHEMA 在数据库中

进行查询。下面分别介绍这 3 种方法。

1. 使用 SHOW PROCEDURE STATUS 语句查看存储过程的状态

```
SHOW PROCEDURE  STATUS [LIKE 'pattern']
```

这个语句是一个 MySQL 的扩展。它返回存储过程的特征，如所属数据库、名称、类型、创建者及创建和修改日期。如果没有指定样式，根据用户使用的语句，所有存储过程被列出。LIKE 语句表示匹配存储过程的名称。

【范例 8-5】通过 SHOW PROCEDURE STATUS 来查看存储过程的状态信息

SHOW PROCEDURE STATUS 语句的示例，代码如下。

```
mysql> SHOW PROCEDURE STATUS like 'a%' \G
```

执行结果如下。

```
*********************************************************
Db: studb
Name: avg_emp
Type: PROCEDURE
Definer: root@localhost
Modified: 2015-03-30 15:01:25
Created: 2015-03-30 15:01:25
Security_type: DEFINER
Comment:
character_set_client: gbk
collation_connection: gbk_chinese_ci
 Database Collation: utf8_general_ci
1 row in set (0.06 sec)
```

“SHOW PROCEDURE STATUS like 'a%'\G”语句获取了数据库中所有的名称以字母“a”开头的存储过程信息。通过得到的结果可以得出，以字母“a”开头的存储过程名称为 avg_emp，该存储过程所在的数据库为 studb，类型为 procedure，以及创建时间等相关信息。

SHOW STATUS 语句只能查看存储过程操作哪一个数据库、存储过程的名称、类型、谁定义的、创建和修改时间、字符编码等信息。但是，这个语句不能查询存储过程具体定义。如果需要查看详细定义，需要使用下面的 SHOW CREATE 语句。

2.SHOW CREATE PROCEDURE 查看存储过程的信息

```
SHOW CREATE PROCEDURE  sp_name
```

该语句是一个 MySQL 的扩展。类似于 SHOW CREATE TABLE，它返回一个可用来重新创建已命名存储过程的确切字符串。

【范例 8-6】SHOW CREATE PROCEDURE 的使用

SHOW CREATE PROCEDURE 语句的示例，代码如下。

```
mysql> show create procedure avg_emp\G
```

执行结果如下。

```
***************************
Procedure: avg_emp
sql_mode: STRICT_TRANS_TABLES,NO_AUTO_CREATE_USER,NO_ENGINE_SUBSTITUTION
Create Procedure: CREATE DEFINER=`root`@`localhost` PROCEDURE `avg_emp`(in deptno
int,out avgage float)
begin
select avg(empage) into avgage
from emp
where dno=deptno;
end
character_set_client: gbk
collation_connection: gbk_chinese_ci
Database Collation: utf8_general_ci
1 row in set (0.00 sec)
```

执行上面的语句可以得出存储过程 avg_emp 的具体的定义语句，该存储过程的 sql_mode、数据库设置的一些信息。

3. 通过 INFORMATION_SCHEMA.ROUTINES 查看存储过程的信息

INFORMATION_SCHEMA 是信息数据库，其中保存着关于 MySQL 服务器所维护的所有其他数据库的信息。该数据库中的 ROUTINES 表提供存储过程的信息。通过查询该表可以查询相关存储过程的信息，语法如下。

```
Select * from information_schema.routines
Where routine_name='sp_name';
```

其中，routine_name 字段存储所有存储子程序的名称，sp_name 是需要查询的存储过程名称。

【范例 8-7】INFORMATION_SCHEMA.ROUTINES 的使用

从 INFORMATION_SCHEMA.ROUTINES 表中查询存储过 avg_emp 的信息，输入语句如下。

```
SELECT *
FROM information_schema.Routines
WHERE ROUTINE_NAME='avg_emp' \G
```

查询结果显示 num_from_employee 的详细信息如下。

```
*************************** 1. row ***************************
SPECIFIC_NAME: avg_emp
ROUTINE_CATALOG: def
ROUTINE_SCHEMA: studb
ROUTINE_NAME: avg_emp
```

```
ROUTINE_TYPE: PROCEDURE
DATA_TYPE:
CHARACTER_MAXIMUM_LENGTH: NULL
CHARACTER_OCTET_LENGTH: NULL
NUMERIC_PRECISION: NULL
NUMERIC_SCALE: NULL
DATETIME_PRECISION: NULL
CHARACTER_SET_NAME: NULL
COLLATION_NAME: NULL
DTD_IDENTIFIER: NULL
ROUTINE_BODY: SQL
ROUTINE_DEFINITION:
begin
select avg(empage) into avgage
from emp
where dno=deptno;
end
EXTERNAL_NAME: NULL
EXTERNAL_LANGUAGE: NULL
PARAMETER_STYLE: SQL
IS_DETERMINISTIC: NO
SQL_DATA_ACCESS: MODIFIES SQL DATA
SQL_PATH: NULL
SECURITY_TYPE: INVOKER
CREATED: 2015-03-30 15:01:25
LAST_ALTERED: 2015-04-01 15:01:57
SQL_MODE: STRICT_TRANS_TABLES,NO_AUTO_CREATE_USER,NO_ENGINE_
SUBSTITUTION
ROUTINE_COMMENT:
DEFINER: root@localhost
CHARACTER_SET_CLIENT: gbk
COLLATION_CONNECTION: gbk_chinese_ci
DATABASE_COLLATION: utf8_general_ci
1 row in set (0.02 sec)
```

存储过程写好后，如果需要修改它的特性，可以使用 alter 语句来进行修改，其语法如下。

```
ALTER {PROCEDURE | FUNCTION} sp_name [characteristic ...]
```

其中，sp_name 为待修改的存储过程名称；characteristic 用来指定特性，可能的取值如下。

```
{ CONTAINS SQL | NO SQL | READS SQL DATA | MODIFIES SQL DATA }
| SQL SECURITY { DEFINER | INVOKER }
```

```
| COMMENT 'string'
```

CONTAINS SQL 表示存储过程包含 SQL 语句，但不包含读或写数据的语句；NO SQL 表示存储过程中不包含 SQL 语句；READS SQL DATA 表示存储过程中包含读数据的语句；MODIFIES SQL DATA 表示存储过程中包含写数据的语句。SQL SECURITY { DEFINER | INVOKER } 指明谁有权限来执行。DEFINER 表示只有定义者自己才能够执行；INVOKER 表示调用者可以执行。COMMENT 'string' 是注释信息。

【范例 8-8】通过 SQL SECURITY 修改存储过程定义的权限

修改存储过程 avg_emp 的定义。将读写权限改为 MODIFIES SQL DATA，并指明调用者可以执行。代码执行如下。

```
mysql> ALTER  PROCEDURE  avg_emp
->    MODIFIES SQL DATA
->   SQL SECURITY INVOKER ;
Query OK, 0 rows affected (0.00 sec)
```

查看 avg_emp 修改后的信息如下。

```
SELECT SPECIFIC_NAME,SQL_DATA_ACCESS,SECURITY_TYPE
FROM information_schema.Routines
WHERE ROUTINE_NAME='avg_emp' ;
```

查看结果如下。

```
+---------------+-------------------+---------------+
| SPECIFIC_NAME | SQL_DATA_ACCESS   | SECURITY_TYPE |
+---------------+-------------------+---------------+
| avg_emp       | MODIFIES SQL DATA | INVOKER       |
+---------------+-------------------+---------------+
1 row in set (0.09 sec)
```

结果显示，存储过程修改成功。从查询的结果可以看出，访问数据的权限（SQL_DATA_ACCESS）已经变成 MODIFIES SQL DATA，安全类型（SECURITY_TYPE）已经变成了 INVOKER。

8.3.3 存储过程的删除

当数据库中已经存在的存储过程需要删除时，MySQL 中使用 DROP PROCEDURE 语句来删除存储过程。其基本语法如下。

```
DROP  PROCEDURE  sp_name;
```

其中，sp_name 参数表示存储过程名称。

【范例 8-9】使用 DROP PROCEDURE 删除存储过程

删除 avg_emp 存储过程，代码如下。

```
mysql> drop procedure avg_emp;
Query OK, 0 rows affected (0.03 sec)
```

删除是否成功，可以通过查询 INFORMATION_SCHEMA 数据库下的 Routines 表来确认。

```
SELECT * FROM information_schema.Routines
WHERE ROUTINE_NAME='avg_emp';
Empty set (0.02 sec)
```

通过查询结果可以得出，'avg_emp' 存储过程已经被删除。

8.4　自定义函数

8.4.1　自定义函数的创建

在 MySQL 中，创建自定义函数的语法如下。

```
CREATE FUNCTION sp_name ([func_parameter[,...]])
RETURNS type
[characteristic ...] routine_body
```

下面对创建存储自定义函数的各个部分语法进行详细说明。

(1) CREATE FUNCTION 创建自定义函数的关键字。

(2) sp_name 参数是自定义函数的名称。

(3) func_parameter 表示自定义函数的参数列表。func_parameter 可以由多个参数组成，其中每个参数由参数名称和参数类型组成，其形式如下。

```
param_name  type
```

其中，param_name 参数是自定义函数的参数名称；type 参数指定自定义函数的参数类型，该类型可以是 MySQL 数据库的任意数据类型。

(4) RETURNS type 指定返回值的类型。

(5) characteristic 参数指定自定义函数的特性，该参数的取值与存储过程中的取值是一样的。

(6) routine_body 参数是 SQL 代码的内容，可以用 BEGIN…END 来标志 SQL 代码的开始和结束。

【范例 8-10】创建自定义函数

创建自定义函数，实现查询某雇员的姓名，代码如下。

```
mysql> create function name_emp(eno int)
-> returns varchar(20)
-> begin
->    return(select empname
->          from emp
->          where empno=eno);
-> end;
```

```
Query OK, 0 rows affected (0.05 sec)
```

实现过程如下。

(1) 创建了自定义函数名称为 name_emp。

(2) 该自定义函数有一个参数 eno，该参数用来保存查询的某个雇员编号。

(3) returns varchar(20) 定义该自定义函数的返回值为字符类型。

(4) 在自定义函数体中使用 select empname from emp where empno=eno 查询语句查询编号，empname 为给定参数 eno 的雇员姓名并将该姓名返回。

【范例 8-11】自定义函数函数名后（ ）不能省略

创建自定义函数，函数没有参数，代码如下。

```
mysql> create function age_emp()
-> returns int
-> begin
->    return(select empage
->          from emp
->         where empno=1);
-> end
Query OK, 0 rows affected (0.00 sec)
```

自定义函数没有参数也必须在函数名后面加上（ ）。

> 提示：RETURNS 语句只能对 FUNCTION 做指定，对函数而言这是强制的。它用来指定函数的返回类型，而且函数体必须包含一个 RETURN value 语句。

8.4.2 自定义函数的调用

在 MySQL 中，自定义函数的调用方法与 MySQL 内部函数的调用方法是相同的。用户自己定义的函数与 MySQL 内部函数性质相同。区别在于，自定义函数是用户自己定义的，而内部函数是 MySQL 的开发者定义的。

【范例 8-12】调用自定义函数

调用范例 8-10 中的自定义函数 name_emp，代码如下。

```
Select name_emp(2);
mysql> select name_emp(1);
+-------------+
| name_emp(1) |
+-------------+
| 张丽        |
+-------------+
1 row in set (0.00 sec)
```

8.4.3 变量

在存储过程和自定义函数中，都可以定义和使用变量。变量的定义使用 DECLARE 关键字，定义后可以为变量赋值。变量的作用域在 BEGIN…END 程序段中。本小节主要介绍如何定义变量及如何为变量赋值。

1. 定义变量

MySQL 中使用 DECLARE 关键字来定义变量。定义变量的基本语法如下。

```
DECLARE var_name[,...] type [DEFAULT value]
```

下面对定义变量的各部分语法进行详细说明。

(1) DECLARE 关键字用来声明变量。

(2) var_name 参数是变量的名称，可以同时定义多个变量。

(3) type 参数用来指定变量的类型。

(4) DEFAULT value 子句为变量提供一个默认值。默认值可以是一个常数，也可以是一个表达式。如果没有给变量指定默认值，初始值为 NULL。

定义名称为 empdept 的变量，类型为 char，默认值为“财务部”，代码如下。

```
DECLARE empdept char(10) default '财务部';
```

2. 变量的赋值

MySQL 中使用 SET 语句为变量赋值，语法格式如下。

```
SET var_name = expr [, var_name = expr] ...
```

其中，SET 关键字是用来给变量赋值的；var_name 为变量的名称；expr 是赋值表达式。一个 SET 语句可以同时为多个变量赋值，各个变量的赋值语句之间用逗号隔开。

【范例 8–13】声明变量

声明 3 个变量 var1、var2、var3，其中 var1 和 var2 数据类型为 int，var3 的数据类型为 char，使 用 SET 语句为 3 个变量赋值，代码如下。

```
DECLARE var1,var2 int;
DECLARE var3 char(20);
SET var1=10,var2=20,var3='hello';
```

MySQL 中还可以使用 SELECT…INTO 语句为变量赋值。其基本语法如下。

```
SELECT col_name[,...] INTO var_name[,...]
FROM table_name WEHRE condition
```

该语句实现将 SELECT 选定的列值直接存储在对应位置的变量中，语句中的 col_name 为查询的字段名称，var_name 为变量的名称，table_name 参数指查询的表的名称，condition 参数指查询条件。

【范例 8–14】给声明变量赋值

声明一个变量 emp_name，将雇员编号为 10 的雇员姓名赋值给该变量。

```
DECLARE emp_name char(20);
SELECT empname into emp_name
FROM emp
WHERE empno=10;
```

8.4.4 流程控制语句

存储过程和自定义函数中使用流程控制来控制语句的执行。MySQL 中用来构造控制流程的语句有：IF 语句、CASE 语句、LOOP 语句、LEAVE 语句、ITERATE 语句、REPEAT 语句和 WHLE 语句。本小节将详细讲解这些流程控制语句。

1.IF 语句

IF 语句用来进行条件判断，根据判断结果为 TURE 或 FALSE 执行不同的语句。其语法格式如下。

```
IF search_condition THEN statement_list
[ELSEIF search_condition THEN statement_list] ...
[ELSE statement_list]
END IF
```

语法中的 search_condition 参数表示条件判断语句，如果该参数值为 TRUE，执行相应的 SQL 语句；如果该参数值为假，则执行 ELSE 子句中的语句。statement_list 参数表示不同条件的执行语句，可以包含一条或多条语句。

【范例 8-15】IF 语句的使用

IF 语句的示例，代码如下。

```
IF grade >=60 THEN
SELECT' 通过 ';
ELSE SELECT' 未通过 ';
END IF;
```

该示例判断 grade 的值，如果 grade 大于等于 60，输出字符串“通过”，否则输出字符串“未通过”，IF 语句都需要 END IF 来结束。

2.CASE 语句

CASE 语句也用来进行条件判断，可以实现比 IF 语句更为复杂的条件判断。CASE 语句有两种基本形式，第一种基本形式如下。

```
CASE case_value
WHEN when_value THEN statement_list
[WHEN when_value THEN statement_list] ...
[ELSE statement_list]
END CASE
```

语法中的 case_value 参数表示条件判断的表达式，该表达式的值决定哪个 WHEN 子句被执行。

when_value 参数表示表达式可能的取值；如果某个 when_value 表达式与 case_value 表达式的结果相同，则执行对应的 THEN 关键字后的 statement_list 中的语句。statement_list 参数表示不同 when_value 值的执行语句。

CASE 语句另一种形式的语法如下。

```
CASE
WHEN search_condition THEN statement_list
[WHEN search_condition THEN statement_list] ...
[ELSE statement_list]
END CASE
```

其中，search_condition 参数表示条件判断语句；statement_list 参数表示不同条件的执行语句。该语句中的 WHEN 语句将被逐条执行，若 search_condition 判断为真，则执行相应的 THEN 关键字后面的 statement_list 语句。如果没有条件匹配，ELSE 子句后的语句将被执行。

【范例 8-16】CASE 语句的使用

下面是一个 CASE 语句的示例，代码如下。

```
CASE deptno
WHEN 1 THEN SELECT '电脑部';
WHEN 2 THEN SELECT '财务部';
WHEN 3 THEN SELECT '营销部';
END CASE;
```

代码也可以是如下面的写法。

```
CASE
WHEN deptno=1 THEN SELECT '电脑部';
WHEN deptno=2 THEN SELECT '财务部';
WHEN deptno=3 THEN SELECT '营销部';
END CASE;
```

3. LOOP 语句

LOOP 语句可以重复执行特定的语句，实现简单的循环。但是 LOOP 语句本身并不进行条件判断，没有停止循环的语句，必须使用 LEAVE 语句才能停止循环，跳出循环过程。LOOP 语句的语法基本形式如下。

```
[begin_label:] LOOP
statement_list
END LOOP [end_label]
```

其中，begin_label 参数和 end_label 参数分别表示循环开始和结束的标志，这两个标志必须相同，而且都可以省略；statement_list 参数表示需要循环执行的语句。

【范例 8-17】LOOP 语句实现重复执行特定语句

下面是一个 LOOP 语句的示例，代码如下。

```
DECLARE  ss int default 0;
Add_sum:loop
SET ss=ss+1;
END LOOP add_sum;
```

该示例中执行的是 ss 加 1 的操作。循环中没有跳出循环的语句，所以该循环为死循环。

4. LEAVE 语句

LEAVE 语句主要用来跳出任何被标注的流程控制语句。其语法形式如下。

```
LEAVE label
```

其中，label 参数表示循环的标志。 LEAVE 和循环或 BEGIN…END 语句一起使用。

【范例 8-18】LEAVE 语句跳出循环

下面是一个 LEAVE 语句跳出循环语句的示例，代码如下。

```
DECLARE  ss int default 0;
Add_sum:loop
SET ss=ss+1;
IF ss>100 THEN LEAVE add_sum;
END IF;
END LOOP add_sum;
```

该示例在范例 8-17 的基础上，在循环体内增加了 LEAVE 跳出循环的语句，在 ss 大于 100 后跳出循环。

5. ITERATE 语句

ITERATE 语句也是用来跳出循环的语句。但 ITERATE 只可以出现在 LOOP、REPEAT 和 WHILE 语句内。ITERATE 语句是跳出本次循环，然后直接进入下一次循环。ITERATE 意思为“再次循环”。

ITERATE 语句的基本语法形式如下。

```
ITERATE label
```

其中，label 参数表示循环的标志。

【范例 8-19】ITERATE 语句跳出循环

下面是一个 ITERATE 语句跳出循环语句的示例，代码如下。

```
use aa ( 先打开一个数据库 )
delimiter //
CREATE PROCEDURE pp (a INT)
BEGIN
```

```
La: LOOP
SET a =a + 1;
IF a < 10 THEN ITERATE la;
END IF;
LEAVE la;
END LOOP la;
SET @x = a;
END//
```

其中，a 变量为输入参数，在 LOOP 循环中，a 值加 1，IF 条件语句中进行判断，如果 a 值小于 10，则使用 ITERATE La 跳出本次循环，又一次从头开始 LOOP 循环；a 值再次加 1，若 a 大于等于 10 则 ITERATE La 语句不执行，执行下面的 LEAVE La 语句跳出整个循环语句。

> 提示：LEAVE 语句和 ITERATE 语句都用来跳出循环的语句，但两者的功能是不一样的。LEAVE 语句是跳出整个循环，然后执行循环后面的程序。而 ITERATE 语句是跳出本次循环，然后进入下一次循环。使用这两个语句时一定要区分清楚。

6. REPEAT 语句

REPEAT 语句创建的是带条件判断的循环过程。循环语句每次执行完都会对表达式进行判断，若表达式为真，则结束循环；否则，再次重复执行循环中的语句。当条件判断为真时，就会跳出循环语句。REPEAT 语句的基本语法形式如下。

```
[begin_label:] REPEAT
statement_list
UNTIL search_condition
END REPEAT [end_label]
```

其中，begin_label 和 end_label 为开始标记和结束标记，两者均可以省略；statement_list 参数表示循环的执行语句；search_condition 参数表示结束循环的条件，该条件为真时结束跳出循环，该参数为假时，再次执行循环语句。

【范例 8-20】REPEAT 语句实现条件判断的循环

下面是一个 ITERATE 语句跳出循环语句的示例，代码如下。

```
DECLARE aa int default 0;
REPEAT
SET aa=aa+1;
UNTIL aa>=20;
END REPEAT;
```

该示例循环中执行 aa 加 1 的操作。当 aa 的值小于 20 时，再次重复 aa 加 1 的操作；当 aa 值大于等于 20 时，条件判断表达式为真，则结束循环。

7. WHILE 语句

WHILE 语句也是有条件控制的循环语句。但 WHILE 语句和 REPEAT 语句是不同的。WHILE

在执行语句时，先对条件表达式进行判断，若该条件表达式为真，则执行循环内的语句。否则，退出循环过程。WHILE 语句的基本语法形式如下。

```
[begin_label:] WHILE search_condition DO
statement_list
END WHILE [end_label]
```

其中，begin_label 和 end_label 为开始标记和结束标记，两者均可以省略；search_condition 为条件判断表达式，若该条件判断表达式为真，则执行循环中的语句，否则退出循环。

【范例 8-21】WHILE 实现循环

下面是一个 WHILE 循环语句的示例，代码如下。

```
DECLARE aa int default 0;
WHILE aa<=20 DO
SET aa=aa+1
END WHILE;
```

该循环执行 aa 加 1 的操作，进入循环过程前，先进行 aa 值进行判断，若 aa 值小于等于 20，则进入循环过程，执行循环过程中的语句。否则，退出循环过程。

8.4.5 光标的使用

在存储过程或自定义函数中的查询可能返回多条记录，可以使用光标来逐条读取查询结果集中的记录。光标在很多其他的书籍中被称为游标。光标的使用包括光标的声明、打开光标、使用光标和关闭光标。需要注意的是，光标必须在处理程序之前声明，在变量和条件之后声明。

1. 声明光标

MySQL 中使用 DECLARE 来声明光标，语法如下。

```
DECLARE cursor_name CURSOR FOR select_statement
```

其中，cursor_name 为光标的名称；select_statement 为查询语句，返回一个结果集，声明的光标基于该结果集进行操作。可以在子程序中定义多个光标，但是一个块中的每一个光标必须有唯一的名称。

【范例 8-22】声明一个光标

声明一个 cursor_emp 的光标，代码如下。

```
declare cursor_emp cursor for select empno,empname from emp
```

其中，cursor_emp 为光标名称，SELECT 语句从 emp 表中查询 empno 和 empname 两列的数据。

2. 打开光标

```
OPEN cursor_name
```

其中，cursor_name 为先前声明的光标。

【范例 8-23】打开光标

打开 cursor_emp 的光标，代码如下。

```
Open cursor_emp;
```

该示例打开先前声明的 cursor_emp 光标。

3. 使用光标

MySQL 中使用 FETCH 语句来操作和使用光标，语法如下。

```
FETCH cursor_name INTO var_name [, var_name] ...
```

其中，cursor_name 为先前声明并打开的光标名称，var_name 参数表示将光标声明中的 SELECT 语句中的查询信息存储在该参数中，var_name 必须在光标声明前定义好。

【范例 8-24】使用光标

使用名称为 cursor_emp 的光标，将查询得到的数据存储在变量 e_no、e_name 中，代码如下。

```
Fetch cursor_emp into e_no,e_name;
```

该示例使用 cursor_emp，将 SELECT 语句中查询得到的 empno、empname 存储在变量 e_no、e_name 中。

4. 关闭光标

```
CLOSE cursor_name
```

MySQL 中使用 CLOSE 关键字来关闭光标，cursor_name 为声明并打开的光标。如果未被明确地关闭，光标在它被声明的复合语句的末尾被关闭。

【范例 8-25】关闭光标

关闭 cursor_emp 光标，代码如下。

```
CLOSE cursor_emp;
```

提示：MySQL 中的光标只能在存储过程和自定义函数中使用。

8.4.6 定义条件和处理程序

在程序的运行过程中可能会遇到问题，可以使用定义条件和处理程序来事先定义这些问题，并且可以在处理程序中定义在遇到这些问题时应该采用什么样的处理方式，提出解决方法，保证存储过程或自定义函数在遇到警告或错误时能够继续执行，从而增强程序处理问题的能力，避免程序异常被停止执行。在 MySQL 中，使用 DECLARE 关键字来定义条件和处理程序。

1. 定义条件

```
DECLARE condition_name CONDITION FOR condition_value
```

```
condition_value:
SQLSTATE [VALUE] sqlstate_value | mysql_error_code
```

其中，condition_name 参数为条件的名称；condition_value 参数为条件的类型；sqlstate_value 和 mysql_error_code 都可以表示 MYSQL 的错误，sqlstate_value 为长度为 5 的字符串类型的错误代码，mysql_error_code 为数值类型错误代码。

【范例 8-26】定义条件的使用

定义 ERROR 1120(43000) 错误的名称为 command_not_find，有两种方法可以实现。

方法 1：使用 sqlstate_value。

```
DECLARE command_not_find CONDITION FOR sqlstate '43000';
```

方法 2：使用 mysql_error_code。

```
DECLARE  command_not_find CONDITION FOR 1120;
```

2. 定义处理程序

```
DECLARE handler_type HANDLER FOR condition_value[,...] sp_statement
```

其中，handler_type 表示 CONTINUE | EXIT | UNDO 语句中的 handler_type 为错误处理的方式，取以下 3 个值中的一个。

(1) CONTINUE 表示遇到错误不处理，继续执行。

(2) EXIT 表示遇到错误马上退出。

(3) UNDO 表示遇到错误后撤销之前的操作。

```
condition_value:
SQLSTATE [VALUE] sqlstate_value
| condition_name
| SQLWARNING
| NOT FOUND
| SQLEXCEPTION
| mysql_error_code
```

语法中的 condition_value 表示错误的类型，该参数可以有以下的取值。

(1) SQLSTATE [VALUE] sqlstate_value：字符串错误值。

(2) condition_name：使用 declare condition 定义的错误条件名称。

(3) SQLWARNING：匹配所有以 01 开头的 SQLSTATE 错误代码。

(4) NOT FOUND：匹配所有以 02 开头的 SQLSTATE 错误代码。

(5) SQLEXCEPTION：匹配所有没有被 SQLWARNING 或 NOT FOUND 捕获的 SQLSTATEC 错误代码。

【范例 8-27】定义处理程序

以下是定义处理程序的几种方式，代码如下。

```
(1) DECLARE CONTINUE HANDLER FOR SQLSTATE '23S00'
SET @x=20;
```

该方法是定义捕获 sqlstate_value 值。如果遇到 sqlstate_value 值为 23S00，执行 CONTINUE 操作，并且给变量 x 赋值为 2。

```
(2) DECLARE CONTINUE HANDLER FOR 1146 SET SET @x=20;
```

该方法捕获 mysql_error_code 值。如果 mysql_error_code 值为 1146，执行 CONTINUE 操作，并且给变量 x 赋值为 2。

```
(3) DECLARE  NO_TABLE   CONDITION  FOR  1150 ;
DECLARE CONTINUE HANDLER FOR NO_TABLE
SET @info=›NO_TABLE›;
```

先定义 NO_TABLE 条件，遇到 1150 错误就执行 CONTINUE 操作，并输出 “NO_TABLE” 信息。

```
(4) DECLARE EXIT HANDLER FOR SQLWARNING SET @info='ERROR';
```

SQLWARNING 捕获所有以 01 开头的 sqlstate_value 值，然后执行 EXIT 操作，并且输出 “ERROR” 信息。

```
(5) DECLARE EXIT HANDLER FOR NOT FOUND SET @info='ERROR';
```

NOT FOUND 捕获所有以 02 开头的 sqlstate_value 值，然后执行 EXIT 操作，并且输出 “ERROR” 信息。

```
(6) DECLARE EXIT HANDLER FOR SQLEXCEPTION SET @info='ERROR';
```

SQLEXCEPTION 捕获所有没有被 SQLWARNING 或 NOT FOUND 捕获的 sqlstate_value 值，然后执行 EXIT 操作，并且输出 “ERROR” 信息。

8.5 综合案例——统计雇员表

通过本章的学习，可以帮助读者掌握存储过程和自定义函数的定义、调用、修改和删除操作。在这两种子程序中，可能要涉及变量的声明和使用，当查询结果有多条记录时，还要应用光标来进行处理，同时要用到分支和循环这些控制语句，如果遇到错误还要进行处理。本节将通过实例来介绍存储过程和自定义函数的定义和使用。

该案例使用前面定义的雇员表 emp，表中的字段分别为 empno（雇员编号）、empname（雇员姓名）、empsex（雇员性别）、empage（雇员年龄）、dno（雇员所在的部门编号）。

```
mysql> select * from emp;
+-------+---------+--------+--------+------+
| empno | empname | empsex | empage | dno  |
```

```
+-------+---------+--------+--------+------+
|   1 | 张丽   | 女   |   28 |   1 |
|   2 | 李小军 | 男   |   30 |   1 |
|   3 | 王芳   | 女   |   35 |   2 |
|   4 | 周新   | 男   |   45 |   1 |
|   5 | 张北   | 男   |   37 |   2 |
+-------+---------+--------+--------+------+
5 rows in set (0.07 sec)
```

【范例 8-28】创建存储过程 emp_age_count

创建存储过程，查看某个年龄段的雇员人数，并统计年龄的和。

```
mysql> delimiter //
mysql>  CREATE  PROCEDURE  emp_age_count (IN age1 int,IN age2 int,
-> OUT count INT )
->          BEGIN
->         DECLARE temp FLOAT;
->       DECLARE emp_age CURSOR FOR SELECT  empage FROM emp;
->           DECLARE EXIT HANDLER FOR NOT FOUND
->              CLOSE emp_age;
->            SET @sum=0;
->          SELECT  COUNT(*)  INTO  count  FROM  emp
->             WHERE  empage>age1 AND empage<age2 ;
->                OPEN emp_age;
->                REPEAT
->                    FETCH emp_age INTO temp;
->                    IF temp>age1 AND temp<age2
->                      THEN SET @sum=@sum+temp;
->                   END IF;
->                 UNTIL 0 END REPEAT;
->                 CLOSE emp_age;
->                     END //
Query OK, 0 rows affected (0.16 sec)
```

存储过程分析如下。

(1) 创建的存储过程名称为 emp_age_count。

(2) 存储过程两个输入参数 age1 和 age2，分别存储用户输入的年龄下界和年龄上界；参数 count 为输出参数，存储符合年龄范围的雇员人数。

(3) 定义局部变量 temp，存储每个符合条件的雇员的年龄。

(4) DECLARE emp_age CURSOR FOR SELECT empage FROM emp; 定义光标，对应的查询为雇员表中雇员的年龄。

(5) DECLARE EXIT HANDLER FOR NOT FOUND CLOSE emp_age；定义条件处理。如果没有遇到关闭光标，就退出存储过程 。

(6) sum 是会话变量，前面必须加 @，sum 中的值为满足条件的年龄的总和。

(7) SELECT COUNT(*) INTO count FROM emp WHERE empage>age1 AND empage<age2 ; 用 SELECT…INOT 语句来为输出变量 count 赋值。

【范例 8-29】存储过程 emp_age_count 调用

调用范例 8-28 创建的存储过程如下。

```
mysql> call emp_age_count(20,31,@cc)
Query OK, 0 rows affected (0.00 sec)
```

通过 CALL 语句来调用该存储过程，20 赋值给 age1，31 赋值给 age2，变量 cc 接收输出参数 count 的值。

```
mysql> select @cc,@sum//
+------+------+
| @cc  | @sum |
+------+------+
|   2 |   58 |
+------+------+
1 row in set (0.00 sec)
```

通过 SELECT 语句查看两个变量的值，cc 为符合年龄条件的变量，sum 为符合年龄条件的年龄的总和。

【范例 8-30】删除存储过程 emp_age_count

删除范例 8-28 创建的存储过程，代码如下。

```
mysql> delimiter ;
mysql> drop procedure emp_age_count;
Query OK, 0 rows affected (0.00 sec)
```

删除的结果可以通过 SHOW CREATE PROCEDURE 来查看，代码如下。

```
mysql> show create procedure emp_age_count\G;
ERROR 1305 (42000): PROCEDURE emp_age_count does not exist
```

通过结果可以看到 emp_age_count 存储过程已经被删除。

【范例 8-31】自定义函数 emp_age_count

可以通过自定义函数来实现查看某个年龄段的雇员人数。

```
mysql> delimiter //
mysql> CREATE FUNCTION emp_age_count(age1 int,age2 int)
-> Returns int
-> Begin
```

```
-> Return (select count(*) from emp where empage>age1 and empage<age2);
-> End //
Query OK, 0 rows affected (0.00 sec)
```

由于自定义函数只能够返回一个值，所以该函数返回结果中符合年龄条件的雇员人数，而符合条件的雇员年龄的总和在该函数中不能返回。

【范例 8-32】调用自定义函数 emp_age_count

调用范例 8-28 创建的函数 emp_age_count，代码如下。

```
mysql> select emp_age_count(20,32);
+----------------------+
| emp_age_count(20,32) |
+----------------------+
|                    2 |
+----------------------+
1 row in set (0.00 sec)
```

【范例 8-33】删除自定义函数 emp_age_count

删除自定义函数 emp_age_count 的语句如下。

```
mysql> drop function emp_age_count;
```

8.6 本章小结

本章主要讲解在MySQL数据库中关于存储过程和函数的操作，主要包括存储过程的定义、创建、操作，以及如何自定义函数等。通过本章的学习，能够帮助读者掌握如何使用存储过程和函数，在实际开发的过程中，如果遇到重复使用某一功能的情况，能够用存储过程和函数的相关知识解决问题，从而简化操作，提高效率。

8.7 疑难解答

问：在存储过程中能使用 use database_name 语句吗？

答：不能。一个存储过程与某个特定的数据库相联系，在存储过程中不能使用“use database_name”语句。

问：存储过程中的参数有几种？

答：存储过程的参数有 3 类，分别是 IN、OUT 和 INOUT。通过 OUT、INOUT 将存储过程的执行结果输出。而且存储过程中可以有多个 OUT、INOUT 类型的变量，可以输出多个值。

问：自定义函数中有输出参数吗？

答：自定义函数中的参数都是输入参数。函数中的运算结果通过 RETURN 语句来返回。RETURN 语句只能返回一个结果。

问：存储过程体中定义的局部变量和会话变量相同吗？

答：存储过程体中定义的局部变量和会话变量是不同的。会话变量前面必须要加“@”符号，且会话变量的作用域是整个会话；存储过程体可以使用 DECLARE 语句来定义局部变量，存储过程的参数也被认作是局部变量，对局部变量的使用不能在前面加“@”符号。

问：存储过程中的代码可以改变吗？

答：不能。创建过程使用 CREATE PROCEDURE，修改过程使用 ALTER PROCEDURE，但是对过程的修改，局限于对过程特征的修改，不能对过程体中的代码进行修改。如果想修改存储过程体的代码，必须将存储过程使用 DROP 语句删除，然后再重新定义一个新的存储过程。

8.8　实战练习

(1) 根据本章中的雇员表 emp，创建存储过程，用于统计某个年龄范围的雇员人数。

(2) 根据本章中的雇员表 emp，创建存储过程，用于统计不同部门女性的编号、姓名。

(3) 利用自定义函数完成题目 2 的问题。

第 9 章

触发程序

本章导读

触发程序（trigger）是用户定义在数据表上的一类由事件驱动的特殊过程。一旦定义，任何用户对表的增（INSERT）、删（DELETE）、改（UPDATE）操作均由服务器自动激活相应的触发程序。触发程序是一个功能强大的工具，可以使每个站点在有数据修改时自动强制执行其业务规则。通过触发程序，可以使多个不同的用户能够在保持数据完整性和一致性的良好环境进行修改操作。通过本章的学习，能够帮助读者掌握触发程序的创建语法、删除语法及触发程序的实际应用。

本章课时：理论 4 学时 + 实践 2 学时

学习目标

- ▶ 触发程序的定义
- ▶ 触发程序的创建
- ▶ 触发程序的操作
- ▶ 触发程序的使用

9.1 触发程序的定义

触发程序（Trigger）是一种特殊的存储过程，它的执行不是由程序调用，也不是手工启动，而是通过事件进行触发来被执行的，当对一个表进行操作（INSERT，DELETE，UPDATE）时就会激活它并执行。触发程序经常用于加强数据的完整性约束和业务规则等。触发程序类似于约束，但比约束更灵活，具有更精细和更强大的数据控制能力。触发程序的优点如下。

(1) 触发程序的执行是自动的。当对触发程序相关表的数据做出相应的修改后立即执行。

(2) 触发程序可以通过数据库中相关的表进行层叠修改另外的表。

(3) 触发程序可以实施比 FOREIGN KEY 约束、CHECK 约束更为复杂的检查和操作。

9.2 触发程序的创建

MySQL 创建触发程序的格式如下。

```
Create trigger < 触发程序名称 >
{before | after}
{insert  | update  |delete}
On < 表名 >
For each row
< 触发程序 SQL 语句 >
```

下面对定义触发程序各部分的语法进行详细说明。

(1) 表的拥有者即创建表的用户，可以在表上创建触发程序，而且一个表上可以创建多个触发程序。

(2) create trigger < 触发程序名称 >：创建一个新触发程序，并指定触发程序的名称。

(3) { before | after}：用于指定在 INSERT、UPDATE 或 DELETE 语句执行前触发还是在语句执行后触发。

(4) {insert | update | delete}。

① INSERT：将新行插入表时激活触发程序，例如，通过 INSERT、LOAD DATA 和 REPLACE 语句。

② UPDATE：更改某一行时激活触发程序，例如，通过 UPDATE 语句。

③ DELETE：从表中删除某一行时激活触发程序，例如，通过 DELETE 和 REPLACE 语句。

(5) on < 表名 >：用于指定响应该触发程序的表名。必须引用永久性表，不能将触发程序与 TEMPORARY 表或视图关联起来。

(6) for each row：触发程序的执行间隔，for each row 通知触发程序每隔一行执行一次动作，而不是对整个表执行一次。

(7) < 触发程序 SQL 语句 >：触发程序要执行的 SQL 语句，如果该触发程序要执行多条 SQL 语句，要将多条语句放在 BEGIN…END 块中。

(8) 触发程序名称存在于方案的名称空间内，这意味着在 1 个方案中，所有的触发程序必须具有唯一的名称，位于不同方案中的触发程序可以具有相同的名称。

提示：对于具有相同触发程序动作时间和事件的给定表，不能有两个触发程序。例如，对于某一表，不能有两个 BEFORE UPDATE 触发程序。但可以有 1 个 BEFORE UPDATE 触发程序和 1 个 BEFORE INSERT 触发程序，或 1 个 BEFORE UPDATE 触发程序和 1 个 AFTER UPDATE 触发程序

下面给出创建触发程序的简单例子。

【范例 9-1】创建触发程序 tri_stu

定义 AFTER 触发程序，当向 stu 表中每插入一行数据，另一个表 num_stu 中的 num 字段就进行累加，代码如下。

```
mysql> create database studb;
mysql> use studb
Database changed
mysql> delimiter //
mysql> create table stu
-> (sno int primary key,
->  sname varchar(20))//
Query OK, 0 rows affected (0.90 sec)
mysql> create table num_stu
-> (num int)//
Query OK, 0 rows affected (0.41 sec)
mysql> create trigger tri_stu
-> after insert
-> on stu
-> for each row
-> update num_stu
-> set num=num+1//
Query OK, 0 rows affected (0.26 sec)nu
mysql> insert into num_stu values(0)//
Query OK, 1 row affected (0.08 sec)
mysql> insert into stu values(1,'mike')//
Query OK, 1 row affected (0.84 sec)
mysql> select * from num_stu//
+------+
| num  |
+------+
|    1 |
+------+
1 row in set (0.00 sec)
```

实现过程如下。

(1) 将换行标记转换为“//”，代码如下。

```
delimiter //
```

(2) 创建两个表 stu 和 num_stu，代码如下。

```
create table stu
(sno int primary key,
sname varchar(20))
```

stu 表共有两个字段：学号（sno）和姓名（sname）。

```
create table num_stu
(num int)
```

num_stu 表中只有一个字段，用于保存学生的人数。

(3) 创建触发程序，无论何时向 stu 表插入一条记录，num_stu 表的 num 字段都自动进行加 1，代码如下。

```
create trigger tri_stu
after insert
on stu
for each row
update num_stu
set num=num+1
```

该触发程序名称为 tri_stu，after insert 指出该触发程序是在用户发出 INSERT 动作之后被触发，触发程序要执行的 SQL 语句为 UPDATE 语句，因为只有一条语句，所有没有放在 BEGIN…END 中。用户执行 INSERT 动作，将某一条学生信息插入 stu 表，num_stu 表中的 num 字段值加 1。

(4) 向表 stu 中插入一条记录，然后查看 num_stu 中 num 字段的值，代码如下。

```
insert into stu values(1,'mike')
select * from num_stu
mysql> select * from num_stu;
+------+
| num  |
+------+
|    1 |
+------+
1 row in set (0.00 sec)
```

向学生表 stu 中插入了一行记录，查询 num_stu 表，该表中的 num 字段值已经为 1。

提示：本例中的触发程序 SQL 语句只有一条 update 语句，因此没有使用 BEGIN…END 块语句。

【范例 9-2】创建触发程序 trigger tri_emp，并验证

创建 emp 雇员表，输入雇员的工资如果低于 5000 元，自动更改为 5000 元。

```
mysql> create table emp
-> (empno int,
->  empname varchar(20),
->  sal decimal(7,2));
Query OK, 0 rows affected (0.86 sec)
mysql> delimiter //
mysql> create trigger tri_emp
-> before insert
-> on emp
-> for each row
-> begin
->     if new.sal<5000 then
->     set new.sal=5000;
-> end if;
-> end//
Query OK, 0 rows affected (0.22 sec)
mysql> insert into emp values(1,'mike',2300.00)//
Query OK, 1 row affected (0.08 sec)
mysql> select * from emp//
+-------+---------+---------+
| empno | empname | sal     |
+-------+---------+---------+
|     1 | mike    | 5000.00 |
+-------+---------+---------+
1 row in set (0.00 sec)
```

实现过程如下。

(1) 创建数据表 emp，代码如下。

```
create table emp
(empno int,
empname varchar(20),
sal decimal(7,2))
```

创建雇员表 emp，sal 字段为雇员表的工资字段。

(2) 创建触发程序，如果插入的雇员工资低于 5000 元，则自动更改为 5000。

```
create trigger tri_emp
before insert
on emp
for each row
begin
```

```
if new.sal<5000 then
set new.sal=5000;
end if;
end//
```

触发程序名称为 tri_emp，BEFORE INSERT 指出该触发程序是在用户执行 INSERT 动作之前执行，new.sal 引用了待插入的行中的 sal 字段，如果该字段小于 5000，则为该字段进行赋值 set new.sal=5000。

(3) 验证触发程序。

```
insert into emp values(1,'mike',2300.00)
select * from emp
```

向表 emp 中插入一个雇员信息，工资为 2300.00，该工资小于 5000 元，触发程序自动修改为 5000 元后，然后再插入到雇员表中。查询结果表明，该雇员的工资已经修改。

在本例中使用了 NEW 关键字，在 MySQL 中如果想访问受触发程序影响的行中的列，可以使用 OLD 和 NEW 关键字。在 INSERT 触发程序中，仅能使用 NEW.col_name，且只有新行，没有旧行。在 DELETE 触发程序中，仅能使用 OLD.col_name，且没有新行，只有旧行。在 UPDATE 触发程序中，可以使用 OLD.col_name 来引用更新前的某一行的列，也可以使用 NEW.col_name 来引用更新后的行中的列。

用 OLD 命名的列是只读的，可以引用它，但不能改变它的值。对于 NEW 命名的列，如果具有 SELECT 权限，可以引用它。在 BEFORE 触发程序中，如果用户有 UPDATE 权限，可以使用“SET NEW.col_name= value”更改它的值，如果程序需要，可以在触发程序中更改将要插入到新行中的值，或用于更新新的行。

> 提示：使用别名 OLD 和 NEW，能够引用与触发程序相关的表中的列。OLD. col_name 在更新或删除它之前，引用已有行中的 1 列。NEW. col_name 在更新它之后引用将要插入的新行的 1 列或已有行的 1 列。激活触发程序时，对于触发程序引用的所有 OLD 和 NEW 列，需要具有 SELECT 权限，对于作为 SET 赋值目标的所有 NEW 列，需要具有 UPDATE 权限。

9.3 触发程序的操作

创建完触发程序后，可以查看触发程序和删除触发程序。

9.3.1 查看触发程序

触发程序创建后可以通过两种方法查看触发程序的定义、状态等信息。查看的方法分别为 SHOW TRIGGERS 和在系统表 TRIGGERS 中进行查看。

1. 使用 SHOW TRIGGERS 语句查看触发程序信息

```
SHOW TRIGGERS [FROM db_name] [LIKE expr]
```

其中，LIKE expr 待匹配的表达式（expr）会与触发程序定义时所在的表的名称相比较，而不与触发程序的名称相比较。

【范例 9-3】查看触发程序

使用 SHOW TRIGGERS 查看范例 9-2 创建的触发程序。

```
mysql> show triggers like 'emp'\G
*************************** 1. row ***************************
Trigger: tri_emp
Event: INSERT
Table: emp
Statement: begin
if new.sal<5000 then
set new.sal=5000;
end if;
end
Timing: BEFORE
Created: NULL
sql_mode: STRICT_TRANS_TABLES,NO_AUTO_CREATE_USER,NO_ENGINE_SUBSTITU
TION
Definer: root@localhost
character_set_client: gbk
collation_connection: gbk_chinese_ci
Database Collation: utf8_general_ci
row in set (0.00 sec)
```

查询结果中的参数如下。

(1) Trigger：触发程序的名称。

(2) Event：调用触发程序的时间。必须为“INSERT” “UPDATE”或“DELETE”之一。

(3) Table：触发程序定义时对应的表。

(4) Statement：当触发程序被调用时执行的语句。

(5) Timing:“BEFORE”或“AFTER”两个值之一。

(6) Created：目前，本列的值为 NULL。

2. 在系统表 TRIGGERS 中查看触发程序的信息

已定义好的触发程序的信息都存储在 INFORMATION_SCHEMA 库中的 TRIGGERS 表中，可以通过查看该表中的信息获取某个触发程序的信息。

查询语法如下。

```
SELECT * FROM  INFORMATION_SCHEMA.TRIGGERS
where condition
```

【范例 9-4】通过 TRIGGERS 在系统表中查看触发程序的信息

通过 TRIGGERS 表查看范例 9-2 创建的触发程序，代码如下。

```
mysql> select *
-> from  INFORMATION_SCHEMA.TRIGGERS
-> where trigger_name='tri_emp'\G
```

执行结果如下。

```
****************************
****************************
TRIGGER_CATALOG: def
TRIGGER_SCHEMA: studb
TRIGGER_NAME: tri_emp
EVENT_MANIPULATION: INSERT
EVENT_OBJECT_CATALOG: def
EVENT_OBJECT_SCHEMA: studb
EVENT_OBJECT_TABLE: emp
ACTION_ORDER: 0
ACTION_CONDITION: NULL
ACTION_STATEMENT: begin
if new.sal<5000 then
set new.sal=5000;
end if;
end
ACTION_ORIENTATION: ROW
ACTION_TIMING: BEFORE
ACTION_REFERENCE_OLD_TABLE: NULL
ACTION_REFERENCE_NEW_TABLE: NULL
ACTION_REFERENCE_OLD_ROW: OLD
ACTION_REFERENCE_NEW_ROW: NEW
CREATED: NULL
SQL_MODE: STRICT_TRANS_TABLES,NO_AUTO_CREATE_USER,NO_ENGINE_SU
BSTITUTION
DEFINER: root@localhost
CHARACTER_SET_CLIENT: gbk
COLLATION_CONNECTION: gbk_chinese_ci
DATABASE_COLLATION: utf8_general_ci
1 row in set (0.18 sec)
```

上述结果中：TRIGGER_SCHEMA 为触发程序所在的数据库名称；TRIGGER_NAME 为触发程序的名字；EVENT_MANIPULATION 列含有下述值之一，即 INSERT、DELETE 或 UPDATE，为用户的触发动作；EVENT_OBJECT_SCHEMA 和 EVENT_OBJECT_TABLE 为相应的数据库和触发程序相关的表名。

9.3.2 删除触发程序

MySQL 删除触发程序的语法如下。

```
DROP {DATABASE | SCHEMA} [IF EXISTS] Trigger_name
```

下面对删除触发程序各部分的语法进行详细说明。

(1) SCHEMA 表示数据库名称，schema_name 是可选的，如果 schema_name 省略不写，将从当前数据库中删除触发程。

(2) Trigger_name 是要删除的触发程序的名称。

(3) IF EXISTS 用来阻止不存在的触发程序被删除的错误。如果待删除的触发程序不存在，系统会出现触发程序不存在的提示信息。

【范例 9-5】删除触发程序

删除范例 9-2 创建的触发程序 tri_emp 触发程序，代码如下。

```
mysql> drop trigger if exists tri_emp;
Query OK, 0 rows affected (0.08 sec)
```

9.4 综合案例——触发程序的使用

本章介绍了触发程序的创建语法及删除语法，要想熟练掌握触发程序，就需要在使用过程中弄清楚触发程序的结构，清楚触发程序的触发时间（BEFORE 或 AFTER）及触发事件（INSET、DELETE 或 UPDATE）。使用触发程序可以实现数据库的审计操作，记载数据的变化、操作数据库的用户、数据库的操作、操作时间等。

【范例 9-6】触发程序应用实例

使用触发程序审计雇员表的工资变化，代码如下。

```
mysql> create table empsa
-> (empno int,
->  empname varchar(20),
->  empsal float);
Query OK, 0 rows affected (0.66 sec)
mysql> create table ad
-> (empno int,
->  oempsal float,
-> nempsal float,
-> user varchar(20),
-> time timestamp);
```

```
Query OK, 0 rows affected (0.50 sec)
mysql> create trigger t1
-> after update
-> on empsa
-> for each row
-> begin
->   insert into ad
-> values(old.empno,old.empsal,new.empsal,current_user(),now());
-> end//
Query OK, 0 rows affected (0.46 sec)
mysql> insert into empsa values(1,'mike',1000)//
Query OK, 1 row affected (0.10 sec)
mysql> select * from empsa//
+-------+---------+--------+
| empno | empname | empsal |
+-------+---------+--------+
|     1 | mike    |   1000 |
+-------+---------+--------+
1 row in set (0.03 sec)
mysql> update empsa
-> set empsal=1050
-> where empno=1//
Query OK, 1 row affected (0.23 sec)
Rows matched: 1  Changed: 1  Warnings: 0
mysql> select * from ad//
+-------+---------+---------+----------------+---------------------+
| empno | oempsal | nempsal | user           | time                |
+-------+---------+---------+----------------+---------------------+
|     1 |    1000 |    1050 | root@localhost | 2015-04-28 09:28:44 |
+-------+---------+---------+----------------+---------------------+
1 row in set (0.00 sec)
```

实现过程如下。

(1) 创建雇员表 empsa。

```
create table empsa
(empno int,
empname varchar(20),
empsal float);
```

其中，empno 为雇员编号 empsal；empname 为雇员姓名 empsal；empsal 为雇员的工资字段。

(2) 创建审计表 ad。

```
create table ad
(empno int,
oempsal float,
nempsal float,
user varchar(20),
time timestamp);
```

其中，oempsal 字段记录更新前的工资旧值；nempsal 为更改后的工资新值；user 为操作的用户；time 字段保存更改的时间。

(3) 创建触发程序。

```
create trigger t1
after update
on empsa
for each row
begin
insert into ad    values(old.empno,old.empsal,new.empsal,current_user(),now());
```

其中，current_user() 函数获取当前的用户名称；now() 函数获取当前的时间。

(4) 验证触发程序。

```
insert into empsa values(1,'mike',1000);
update empsa
set empsal=1050
where empno=1
```

通过 INSERT 语句向表中插入了数据，empno 为 1，empsa 为 1000，然后执行 UPDATE 语句，将 empno 等于 1 的员工资 empsa 修改为 1050，然后查看审计表 ad。ad 表中存储了 empsa 修改前的旧值 1000，同时存储了 empsa 修改后的旧值 1050，并记录了修改的用户为 root 及修改的时间，实现了查询的要求。

通过触发程序可以实现删除主表信息时，级联删除子表中引用主表的相关记录。

【范例 9-7】使用触发程序实现级联删除

创建一个部门表 dept 和雇员表 emp，当删除 dept 中的一个部门信息后，级联删除 emp 表中属于该部门的雇员信息。

```
mysql> create table dept
-> (dno int,
->  dname varchar(20));
Query OK, 0 rows affected (0.42 sec)
mysql> insert into dept values(1,' 工程部 '),(2,' 财务部 '),(3,' 后勤部 ');
mysql> select *
-> from dept//
```

```
+------+--------+
| dno  | dname  |
+------+--------+
|    1 | 工程部 |
|    2 | 财务部 |
|    3 | 后勤部 |
+------+--------+
rows in set (0.00 sec)
mysql> create table emp
-> (eno int,
->  ename varchar(20),
->  dno int);
Query OK, 0 rows affected (0.64 sec)
insert into emp values(1,' 王明 ', 1),(2,' 李小程 ', 1),(3,' 赵坤 ',2);
mysql> select *
-> from emp//
+------+--------+------+
| eno  | ename  | dno  |
+------+--------+------+
|    1 | 王明   |    1 |
|    2 | 李小程 |    1 |
|    3 | 赵坤   |    2 |
+------+--------+------+
3 rows in set (0.02 sec)
mysql> delimiter //
mysql> create trigger tri_dept
-> after delete
-> on dept
-> for each row
-> begin
->    delete from emp where dno=old.dno;
-> end //
Query OK, 0 rows affected (0.14 sec)
mysql> delete from dept where dno=1//
Query OK, 1 row affected (0.06 sec)
mysql> select * from emp//
+------+-------+------+
| eno  | ename | dno  |
+------+-------+------+
|    3 | 赵坤  |    2 |
```

```
+------+-------+------+
1 row in set (0.00 sec)
```

实现过程如下。

(1) 创建部门表 dept(dno,dname)，字段分别为部门编号和部门名称，并插入了三行数据。

```
mysql> create table dept
(dno int,
dname varchar(20))
mysql> insert into dept values(1,' 工程部 '),(2,' 财务部 '),(3,' 后勤部 ')
```

(2) 创建雇员表 emp(eno,ename,dno)，字段分别为雇员编号、雇员姓名、部门编号，并插入三行数据。

```
mysql> create table emp
(eno int,
ename varchar(20),
dno int)
insert into emp values(1,' 王明 ', 1),(2,' 李小程 ', 1),(3,' 赵坤 ',2)
```

(3) 创建触发器。

```
create trigger tri_dept
after delete
on dept
for each row
begin
delete from emp where dno=old.dno;
end
```

触发器使用 delete from emp where dno=old.dno 实现删除部门中的雇员信息。

(4) 验证触发器。

```
mysql> delete from dept where dno=1
mysql> select * from emp
| eno  | ename | dno  |
+------+-------+------+
|    3 | 赵坤  |    2 |
+------+-------+------+
1 row in set (0.00 sec)
```

删除了部门 1 的信息，部门 1 的两个雇员也被级联删除，实现了查询要求。

提示：在创建表时可以使用外键约束加 on delete cascade 和 on delete cascade 实现主表和子表的级联删除和级联更新。

9.5 本章小结

本章主要介绍触发程序的创建语法及删除语法。通过本章的学习，能够帮助读者了解什么是触发器，掌握创建、查看、删除触发器的方法。其中，创建触发器和使用触发器是本章的重点内容。要想熟练掌握触发程序，需要认真练习，熟练掌握触发程序的结构和触发时间。

9.6 疑难解答

问：在触发程序的执行过程中，MySQL 处理错误的方式有哪些？

答：如果 BEFORE 触发程序失败，不执行相应行的操作。只有 BEFOFE 触发程序和行操作均成功执行，才执行 AFTER 触发程序，如果 BEFORE 和 AFTER 触发程序的执行过程中出现错误，将会导致调用触发程序的整个语句的失败。

问：MySQL 触发程序中能不能对本表进行 INSERT、UPDATE、DELETE 操作？

答：不能，以免递归循环被触发。

9.7 实战练习

(1) 创建 INSERT 事件的触发程序。

(2) 创建 UPDATE 事件的触发程序。

(3) 创建 DELETE 事件的触发程序。

(4) 查看触发程序。

(5) 删除触发程序。

第 10 章 视图

本章导读

视图（View）在数据库中的作用类似于窗户。用户通过视图查询数据表中的数据，和人们通过窗户看外面的风景一样，人们可以打开不同的窗户来看到不同的风景。所以视图也被称为虚拟的表，程序员可以通过视图查看数据库中的数据，但又不用考虑数据库表的结构关系，并且就算是对数据表做了修改，也不用修改前台程序代码，而只需要修改视图。视图既保障了数据的安全性又大大提高了查询效率，所以在数据库程序开发设计中视图被广泛使用。

本章课时：理论 4 学时 + 实践 2 学时

学习目标

- ▶ 视图的定义
- ▶ 视图的创建、修改和删除
- ▶ 视图的使用

10.1 视图的定义

视图（View）是一个由查询语句定义数据内容的表，表中的数据内容就是SQL查询语句的结果集，行和列的数据均来自SQL查询语句中使用的数据表。但之所以说视图是虚拟的表，是因为视图并不在数据库中真实存在，而是在引用视图时动态生成的。那么使用视图和查询数据表又有哪些优势呢？

⑴ 使用视图简单。操作视图和操作数据表完全是两个概念，用户不用理清数据表之间复杂的逻辑关系，而且将经常使用的SQL数据查询语句定义为视图，可以有效地避免代码重复，减少工作量。

⑵ 使用视图安全。用户只访问到视图给定的内容集合，这些都是数据表的某些行和列，避免用户直接操作数据表引发的一系列错误。

⑶ 使用视图相对独立。应用程序访问是通过视图访问数据表的，从而程序和数据表之间被视图分离。如果数据表有变化，完全不用去修改SQL语句，只需要调整视图的定义内容，不用调整应用程序代码。

⑷ 复杂的查询需求。可以进行问题分解，然后将创建多个视图获取数据，再将视图联合起来就能得到需要的结果了。

假如因为某种需要，a表与b表需要进行合并以组成一个新的表c，最后a表与b表都不存在了。而由于原来程序中编写SQL语句分别是基于a表与b表查询的，这就意味着需要重新编写大量的SQL语句（改成向c表去操作数据），而通过视图就可以不用修改SQL语句。定义两个视图名字还是原来的表名a和b。a、b视图完成从c表中取出内容。需要说明的是，使用这样的解决方式，基于对视图的细节了解越详细越好。因为使用视图与使用表在语法上没区别。比如视图名a，那么查询还是“select * from a”。

视图的工作机制：当调用视图的时候，才会执行视图中的SQL语句，进行取数据操作。视图的内容没有存储，而是在视图被引用的时候才派生出数据。这样不会占用空间，由于是即时引用，视图的内容与真实表的内容总是一致的。

视图这样设计最主要的好处就是比较节省空间，当数据内容总是一样时，就不需要维护视图的内容，维护好真实表的内容，就可以保证视图的完整性了。

提示：视图总是显示最近的数据。每当用户查询视图时，数据库都将重建数据。

10.2 视图的创建、修改和删除

理解视图的基本概念后，需要掌握的是视图的基本操作，包括视图的创建、视图的修改和视图的删除。

10.2.1 创建视图

创建视图的语法格式如下。

```
CREATE [ALGORITHM={UNDEFINED|MERGE|TEMPTABLE}]
VIEW view_name AS
SELECT column_name(s) FROM table_name
[WITH [CASCADED|LOCAL] CHECK OPTION];
```

其中，ALGORITHM 为可选参数，表示视图选择的算法。UNDEFINED 表示 MySQL 将自动选择所要使用的算法；MERGE 表示将视图的语句与视图定义合并起来，使得视图定义的某一部分取代语句的对应部分；TEMPTABLE 表示将视图的结果存入临时表，然后使用临时表执行语句。

view_name 指创建视图的名称，可包含其属性列表。

column_name(s) 指查询的字段，也就是视图的列名。

table_name 指从那个数据表获取数据，这里也可以从多个表获取数据，格式写法请参考 SQL 联合查询。

WITH CHECK OPTION 为可选参数，表示更新视图时要保证在视图的权限范围内。CASCADED 表示更新视图时要满足所有相关视图和表的条件才进行更新；LOCAL 表示更新视图时，要满足该视图本身定义的条件即可更新。

该语句能创建新的视图，如果给定了 OR REPLACE 子句，该语句还能替换已有的视图。select_statement 是一种 SELECT 语句，它给出了视图的定义。该语句可从基表或其他视图进行选择。

该语句要求具有针对视图的 CREATE VIEW 权限，以及针对由 SELECT 语句选择的每一列上的某些权限。对于在 SELECT 语句中其他地方使用的列，必须具有 SELECT 权限。如果还有 OR REPLACE 子句，必须在视图上具有 DROP 权限。

提示：WITH CHECK OPTION 虽是可选属性，但为了数据安全性建议读者使用。

【范例 10-1】创建一个视图 myview

如果需要创建一个名为 myview 的视图，可以使用如下命令，如图 10-1 所示。

```
mysql> create database bb
mysql> use bb
mysql> create table student
-> (
-> sid        INT(5) primary key,
-> sname      VARCHAR(10),
-> age int(2),
-> score int(3),
-> category varchar(10)
-> );
mysql> CREATE VIEW kcmc AS SELECT sid FROM student WITH LOCAL CHECK OPTION;
Query OK, 0 rows affected (0.08 sec)
```

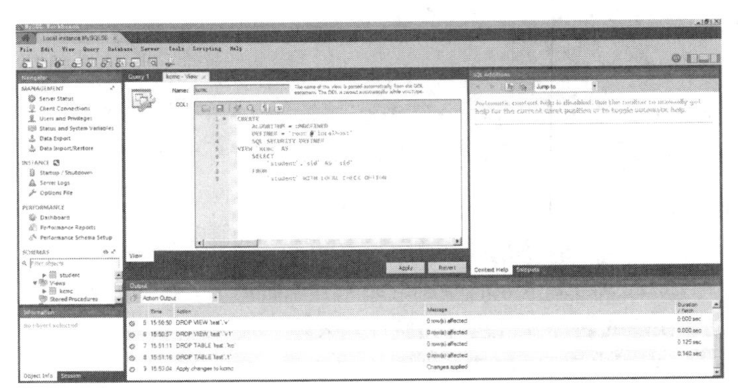

图 10–1

需要说明一点：视图属于数据库，在默认情况下，将在当前数据库创建新视图。要想在给定数据库中明确创建视图，创建时，应将名称指定为 db_name.view_name。

```
mysql> CREATE VIEW test.v AS SELECT * FROM t;
```

表和视图共享数据库中相同的名称空间，因此，数据库不能包含具有相同名称的表和视图。

视图必须具有唯一的列名，不得有重复，就像基表那样。默认情况下，由 SELECT 语句检索的列名将用作视图列名。要想为视图列定义明确的名称，可使用可选的 column_list 子句，列出由逗号隔开的 ID。column_list 中的名称数目必须等于 SELECT 语句检索的列数。

SELECT 语句检索的列可以是对表列的简单引用，也可以是使用函数、常量值、操作符等的表达式。

对于 SELECT 语句中不合格的表或视图，将根据默认的数据库进行解释。通过用恰当的数据库名称限定表或视图名，视图能够引用表或其他数据库中的视图。

能够使用多种 SELECT 语句创建视图。视图能够引用基表或其他视图，它能使用联合、UNION 和子查询。SELECT 甚至不需引用任何表。在下面的示例中，定义了从另一表选择两列的视图，并给出了根据这些列计算的表达式。

【范例 10–2】在视图中列计算

```
mysql> CREATE TABLE t (qty INT, price INT);
```

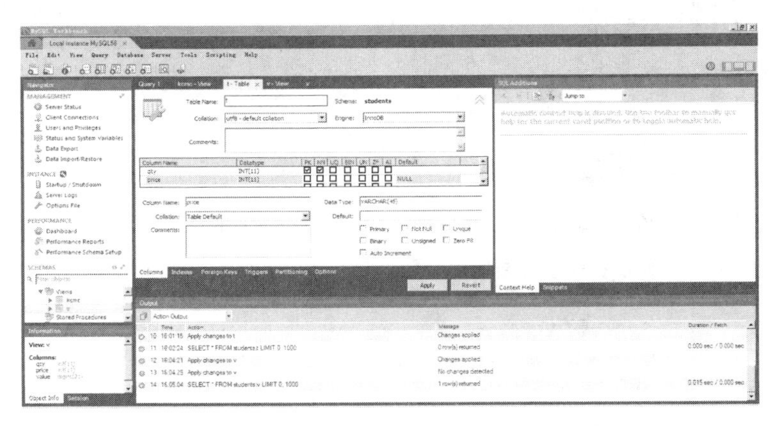

图 10–2

```
mysql> INSERT INTO t VALUES(3, 50);
```

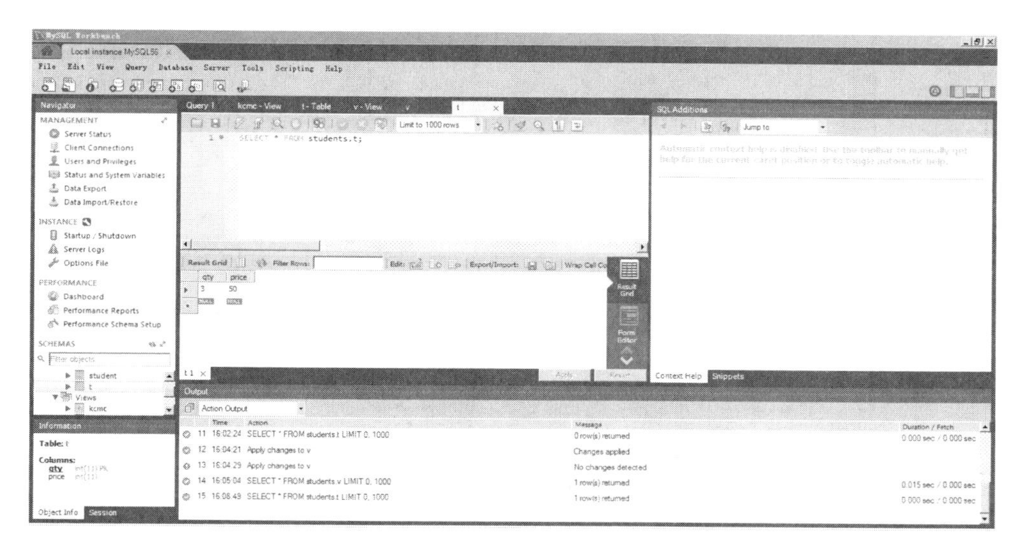

图 10-3

```
mysql> CREATE VIEW v AS SELECT qty, price, qty*price AS value FROM t;
```

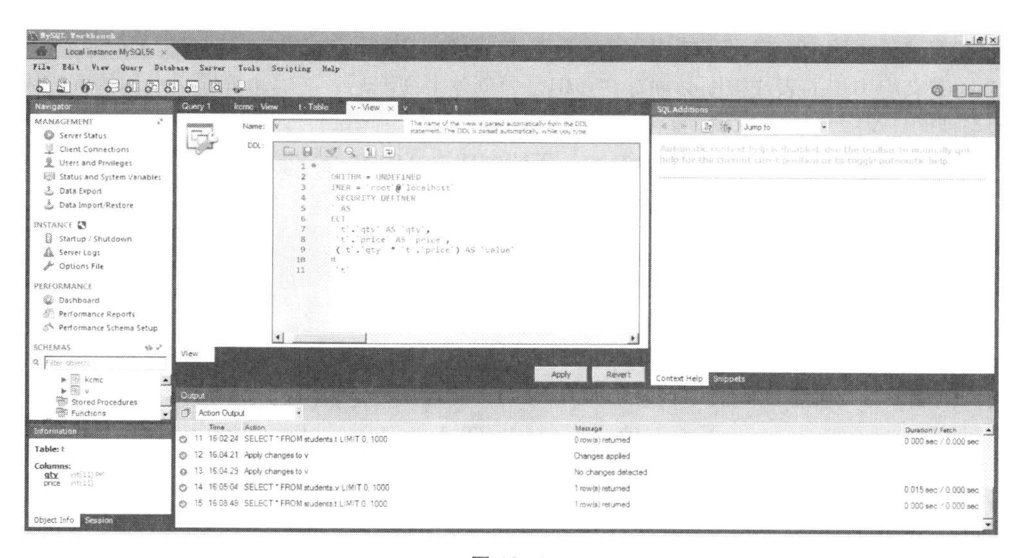

图 10-4

```
mysql> SELECT * FROM v;
+------+-------+-------+
| qty  | price | value |
+------+-------+-------+
|    3 |    50 |   150 |
+------+-------+-------+
```

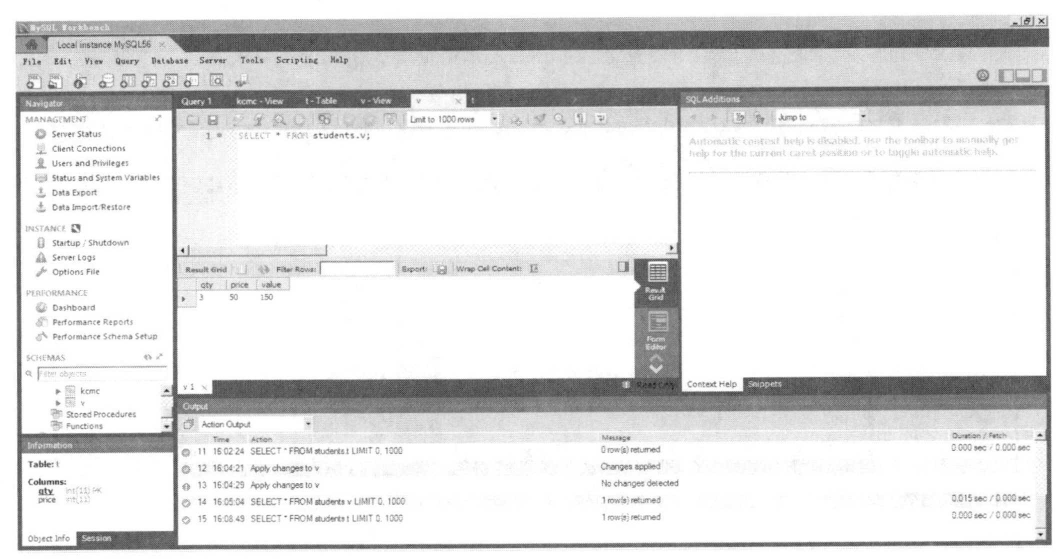

图 10-5

视图定义服从下述限制。

(1) SELECT 语句不能包含 FROM 子句中的子查询。

(2) ELECT 语句不能引用系统或用户变量。

(3) SELECT 语句不能引用预处理语句参数。

(4) 在存储子程序内，定义不能引用子程序参数或局部变量。

(5) 在定义中引用的表或视图必须存在。但是，创建了视图后，能够舍弃定义引用的表或视图。要想检查视图定义是否存在这类问题，可使用 CHECK TABLE 语句。

(6) 在定义中不能引用 TEMPORARY 表，不能创建 TEMPORARY 视图。

(7) 在视图定义中命名的表必须已存在。

(8) 不能将触发程序与视图关联在一起。

(9) 在视图定义中允许使用 ORDER BY，但是，如果从特定视图进行了选择，而该视图使用了具有自己 ORDER BY 的语句，它将被忽略。

(10) 对于定义中的其他选项或子句，它们将被增加到引用视图的语句的选项或子句中，但效果未定义。例如，如果在视图定义中包含 LIMIT 子句，而且从特定视图进行了选择，而该视图使用了具有自己 LIMIT 子句的语句，那么对使用哪个 LIMIT 未做定义。相同的原理也适用于其他选项，如跟在 SELECT 关键字后的 ALL、DISTINCT 或 SQL_SMALL_RESULT，并适用于其他子句，如 INTO、FOR UPDATE、LOCK IN SHARE MODE 以及 PROCEDURE。

(11) 如果创建了视图，并通过更改系统变量更改了查询处理环境，会影响从视图获得的结果。

【范例 10-3】算法对视图的处理方式影响举例

```
mysql> CREATE OR REPLACE VIEW v AS SELECT CHARSET(CHAR(65)), COLLATION(CHAR(65));
Query OK, 0 rows affected (0.00 sec)
mysql> SET NAMES 'latin1';
Query OK, 0 rows affected (0.00 sec)
mysql> SELECT * FROM v;
```

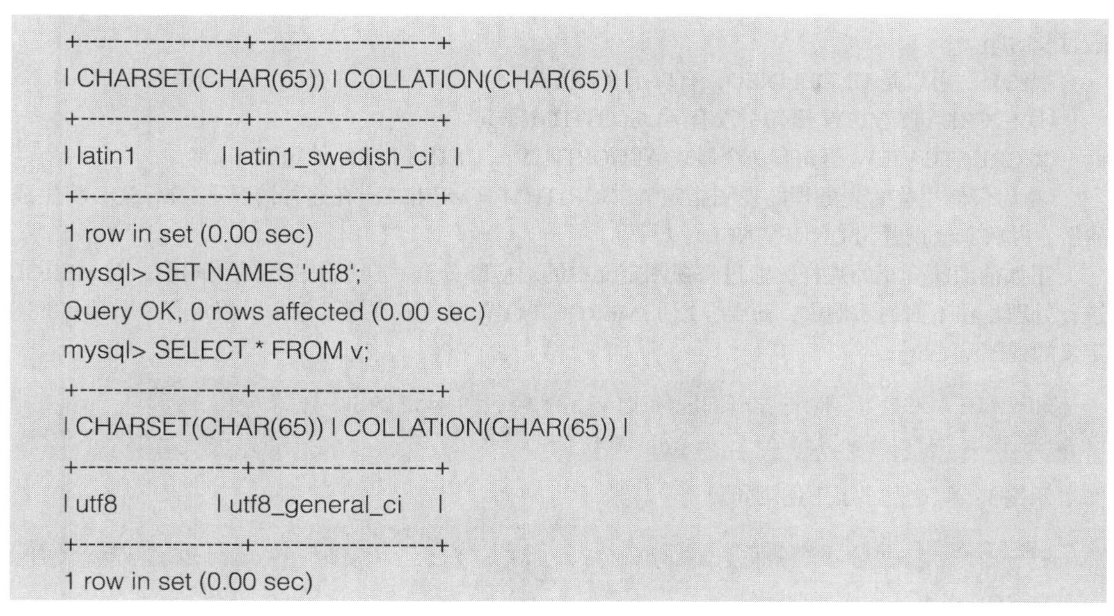

```
+------------------+--------------------+
| CHARSET(CHAR(65)) | COLLATION(CHAR(65)) |
+------------------+--------------------+
| latin1           | latin1_swedish_ci  |
+------------------+--------------------+
1 row in set (0.00 sec)
mysql> SET NAMES 'utf8';
Query OK, 0 rows affected (0.00 sec)
mysql> SELECT * FROM v;
+------------------+--------------------+
| CHARSET(CHAR(65)) | COLLATION(CHAR(65)) |
+------------------+--------------------+
| utf8             | utf8_general_ci    |
+------------------+--------------------+
1 row in set (0.00 sec)
```

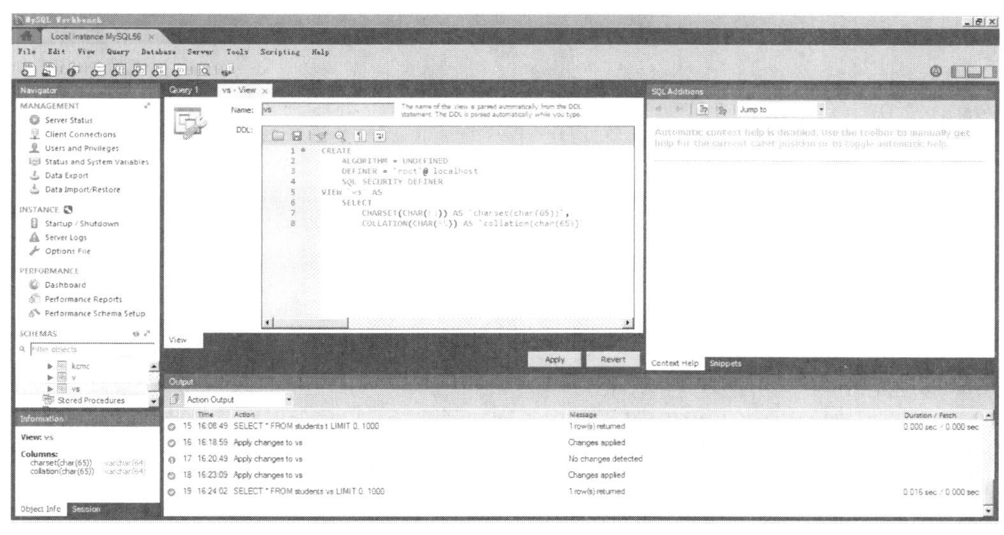

图 10-6

可选的 ALGORITHM 子句是对标准 SQL 的 MySQL 扩展。ALGORITHM 可取三个值：MERGE、TEMPTABLE 或 UNDEFINED。如果没有 ALGORITHM 子句，默认算法是 UNDEFINED（未定义的）。算法会影响 MySQL 处理视图的方式。

对于 MERGE，会将引用视图的语句的文本与视图定义合并起来，使得视图定义的某一部分取代语句的对应部分。

对于 TEMPTABLE，视图的结果将被置于临时表中，然后使用它执行语句。

对于 UNDEFINED，MySQL 将选择所要使用的算法。如果可能，它倾向于 MERGE 而不是 TEMPTABLE，这是因为 MERGE 通常更有效，而且如果使用了临时表，视图是不可更新的。

明确选择 TEMPTABLE 的 1 个原因在于，创建临时表之后且完成语句处理之前，能够释放基表上的锁定。与 MERGE 算法相比，锁定释放的速度更快，这样，使用视图的其他客户端不会被屏

蔽过长时间。

视图算法可以是 UNDEFINED，有以下 3 种方式。

(1) 在 CREATE VIEW 语句中没有 ALGORITHM 子句。

(2) CREATE VIEW 语句有 1 个显式 ALGORITHM = UNDEFINED 子句。

(3) 为仅能用临时表处理的视图指定 ALGORITHM = MERGE。在这种情况下，MySQL 将生成告警，并将算法设置为 UNDEFINED。

正如前面所介绍的那样，通过将视图定义中的对应部分合并到引用视图的语句中，对 MERGE 进行处理。在下面的示例中，简要介绍了 MERGE 的工作方式。在该示例中，假定有 1 个具有下述定义的视图 v_merge。

```
CREATE ALGORITHM = MERGE VIEW v_merge (vc1, vc2) AS
SELECT c1, c2 FROM t WHERE c3 > 100;
```

示例 1：假定发出了下述语句。

```
SELECT * FROM v_merge;
```

MySQL 以下述方式处理语句。

```
v_merge 成为 t
* 成为 vc1、vc2，与 c1、c2 对应
增加视图 WHERE 子句
```

所产生的将执行的语句如下。

```
SELECT c1, c2 FROM t WHERE c3 > 100;
```

示例 2：假定发出了下述语句。

```
SELECT * FROM v_merge WHERE vc1 < 100;
```

该语句的处理方式与前面介绍的类似，但 vc1 < 100 变为 c1 < 100，并使用 AND 连接词将视图的 WHERE 子句添加到语句的 WHERE 子句中（增加了圆括号以确保以正确的优先顺序执行子句部分）。所得的将要执行的语句如下。

```
SELECT c1, c2 FROM t WHERE (c3 > 100) AND (c1 < 100);
```

事实上，将要执行的语句是具有下述形式的 WHERE 子句。

```
WHERE (select WHERE) AND (view WHERE)
```

MERGE 算法要求视图中的行和基表中的行具有一对一的关系。如果不具有该关系，必须使用临时表取而代之。如果视图包含下述结构中的任何一种，将失去一对一的关系。

(1) 聚合函数（SUM(), MIN(), MAX(), COUNT() 等）。

```
DISTINCT
GROUP BY
HAVING
UNION 或 UNION ALL
```

⑵ 仅引用文字值（在该情况下，没有基本表）。

某些视图是可更新的。也就是说，可以在诸如 UPDATE、DELETE 或 INSERT 等语句中使用它们，以更新基表的内容。对于可更新的视图，在视图中的行和基表中的行之间必须具有一对一的关系。还有一些特定的其他结构，这类结构会使得视图不可更新。更具体地讲，如果视图包含下述结构中的任何一种，那么它就是不可更新的。

⑴ 聚合函数（SUM(), MIN(), MAX(), COUNT() 等）。

```
DISTINCT
GROUP BY
HAVING
UNION 或 UNION ALL
```

⑵ 位于选择列表中的子查询如下。

```
Join
```

⑶ FROM 子句中的不可更新视图。

⑷ WHERE 子句中的子查询，引用 FROM 子句中的表。

⑸ 仅引用文字值（在该情况下，没有要更新的基本表）。

⑹ ALGORITHM = TEMPTABLE（使用临时表总会使视图成为不可更新的）。

关于可插入性（可用 INSERT 语句更新），如果它也满足关于视图列的下述额外要求，可更新的视图也是可插入的。

⑴ 不得有重复的视图列名称。

⑵ 视图必须包含没有默认值的基表中的所有列。

⑶ 视图列必须是简单的列引用而不是导出列。导出列不是简单的列引用，而是从表达式导出的。

混合了简单列引用和导出列的视图是不可插入的，但是，如果仅更新非导出列，视图是可更新的。考虑下述视图。

```
CREATE VIEW v AS SELECT col1, 1 AS col2 FROM t;
```

该视图是不可插入的，这是因为 col2 是从表达式导出的。但是，如果更新时不更新 col2，它是可更新的，这类更新是允许的。

```
UPDATE v SET col1 = 0;
```

下述更新是不允许的，原因在于它试图更新导出列。

```
UPDATE v SET col2 = 0;
```

在某些情况下，能够更新多表视图，假定它能使用 MERGE 算法进行处理。为此，视图必须使用内部联合（而不是外部联合或 UNION）。此外，仅能更新视图定义中的单个表，因此，SET 子句必须仅命名视图中某一表的列。即使从理论上讲是可更新的，也不允许使用 UNION ALL 的视图，这是因为在实施中将使用临时表来处理它们。

对于多表可更新视图，如果是将其插入单个表中，INSERT 能够工作，不支持 DELETE。

对于可更新视图，可给定 WITH CHECK OPTION 子句来防止插入或更新行，除非作用在行上的 select_statement 中的 WHERE 子句为“真”。

在关于可更新视图的 WITH CHECK OPTION 子句中，当视图是根据另一个视图定义的时，LOCAL 和 CASCADED 关键字决定了检查测试的范围。LOCAL 关键字对 CHECK OPTION 进行了限制，使其仅作用在定义的视图上，CASCADED 会对将进行评估的基表进行检查。如果未给定任一关键字，默认值为 CASCADED。请考虑下述表和视图集合的定义。

```
mysql> CREATE TABLE t1 (a INT);
mysql> CREATE VIEW v1 AS SELECT * FROM t1 WHERE a < 2
-> WITH CHECK OPTION;
mysql> CREATE VIEW v2 AS SELECT * FROM v1 WHERE a > 0
-> WITH LOCAL CHECK OPTION;
mysql> CREATE VIEW v3 AS SELECT * FROM v1 WHERE a > 0
-> WITH CASCADED CHECK OPTION;
```

这里，视图 v2 和 v3 是根据另一视图 v1 定义的。v2 具有 LOCAL 检查选项，因此，仅会针对 v2 检查对插入项进行测试。v3 具有 CASCADED 检查选项，因此，不仅会针对它自己的检查对插入项进行测试，也会针对基本视图的检查对插入项进行测试。

10.2.2 修改视图

视图的修改是指修改了数据表的定义，当视图定义的数据表字段发生了变化时，需要对视图进行修改来保证查询的正确进行。MySQL 使用 CREATE OR REPLACE VIEW 语句修改视图。在 MySQL 中，使用 CREATE OR REPLACE VIEW 语句可以修改视图。视图存在时，可以对视图进行修改；视图不存在时，可以创建视图。

CREATE OR REPLACE VIEW 语句的语法格式如下。

```
CREATE OR REPLACE [ALGORITHM={UNDEFINED|MERGE|TEMPTABLE}]
VIEW 视图名 [( 属性清单 )]
AS SELECT 语句
[WITH [CASCADED|LOCAL] CHECK OPTION];
```

(1) ALGORITHM：可选。表示视图选择的算法。

(2) UNDEFINED：表示 MySQL 将自动选择所要使用的算法。

(3) MERGE：表示将使用视图的语句与视图定义合并起来，使得视图定义的某一部分取代语句的对应部分。

(4) TEMPTABLE：表示将视图的结果存入临时表，然后使用临时表执行语句。

(5) 视图名：表示要创建的视图的名称。

(6) 属性清单：可选。指定了视图中各个属性的名词，默认情况下，与 SELECT 语句中查询的属性相同。

(7) SELECT 语句：是一个完整的查询语句，表示从某个表中查出某些满足条件的记录，将这些记录导入视图中。

(8) WITH CHECK OPTION：可选。表示修改视图时要保证在该视图的权限范围之内。

(9) CASCADED：可选。表示修改视图时，需要满足跟该视图有关的所有相关视图和表的条件，该参数为默认值。

(10) LOCAL：表示修改视图时，只要满足该视图本身定义的条件即可。

可以发现，视图的修改语法和视图创建语法只有 OR REPLACE 的区别，当使用 CREATE OR REPLACE 的时候，如果视图已经存在即进行修改操作，如果视图不存在则创建视图。

【范例 10-4】修改已存在视图

```
mysql> CREATE OR REPLACE VIEW kcmc( 学生 ID, 学生姓名 )
-> AS SELECT sid , sname FROM student
-> WITH LOCAL CHECK OPTION;
Query OK, 0 rows affected (0.05 sec)
```

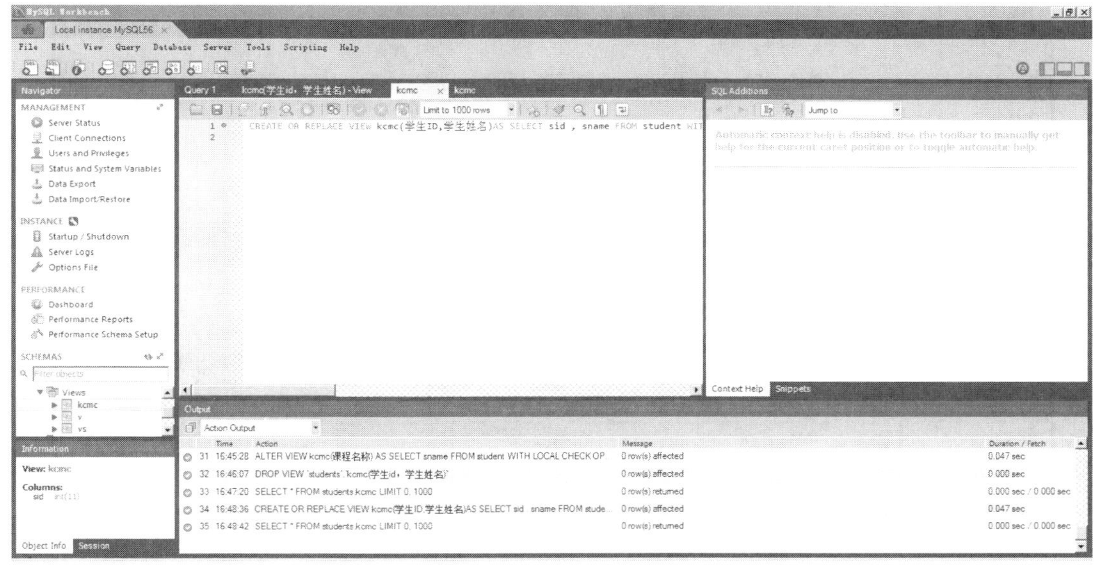

图 10-7

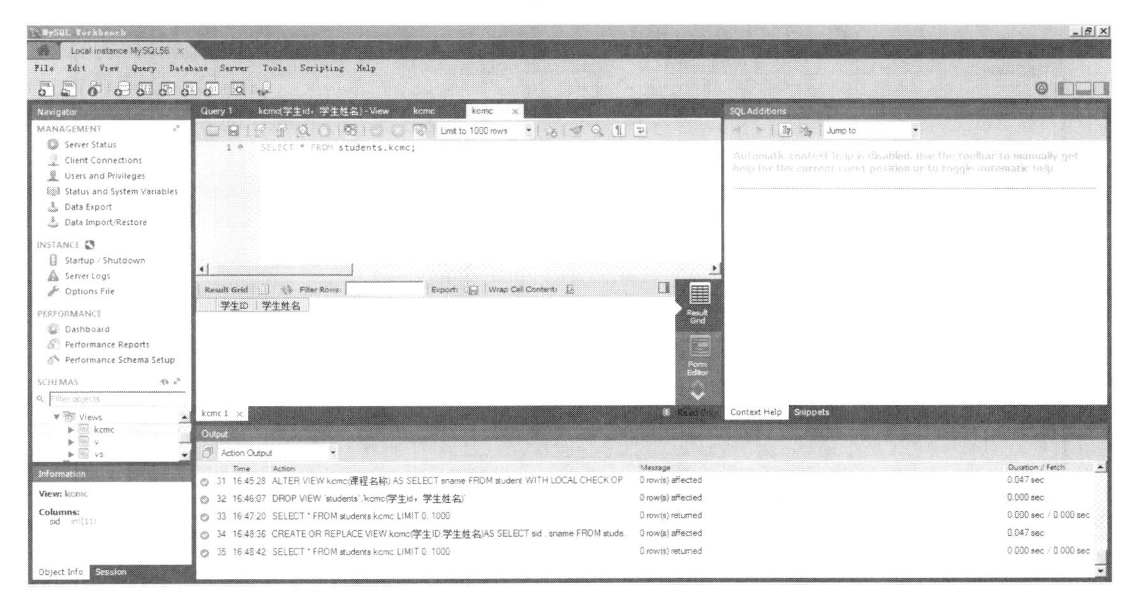

图 10-8

除了使用 CREATE OR REPLACE 修改视图外，还可以使用 ALTER 来进行视图修改。ALTER 用法示例如下。

【范例 10-5】使用 ALTER 修改视图

```
mysql> ALTER VIEW kcmc( 课程名称 )
-> AS SELECT sname FROM student
-> WITH LOCAL CHECK OPTION;
Query OK, 0 rows affected (0.05 sec)
```

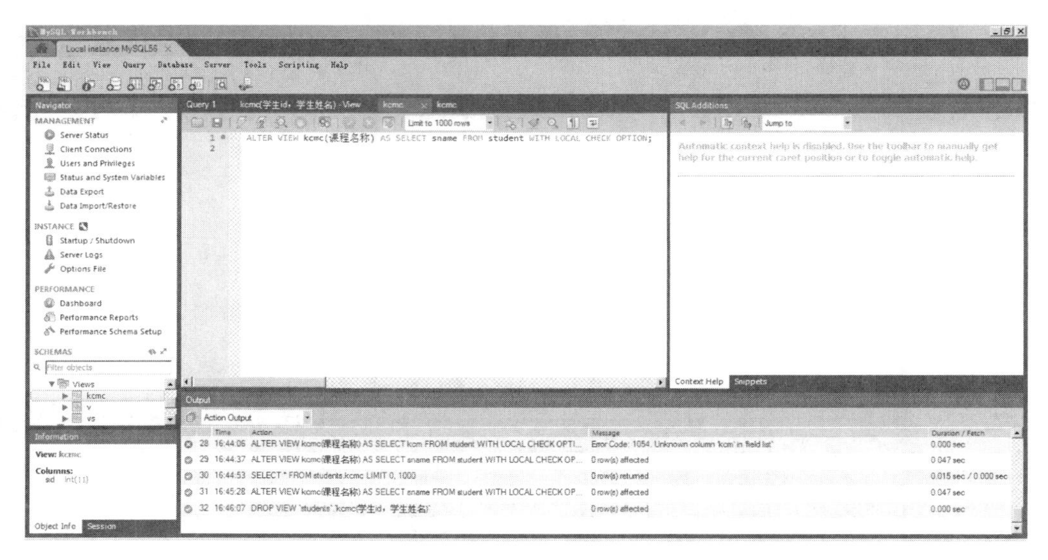

图 10-9

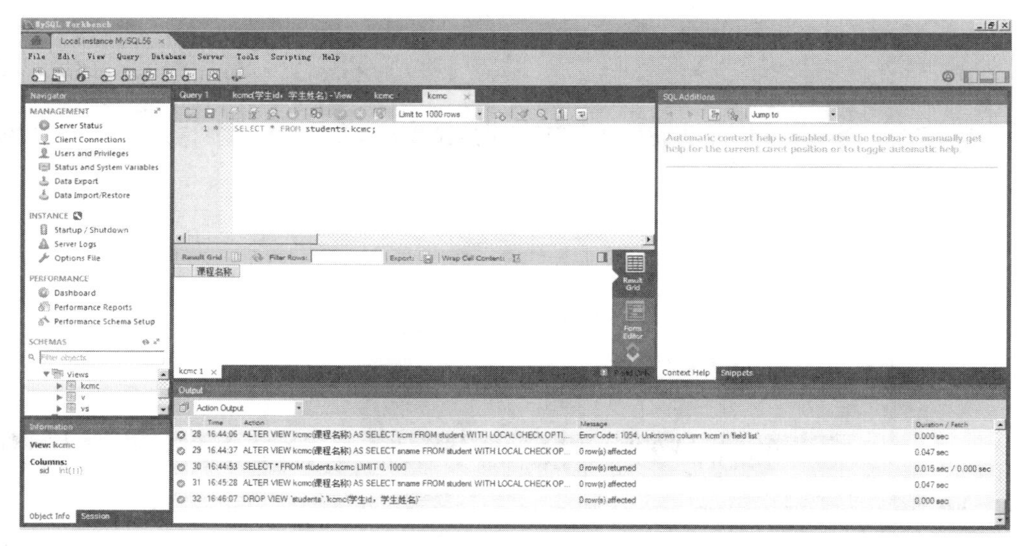

图 10-10

CREATE OR REPLACE、ALTER 的使用主要是对视图的结构进行修改，其实 MySQL 也可以对视图内容进行更新，也就是视图的 UPDATE 操作，是可以通过视图进行增加、删除、修改数据表中的数据，当然对视图的更新操作实质都是对数据表进行操作。CREATE OR REPLACE VIEW 语句不仅可以修改已经存在的视图，也可以创建新的视图。不过，ALTER 语句只能修改已经存在的视图。因此，通常情况下，最好选择 CREATE OR REPLACE VIEW 语句修改视图。

【范例 10-6】使用 UPDATE 更新视图

```
mysql> CREATE OR REPLACE VIEW kcmc( 学生 ID, 学生姓名 )
-> AS SELECT sid, sname FROM student
-> WITH LOCAL CHECK OPTION;
mysql> UPDATE kcmc set 学生姓名 ='dd' where 学生 ID=1;
```

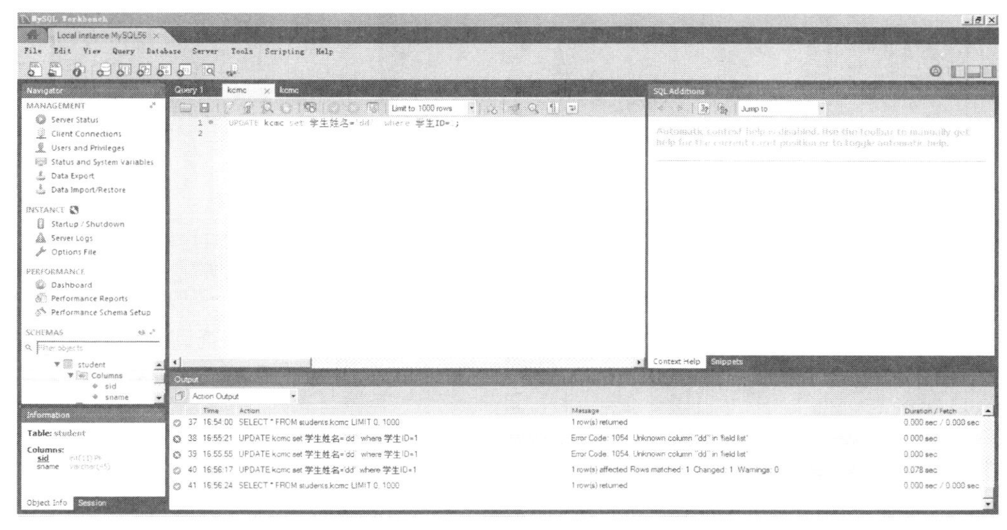

图 10-11

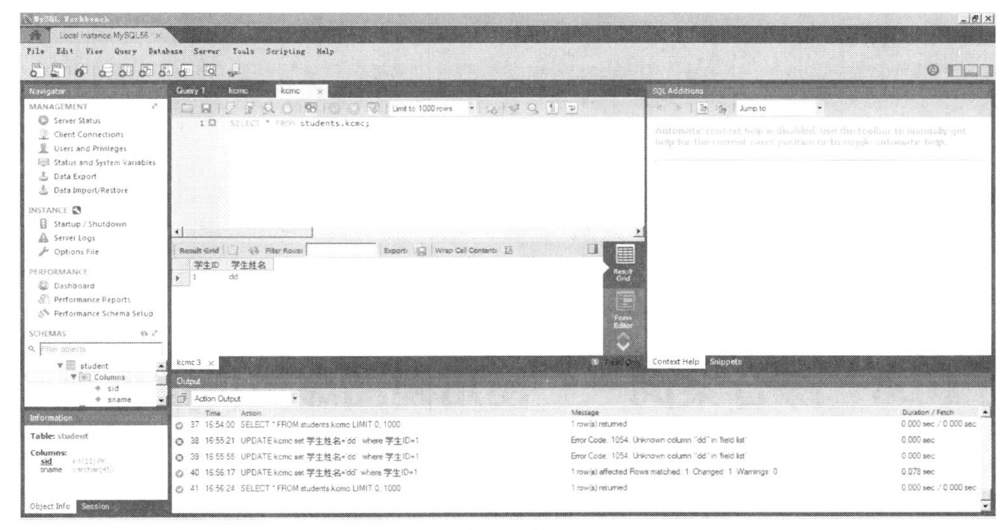

图 10-12

这种方式和直接使用 UPDATE 更新数据表是一样的，其结果都是直接修改数据表中的数据，执行完成后查看 kcmc 表数据，如图 10-13 所示。

【范例 10-7】视图修改方式说明

```
mysql>select sid,sname from student;
```

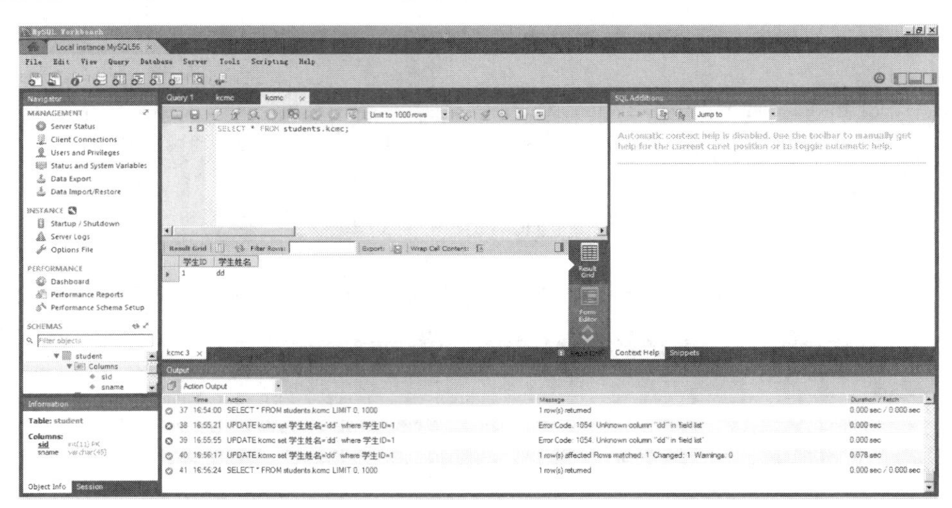

图 10-13

即便修改视图的方式有很多，笔者依旧不建议对视图的修改过于频繁。一般情况下还是将视图作为虚拟表来完成查询操作。而且在 MySQL 中的视图更新还受限于 SQL 查询语句的定义，如：SELECT 中不能包含子查询；不能用 JION 做联合查询；SQL 语句中不能包含聚合函数（SUM、MIN、MAX 等）。

10.2.3 删除视图

因为视图本身只是一个虚拟表，没有物理文件存在，所以视图的删除并不会删除数据，而只是删除掉视图的结构定义。

删除视图的语法格式如下。

```
DROP VIEW [IF EXISTS] view_name [, view_name1, view_name2...]
```

例如要删除之前创建的 kcmc 视图，语句如下。

```
mysql> DROP view kcmc;
Query OK, 0 rows affected (0.00 sec)
```

10.3 综合案例——使用视图虚拟出数据表

视图被使用最多的地方就是查询，与普通数据表的 SELECT 查询没有太多区别，示例如下。

【范例 10-8】视图的应用

```
mysql>select * from kcmc;
```

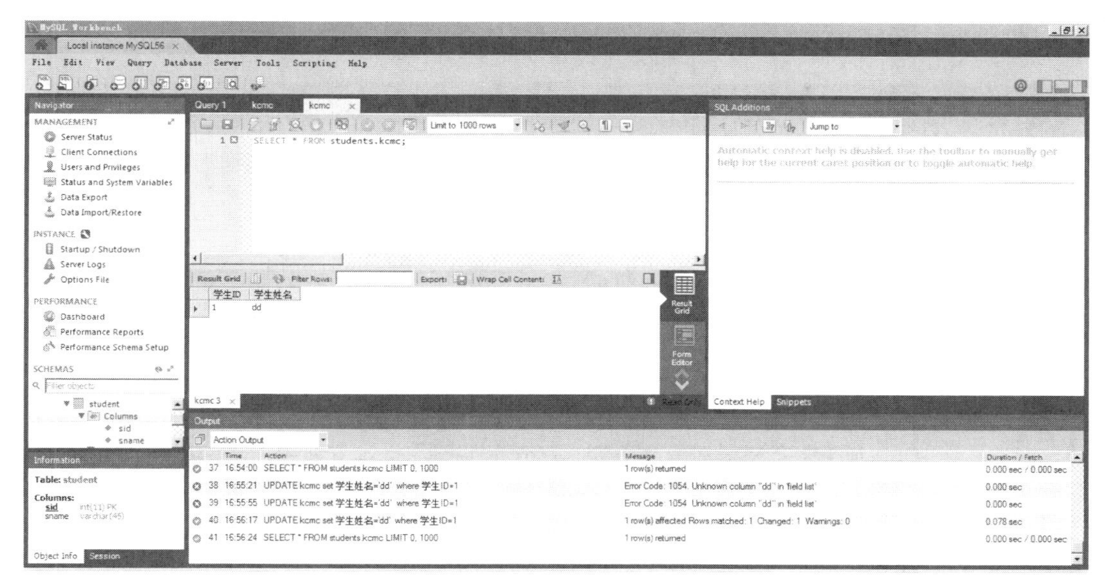

图 10-14

因为视图是一种虚拟的数据表，它们的行为和数据表一样，但并不真正包含数据。它们是用底层（真正的）数据表或其他视图定义出来的“假”数据表，用来提供查看数据表数据的另一种方法，这通常可以简化应用程序。所以也可以使用 SHOW TABLES 的命令查找到该视图，并查看视图基本信息。

如果要选取某给定数据表的数据列的一个子集，把它定义为一个简单的视图是最方便的做法。

【范例 10-9】通过视图选取某给定数据表的数据列

假设经常需要从 president 数据表选取 last_name、first_name、city 和 state 等几个数据列，但不想每次都必须写出所有这些数据列，如下所示。

```
SELECT last_name, first_name, city, state FROM president;
```

SELECT * 的方法虽然简单，但用“*”检索出来的数据列不都是用户所想要的。解决这个矛盾的办法是定义一个视图，让它只包括用户所想要的数据列。

```
CREATE VIEW vpres AS
SELECT last_name, first_name, city, state FROM president;
```

这个视图就像一个“窗口”，从中只能看到用户想看的数据列。这意味着用户可以在这个视图上使用 SELECT *，而看到的将是用户自己在视图定义里给出的那些数据列。

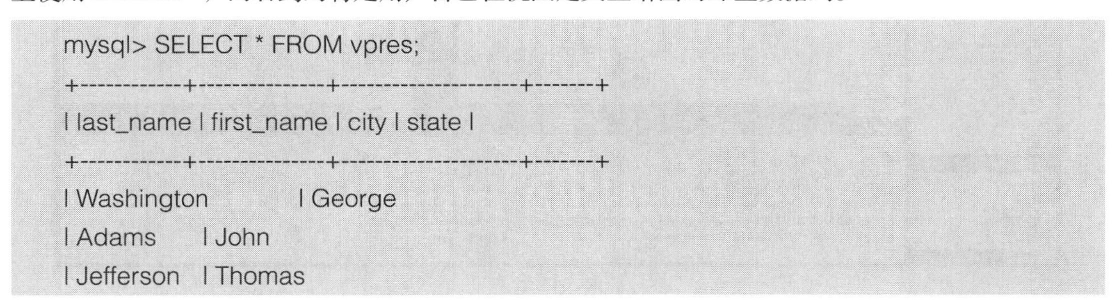

```
mysql> SELECT * FROM vpres;
+------------+--------------+--------------------+-------+
| last_name | first_name | city | state |
+------------+--------------+--------------------+-------+
| Washington            | George
| Adams        | John
| Jefferson   | Thomas
```

```
| Madison    | James
```

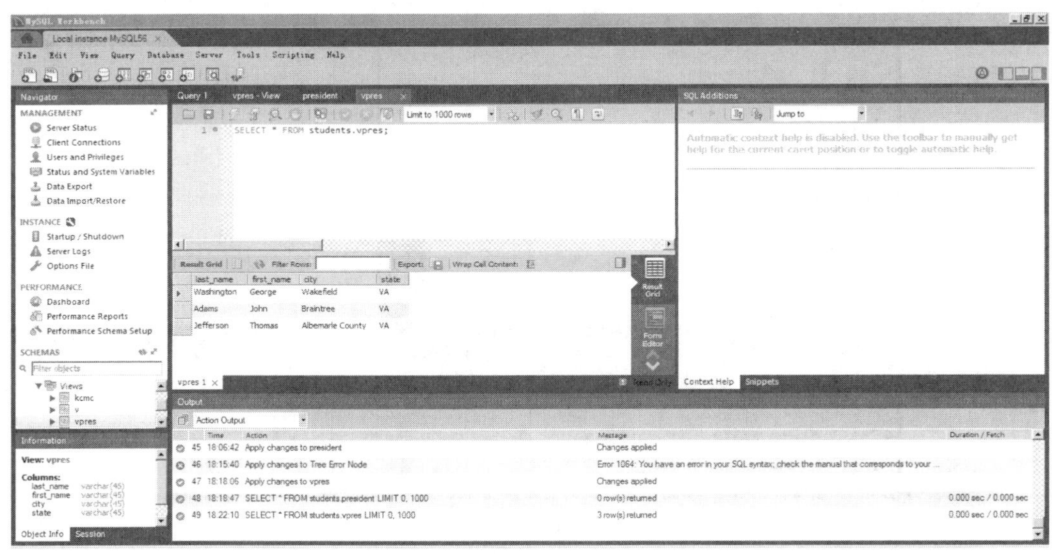

图 10-15

如果用户在查询某个视图时还使用了一个 WHERE 子句，MySQL 将在执行该查询时把它添加到那个视图的定义上以进一步限制其检索结果。

```
mysql> SELECT * FROM vpres WHERE last_name = 'Adams';
+-----------+------------+-----------+-------+
| last_name | first_name | city | state |
+-----------+------------+-----------+-------+
| Adams | John | Braintree | MA |
| Adams | John Quincy | Braintree | MA |
+-----------+------------+-----------+-------+
```

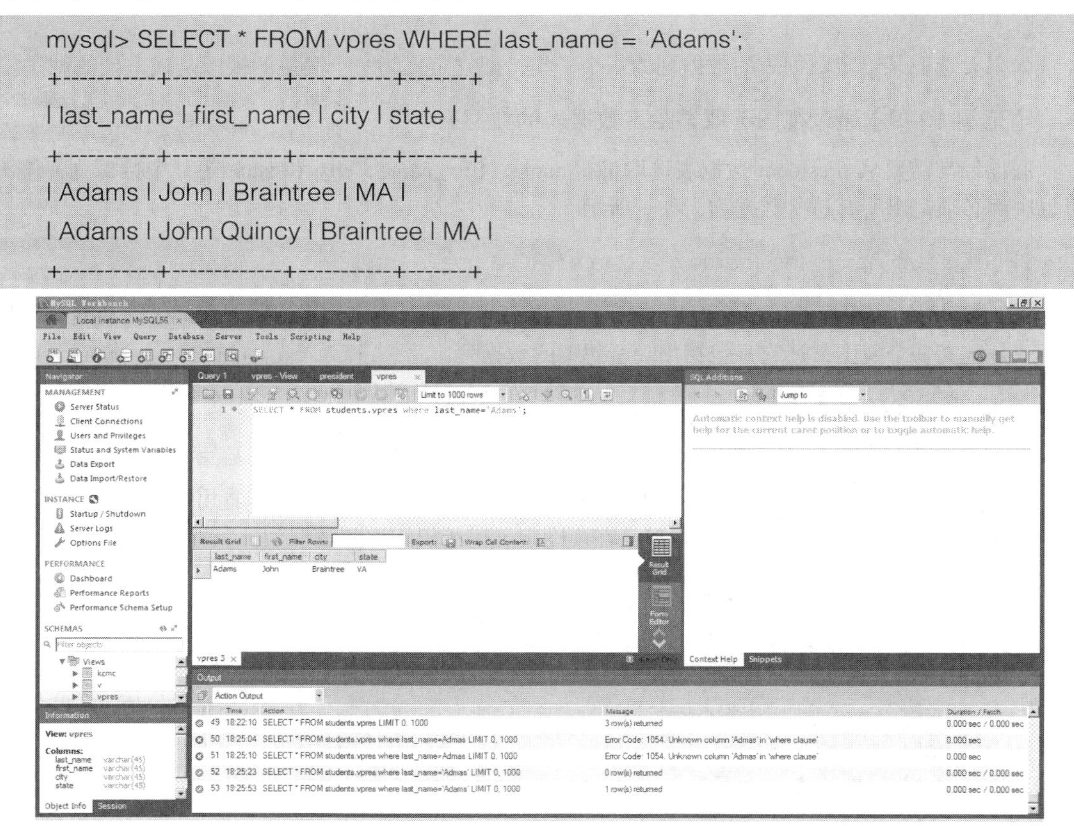

图 10-16

在查询视图时还可以使用 ORDER BY、LIMIT 等子句，其效果与查询一个真正的数据表时的情况一样。在使用视图时，只能引用在该视图的定义里列出的数据列。也就是说，如果底层数据表里的某个数据列没在视图的定义里，在使用视图的时候就不能引用它。

```
mysql> SELECT * FROM vpres WHERE suffix <> '';
ERROR 1054 (42S22): Unknown column 'suffix' in 'where clause'
```

在默认的情况下，视图里的数据列的名字与 SELECT 语句里列出的输出数据列相同。如果想明确地改用另外的数据列名字，需要在定义视图时在视图名字的后面用括号列出那些新名字。

```
mysql> CREATE VIEW vpres2 (ln, fn) AS
-> SELECT last_name, first_name FROM president;
```

此后，当使用这个视图时，必须使用在括号里给出的数据列名字，而非 SELECT 语句里的名字。

```
mysql> SELECT last_name, first_name FROM vpres2;
ERROR 1054 (42S22) at line 1: Unknown column 'last_name' in 'field list' mysql> SELECT ln,
fn FROM vpres2;
+------------+---------------+
| ln | fn |
+------------+---------------+
| Monroe | James |
```

视图可以用来自动完成必要的数学运算。

【范例 10-10】视图中数学运算的实例

```
mysql> CREATE VIEW pres_age AS
-> SELECT last_name, first_name, city, state,
-> city+':'+state AS age
-> FROM president;
```

这个视图包含一个 age 数据列，它被定义成一个运算，从这个视图选取该数据列将检索出这个运算的结果。

```
mysql> SELECT * FROM pres_age;
```

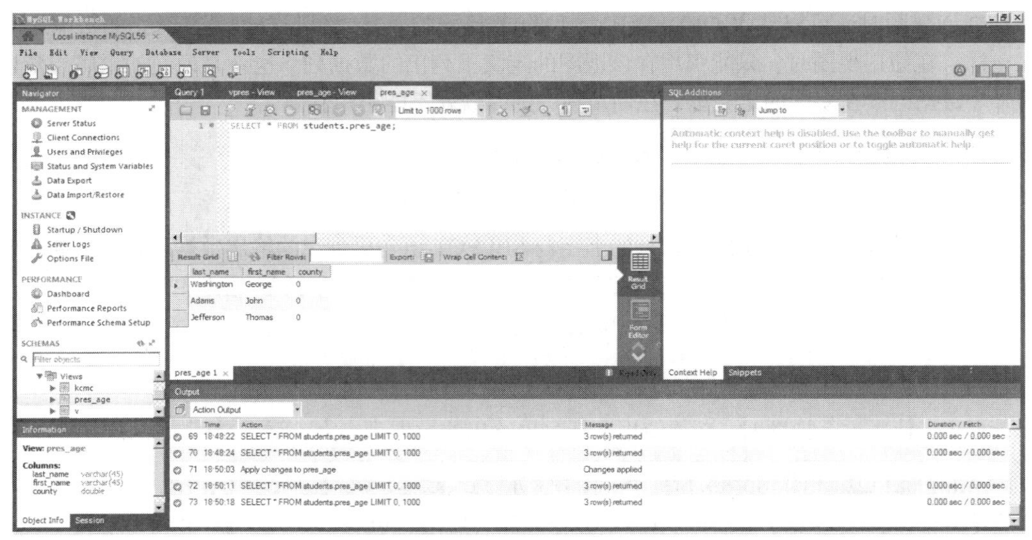

图 10-17

通过把年龄计算工作放到视图定义里完成，就用不着再在查询年龄值时写出那个公式了，有关的细节都隐藏在了视图里。同一个视图可以涉及多个数据表，这使得联结查询的编写和运行变得更容易。下面定义的视图对 score、student 和 grade_event 数据表进行了联结查询。

【范例 10-11】通过视图对多个数据表进行联结查询

```
mysql> CREATE VIEW vstudent AS
-> SELECT student.sid, name, age, score, category
-> FROM grade INNER JOIN score INNER JOIN student
-> ON grade.gid = score.gid
-> AND score.sid = student.sid;
```

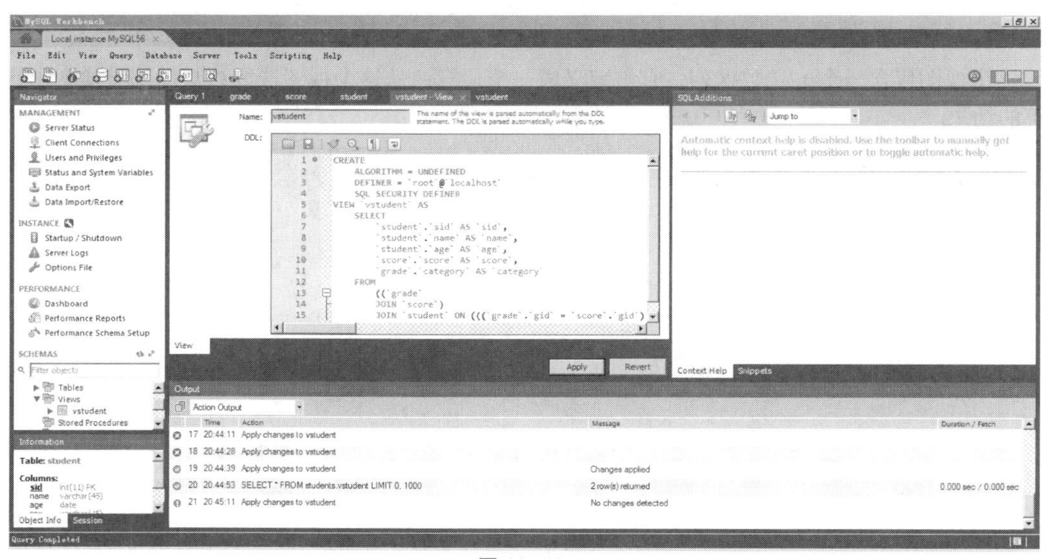

图 10-18

当从这个视图选取数据时，MySQL 将执行相应的联结查询并从多个数据表返回信息。

```
mysql> SELECT * FROM vstudent;
```

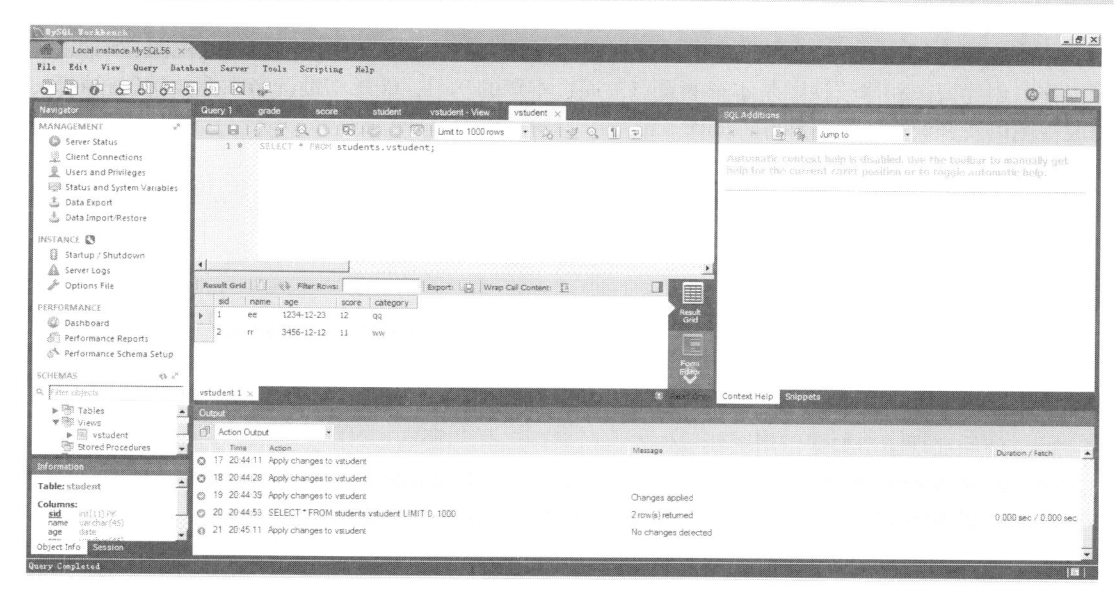

图 10–19

这个视图可以轻而易举地根据名字检索出某个学生的考试成绩。

```
mysql> SELECT * FROM vstudent WHERE name = 'rr';
```

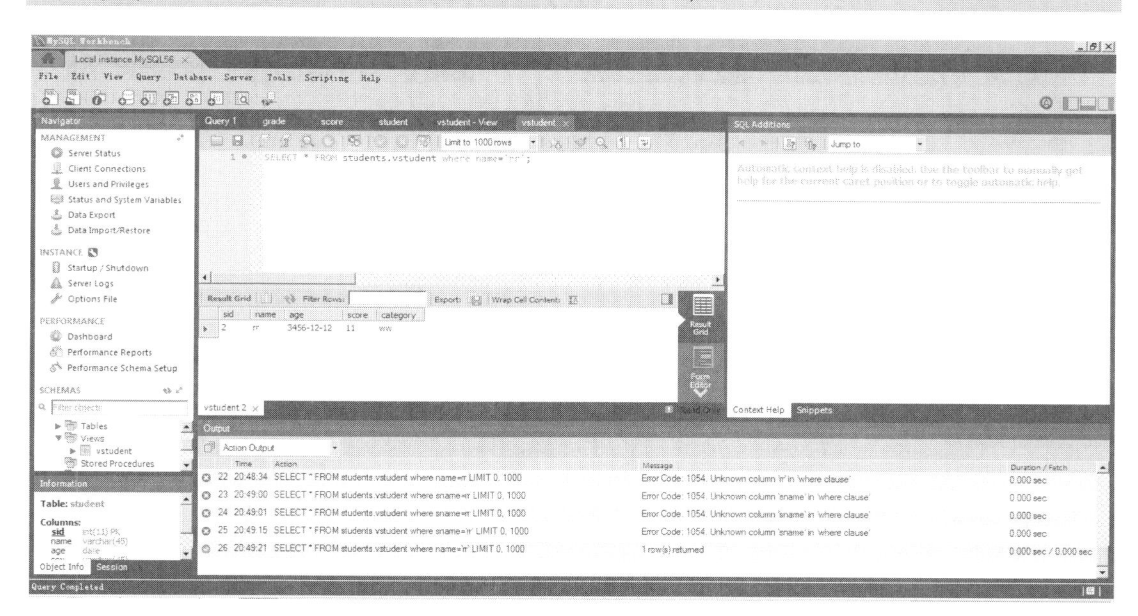

图 10–20

另外，查看视图的相关信息，还可以使用 SHOW CREATE VIEW。

如果想要简单查看视图定义的结构，可以使用 DESCRIBE 命令。

10.4 本章小结

本章主要介绍在 MySQL 数据库中关于视图的操作，主要包含创建视图、修改视图、删除视图等操作。创建视图和修改视图是本章的重点，通过本章的学习，能够帮助读者掌握如何创建视图、修改视图以及针对视图的各种熟练操作。

10.5 疑难解答

创建视图时使用的 WITH [CASCADED|LOCAL] CHECK OPTION 参数决定了更新视图是否需要满足其他视图的条件。如果没有指定 CASCADED 或者是 LOCAL，则默认是 CASCADED。例如创建基于 xs_kc 的两层视图，分别赋予 CASCADED 和 LOCAL 参数，并进行更新操作。

问：请问在视图中如何使用更新操作？

答：首先创建的视图 cjview、cjview1、cjview2，语句如下。

```
mysql>CREATE OR REPLACE VIEW cjview AS
->select * from xs_kc
->where score>80 WITH CHECK OPTION;
Query OK, 0 rows affected (0.03 sec)
```

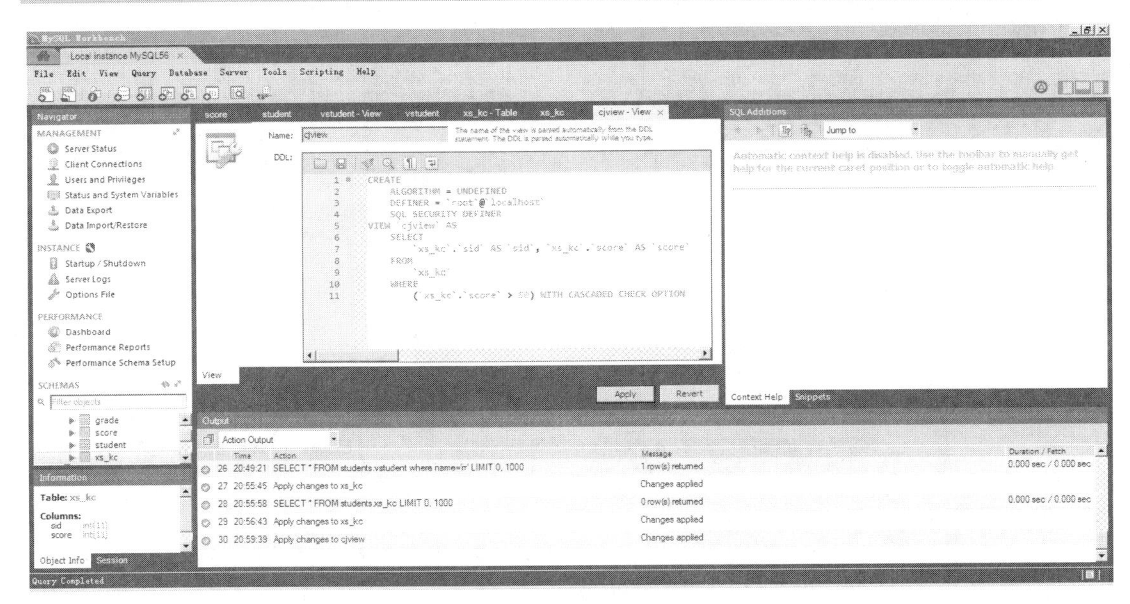

图 10-21

```
mysql>CREATE OR REPLACE VIEW cjview1 AS
->select * from cjview
->where score<90 WITH LOCAL CHECK OPTION;
Query OK, 0 rows affected (0.03 sec)
```

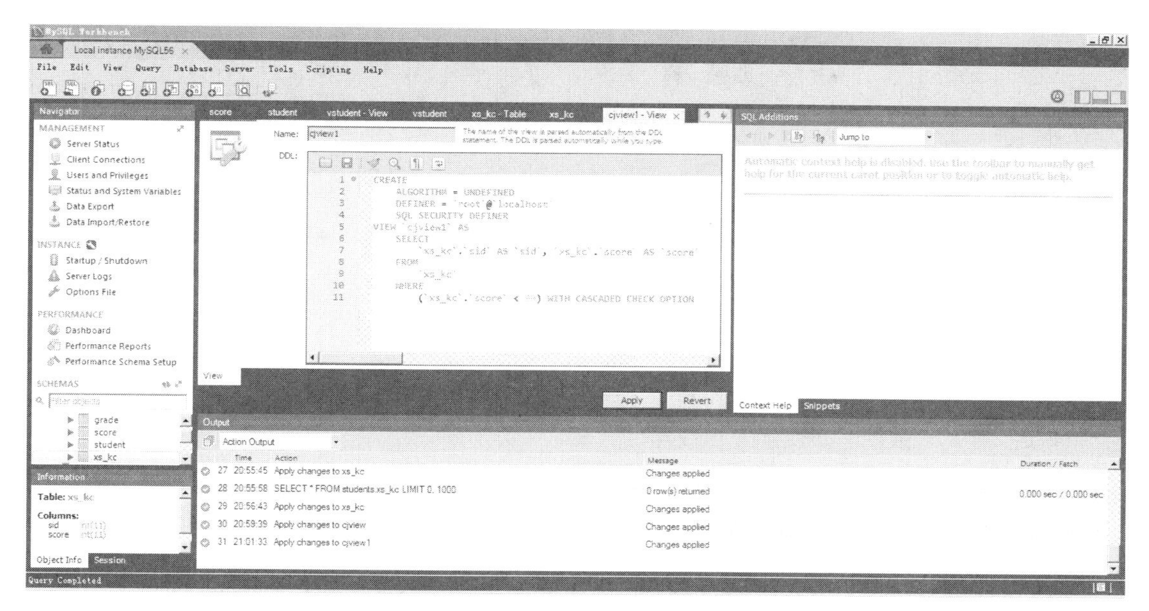

图 10-22

```
mysql>CREATE OR REPLACE VIEW cjview2 AS
->select * from cjview
->where score<90 WITH CASCADED CHECK OPTION;
Query OK, 0 rows affected (0.03 sec)
```

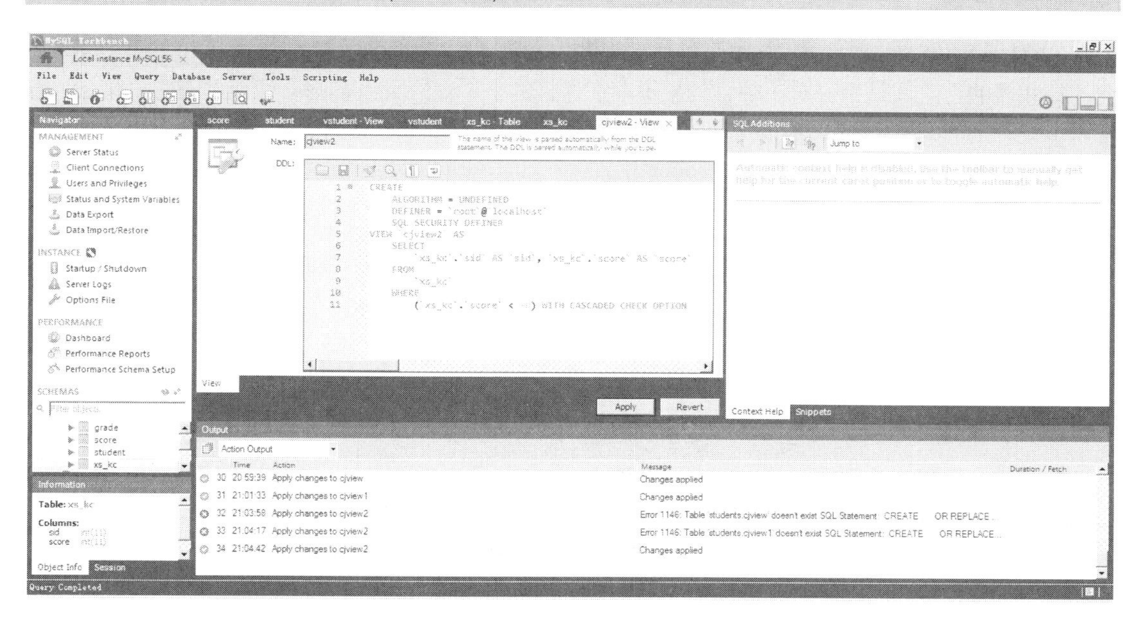

图 10-23

视图创建完毕后，分别对 cjview1、cjview2 进行 UPDATE 操作，更新操作将成绩设置为 70。因为 cjview1 是 WITH LOCAL CHECK OPTION，所以只要满足成绩 <90 即可更新，但是 cjview2 是 WITH CASCADED CHECK OPTION，这个时候不仅仅满足成绩 <90，还需要满足视图 cjview

的成绩 >80 的条件。所以更新会失败，运行结果如下。

```
mysql>update c jview2 set 成绩 =60;
ERROR 1369<HY000>:CHECK OPTION failed 'xscj.cjview2'
Mysql>update cjview1 set 成绩 =60;
Query OK, 9 rows affected <0.05 sec>
Rows matched: 9 changed: 9 Warnings: 0
```

另外一点需要说明的是，视图的定义有以下的限制。

(1) from 子句中不能有子查询。

(2) select 不能指向系统或用户的变量。

(3) select 不能指向 prepared 语法参数。

(4) 定义中的表或视图必须存在。

(5) 不能对临时表建视图，也不能建临时视图。

(6) 视图定义中的表名必须已经存在。

(7) 不能在触发器和视图之间建关联。

(8) ORDER BY 可以用在视图定义中，但是如果访问视图的 select 中使用的 order by，则视图定义中的 ORDER BY 被忽略。

(9) 对于临时表方式，会将视图的结果放置到临时表中，然后使用临时表执行 SQL 语句。这样的好处是在临时表建完之后，就会释放在原表上面的锁，这样可比 MERGE 方式更快地释放正在访问的表上的锁。

(10) 对于 UNDEFINED 方式，是指由系统自己决定使用临时表方式还是 MERGE 方式，MERGER 方式更高效，且临时表方式不能更新视图的数据。

(11) 对于 MERGE 方式，实际上是把访问视图的 SQL 拼接到视图本身的 SQL 语句上面。要求视图的行和表的行之间是一一对应的，如果不存在这样的一一对应关系，则会切换到临时表算法。包含以下关键字的 SQL 语句，不能使用 merge 方式。

① 聚合函数（sum，min，max，count 等）。

```
distinct
group by
having
union 或者 union all
```

② 常规视图。

另外，常规视图的纪录也是不能更新和删除的。不能更新和删除纪录的视图除了以上那些情况外，还包括以下情况。

◎ select 中包含子查询。

```
join
```

◎ from 一个不能更新的视图。

◎ from 一个表的子查询。

◎ 算法是临时表的视图。

如果视图还想要可以插入纪录，则必须满足以下条件。

(1) 视图必须包含基表没有默认值的所有字段。

(2) 视图列必须是简单的对应表的列，没有在上面进一步的处理。

需要注意的是，使用视图更新数据表时，视图并没有保存内容，只是引用数据。那么，更新视图，其实就是以引用的方式操作了真实表 with check option，即对视图进行更新操作时，需要检查更新后的值是否还是满足视图公式定义的条件。通俗点说，就是所更新的结果是否还会在视图中存在。如果更新后的值不在视图范围内，就不允许更新；如果创建视图的时候，没有加上 with check option，更新视图中的某项数据的话，MySQL 并不会进行有效性检查，删掉了就删掉了。在视图中将看不到了。

另外，还有一个问题，就是使用有效性检查的实际意义是什么？不妨通过下面的例子一起思考一下。

问：有效检查在视图中如何使用？

答：重新组织表的需求如下。

```
CREATE TABLE 'result' ('MATH_NO' INT(10) NOT NULL unsigned AUTO_INCREMENT
PRIMARY KEY,'TEAMNO' INT(10) NOT NULL,
    'PLAYERNO' INT(10) NOT NULL,
    'WON' VARCHAR(10) NOT NULL,
    'LOST' VARCAHR(10) NOT NULL,
    'CAPTAIN' INT(10) NOT NULL COMMIT ' 就是 PLAYERNO 的另外名字 ',
    'DIVISION' VARCHAR(10) NOT NULL
    ) ENGINE=MYISAM  DEFAULT CHARSET=utf8 COMMIT=' 重新组的新表 ' AUTO_INCREMENT=1
```

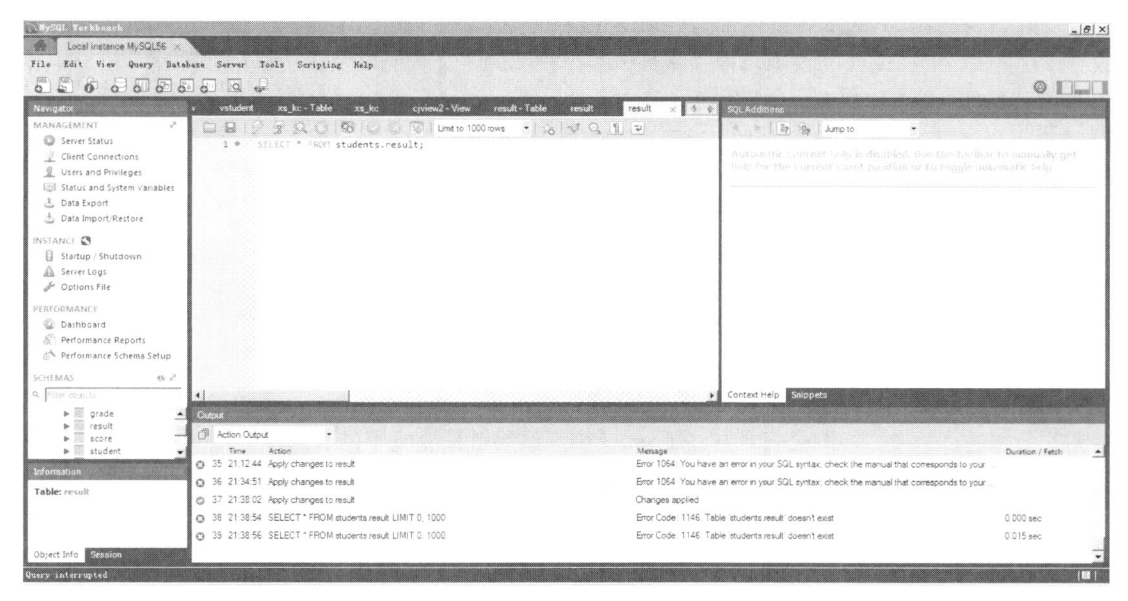

图 10-24

针对每个表创建一个视图，将数据保存进去，语句如下。

```
CREATE VIEW teams(TEAMNO,PLAYERNO,DIVISION) AS SELECT  DISTINCT TEAMNO,
CAPTAIN,DIVISION FROM result
报错：#1050 - Table 'teams' already exists
```

说明：因为视图也是一种表，是虚拟表，不能与已有的表(视图)出现重名。

接下来，删掉表 teams，再执行创建视图的代码。

通过上面例子，得出以下结论：将视图看成与表一样，可以更加容易地理解、使用规则。下面的对比便于更好地理解。

(1) 在使用视图的时候，与使用表的语法一样。

(2) 创建视图的时候，该视图的名字如果与已经存在的表重名，就会报错，不允许创建。视图就是一种特殊的表。

(3) 创建视图的时候，可以这样使用 CREATE VIEW teams(TEAMNO,PLAYERNO,DIVISION)，从而定义视图表的结构。

(4) 在 phpmyadmin 中，左边的列表中将视图与表列在了一起。通过右侧的状态"View:teams"可以知道该表是视图表。

对于多表视图的可更新性有如下规定。

(1) 首先基于 MERGE 算法的表连接必须是内连接，视图中只有一个单表是可以被更新的。对于多表可更新视图，如果插入其中一个单表是可以的，删除记录则是不被允许的。

(2) WITH [CASCADED | LOCAL] CHECK OPTION 决定了是否允许更新数据使记录不再满足视图的条件。

(3) 这个选项和 oracle 是类似的，local 是只要满足本视图的条件就可以，cascade 则是必须满足所有针对该表的所有视图的条件才行。如果没有明确是 local 还是 cascade，则默认是 cascade。

另外，视图在 MySQL 中的内部管理机制也值得一提，视图的记录都保存在 information_schema 数据库中的一个叫 views 的表中。可以从具体某个视图的定义代码以及属于哪个数据库等信息中看到理解视图的两种工作机制，语句如下。

```
select * from teams
```

针对上面语句，总结几个知识点。

(1) 确认是视图的过程，teams 也可以是表名。由于表与视图的物理机制不同。视图本身是不存储内容的。所以，在使用 SQL 的时候，MySQL 辨别 teams 是一个视图还是表，是因为有一个查看目录的例程在做这件事。

(2) MySQL 处理视图的两种方法：替代方式和具体化方式。

① 替换方式：视图名直接使用视图的公式替换掉了。针对上面视图 teams，MySQL 会使用该视图的公式进行替换，视图公式合并到了 select 中。结果就是变成了如下 SQL 语句。

```
select * from (SELECT  DISTINCT TEAMNO,CAPTAIN,DIVISION FROM result)
```

也就是最后提交给 MySQL 处理该 SQL 语句。

② 具体化方式：MySQL 先得到了视图执行的结果，该结果形成一个中间结果暂时存在内存中。之后，外面的 select 语句就调用了这些中间结果（临时表）。

看起来都是要得到结果，形式上有区别，但好像没体会到本质上的区别。两种方式又有什么样的不同呢？

替换方式将视图公式替换后，将其当成一个整体 SQL 进行处理了。具体化方式则是先处理视图结果，后处理外面的查询需求。

替换方式可以总结为先准备，后执行。具体化方式可以总结理解为分开处理。哪种方式好？不知道。MySQL 会自己确定使用哪种方式进行处理。用户自己在定义视图的时候也可以指定使用何种方式，像以下所示这样使用。

```
CREATE ALGORITHM=merge VIEW teams as SELECT  DISTINCT TEAMNO,CAPTAIN,
DIVISION FROM result
```

ALGORITHM 有 3 个参数分别是 merge、TEMPTABLE、UNDEFINED。

有些书中提到替换与具体化的方式的各自适用之处，可以这样理解：因为临时表中的数据不可更新。所以，如果使用参数是 TEMPTABLE，无法进行更新。当参数定义是 UNDEFINED（没有定义 ALGORITHM 参数）时，MySQL 更倾向于选择合并方式，是因为这种方式更加有效。

最后，额外提一下 MySQL 中的视图及性能问题。

视图是 MySQL 5.0 中增加的三大新功能之一（另外两个是存储过程与触发器），也是一般稍微“高级”一点的数据库所必需要有的功能。MySQL 在定义视图上没什么限制，基本上所有的查询都可定义为视图，并且也支持可更新视图（当然只有在视图和行列与基础表的行列之间存在一一对应关系时才能更新），因此从功能上说 MySQL 的视图功能已经很完善了。

然而若要在应用中使用视图，还需要了解处理视图时的性能，而 MySQL 在这方面问题是比较大的，需要特别注意。首先要知道 MySQL 在处理视图时有两种算法，分别称为 MERGE 和 TEMPTABLE。在执行“CREATE VIEW”语句时可以指定使用哪种算法。所谓 MERGE 是指在处理涉及到视图的操作时，将对视图的操作根据视图的定义进行展开，有点类似于 C 语言中的宏展开。

问：处理视图时的性能问题如何应对？

答：处理视图时的性能举例如下。

```
CREATE TABLE 'result' (
 'id' int(11) NOT NULL,
 'user_id' int(11) default NULL,
 'content' varchar(255) default NULL,
 PRIMARY KEY  ('id'),
 KEY 'idx_comment_uid' ('user_id')
) ENGINE=InnoDB;
```

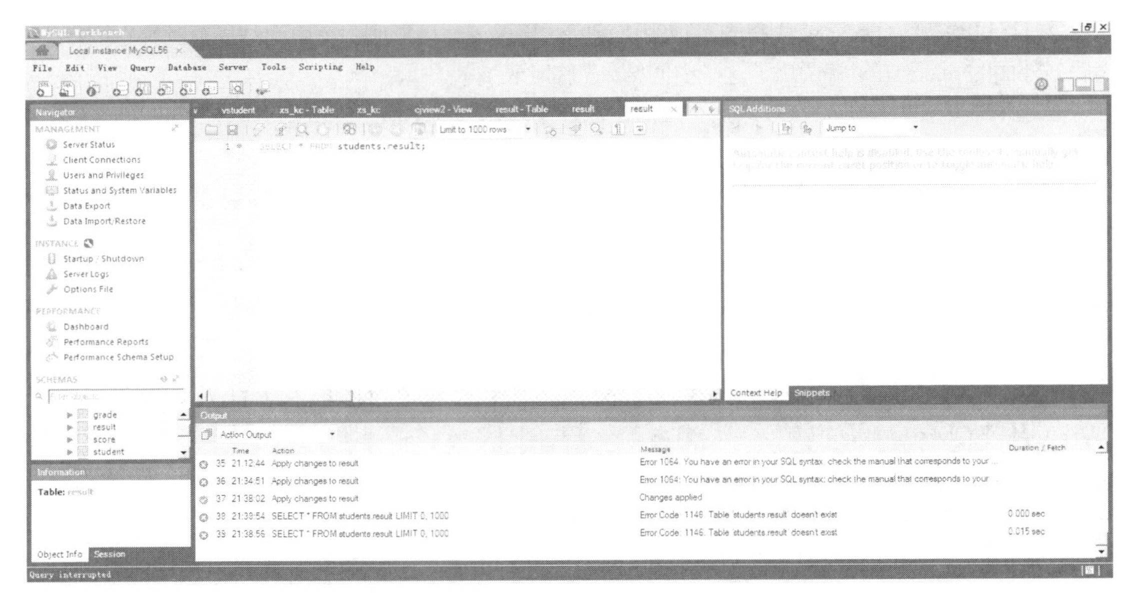

图 10-25

假设 user_id < 10000 的用户为 VIP 用户，可以创建一个视图来表示 VIP 用户的评论，语句如下。

```
CREATE VIEW vip_comment AS SELECT * FROM result WHERE user_id < 10000;
```

这时在操作 vip_comment 视图时使用的就是 MERGE 算法，语句如下。

```
mysql > EXPLAIN EXTENDED SELECT count(*) FROM vip_comment WHERE user_id < 0;
+----+-------------+---------+-------+-----------------+-----------------+---------+------+------+--------------
-----------+
| id | select_type | table   | type  | possible_keys   | key | key_len | ref  | rows | Extra
+----+-------------+---------+-------+-----------------+-----------------+---------+------+------+--------------
-----------+
| 1 | SIMPLE  | comment | range | idx_comment_uid | idx_comment_uid | 5  | NULL |   10 |
Using where; Using index |
+----+-------------+---------+-------+-----------------+-----------------+---------+------+------+--------------
-----------+
mysql> show warnings;
+-------+------+----------------------------------------------------------------------------------------------
----------+
|Level|Code|Message
+-------+------+----------------------------------------------------------------------------------------------
----------+
| Note  | 1003 | select count(0) AS 'count(*)' from 'test'.'comment' where (('test'.'comment'.
'user_id' < 0) and ('test'.'comment'.'user_id' < 10000)) |
+-------+------+----------------------------------------------------------------------------------------------
----------+
```

可以看到，对 vip_comment 的操作已经被扩展为对 comment 表的操作。

一般来说，在能够使用 MERGE 算法的时候 MySQL 处理视图上没什么性能问题，但并非在任何时候都能使用 MERGE 算法。事实上，只要视图的定义稍稍有点复杂，MySQL 就没办法使用 MERGE 算法了。准确地说，只要视图定义中使用了某些 SQL 构造块就无法使用 MERGE 算法，例如包含聚合函数之类的（前面已提及）。

确实，在视图定义比较复杂的情况下，要对视图操作进行有效的优化是非常困难的。因此在这个时候，MySQL 使用了一种以不变应万变的方法，即先执行视图定义，将其结果使用临时表保存起来，这样后续对视图的操作就转化为对临时表的操作。不能不说，单从软件设计的角度看，这样的方法非常优雅，然而从性能角度，这一方法也非常差。

比如，用户希望使用如下的视图来表示每个用户的评论数。

```
CREATE VIEW comment_count AS SELECT user_id, count(*) AS count FROM comment
GROUP BY user_id;
```

使用这个视图的时候，我们可能心里有个小算盘。目前我们先用这个视图顶着，如果性能确实有问题，那我们就再做一张 comment_count 的表，其中就记下来每个用户的评论数。而我们现在先用这个视图是为了将来要是改的话会方便点（这也是视图，即教科书中所谓的外模式，存在的主要原因之一，另一主要原因是便于权限控制）。但是遇到了 MySQL，我们的小算盘铁定会失败。

来看一下指定 user_id 从 comment_count 选取记录时的执行策略。

问：指定 user_id 从 comment_count 选取记录时的问题，如何应对？

答：指定 user_id 从 comment_count 选取记录时的问题分析如下。

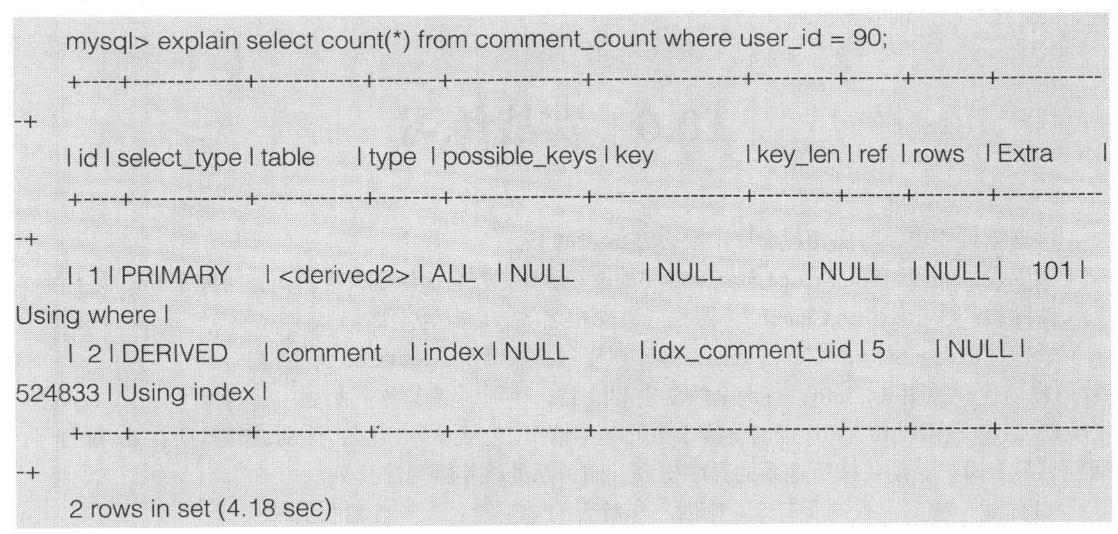

```
mysql> explain select count(*) from comment_count where user_id = 90;
+----+-------------+------------+-------+---------------+-----------------+---------+------+--------+-----------
-+
| id | select_type | table      | type  | possible_keys | key             | key_len | ref  | rows   | Extra      |
+----+-------------+------------+-------+---------------+-----------------+---------+------+--------+-----------
-+
| 1 | PRIMARY | <derived2> | ALL | NULL | NULL | NULL | NULL | 101 |
Using where |
| 2 | DERIVED | comment | index | NULL | idx_comment_uid | 5 | NULL |
524833 | Using index |
+----+-------------+------------+-------+---------------+-----------------+---------+------+--------+-----------
-+
2 rows in set (4.18 sec)
```

可以看出，MySQL 首先是先执行 comment_count 的视图定义，将结果存储在临时表中（即 DERIVED），然后再扫描这一临时表，选择出满足"user_id = 90"的那一条记录。这样，虽然最终只需要统计 90 号用户的评论数，并且 comment 表的 user_id 字段上也有索引，MySQL 也会扫描整个 comment 表，并按 user_id 分组计算出所有用户的评论数。一般来说，这会使系统崩溃。这里面还要注意的是，即使在进行 EXPLAIN 时，视图的物化也是要先执行的，因此若评论很多的话

EXPLAIN 也一样会很慢。

这个问题的根源是 MySQL 的查询优化本来就存在很多问题。对于上述的查询，要达到比较好的优化效果，在数据库中一般是如下处理的。

(1) 将对视图的操作转化为 FROM 子句中的子查询。

```
    select * from (select user_id, count(*) as count from comment group by user_id) as
comment_count where user_id = 90;
```

(2) 子查询提升。因为子查询中使用了 group by，因此先将外面的条件作为提升后的 having 条件。

```
    select user_id, count(*) as count from comment group by user_id having user_id = 90;
```

(3) 由于 having 条件中不涉及聚集函数，转化为 where 条件。

```
    select user_id, count(*) as count from comment where user_id = 90 group by user_id;
```

(4) 由于指定 where 条件后，user_id 已经是一个常数，根据常数 group by 没意义，因此去掉 group by。

```
    select user_id, count(*) as count from comment where user_id = 90;
```

一般从概念上要经过这 4 步转化，才能得到最后的优化语句。除第 (4) 步无法根据 EXPLAIN 输出和查询性能判断出 MySQL 是否进行这一优化外，前 3 类优化 MySQL 都不会进行。因此，MySQL 要能够有效地处理上述查询还有很长的路要走。

相对来说 PostgreSQL 的查询优化能力就强得多，上面的查询在 PostgreSQL 中就能够产生上述优化后的最终执行计划。PostgreSQL 比较关注查询优化，估计这与 PostgreSQL 的学院派风格或 PostgreSQL 中的 rule system 有关。

10.6 实战练习

根据题目要求，写出相应命令。要创建的表如下。

学生表：StudentSno,Sname,Ssex,Sage,Sdept（学号，姓名，性别，年龄），所在系 Sno 为主键。

课程表：Course(Cno,Cname,)（课程号，课程名），Cno 为主键。

学生选课表：SC(Sno,Cno,Score)（号，课程号，成绩），Sno,Cno 为主键。

(1) 创建一视图 stu_info，查询全体学生的姓名、性别、课程名、成绩。

(2) 创建一视图 stu_info，查询全体学生的基本情况（包括学号、姓名、性别、年龄、所在系、课程号、课程名等字段），结果按所在系的升序排列，同一系的按年龄降序排列。

(3) 创建一视图，查询所有比“李四”年龄大的学生姓名、年龄和性别。

(4) 创建一视图，查询 student 表中成绩在前三位的学生的学号、姓名及所在系。

(5) 通过修改视图的方法给选修了 1 号课程且成绩低于 70 的学生每人成绩增加 5 分。

(6) 通过修改视图的方法向 Student 表添加一条纪录：200201，张三，男，21，计算机。

(7) 删除以上创建的视图。

第 11 章
数据库的高级操作

本章导读

通过前几章的学习，相信读者对数据库的概念以及数据库的基本操作有了一定的了解。随着学习的不断深入，对信息系统的安全稳定性要求也越来越高。本章将讲解一些数据库中的高级操作，如数据库的备份和恢复、MySQL 的访问权限管理、用户账户管理、安全管理等。

本章课时：理论 4 学时 + 实践 2 学时

学习目标

- ▶ 数据库的备份和恢复
- ▶ 权限管理
- ▶ 用户账户管理
- ▶ 安全管理

11.1 数据库的备份和恢复

11.1.1 数据库备份的意义

数据丢失对大小企业来说都是个噩梦，业务数据与企业日常业务运作唇齿相依，损失这些数据，即使是暂时性的，亦会威胁到企业辛苦赚来的竞争优势，更可能摧毁公司的声誉，或可能引致昂贵的诉讼和索偿费用。

随着服务器海量数据的不断增长，数据的体积变得越来越庞大。同时，各种数据的安全性和重要程度也越来越被人们所重视。对数据备份的认同涉及到两个主要问题，一是为什么要备份，二是为什么要选择磁带作为备份的介质。首先我们来认识备份的重要性。

大到自然灾害，小到病毒、电源故障乃至操作员意外操作失误，都会影响系统的正常运行，甚至造成整个系统完全瘫痪。数据备份的任务与意义就在于，当灾难发生后，通过备份的数据完整、快速、简捷、可靠地恢复原有系统。针对现有的对备份的误解，必须了解和认识一些典型的事例，从而认清备份方案的一些误区。

首先，有人认为复制就是备份，其实单纯复制数据无法使数据留下历史记录，也无法留下系统的 NDS 或 Registry 等信息。完整的备份包括自动化的数据管理与系统的全面恢复，因此，从这个意义上说，备份 = 复制 + 管理。

其次，以硬件备份代替备份。虽然很多服务器都采取了容错设计，即硬盘备份（双机热备份、磁盘阵列与磁盘镜像等），但这些都不是理想的备份方案。比如双机热备份中，如果两台服务器同时出现故障，那么整个系统便陷入瘫痪状态，因此存在的风险还是相当大的。

此外，只把数据文件作为备份的目标。有人认为备份只是对数据文件的备份，系统文件与应用程序无需进行备份，因为它们可以通过安装盘重新进行安装。事实上，考虑到安装和调试整个系统的时间可能要持续好几天，其中花费的投入是十分不必要的，因此，最有效的备份方式是对整个 IT 架构进行备份。

很难想象，几个 GB 的工程数据价值超过几千万人民币，而同样容量的商业数据有可能以亿元来衡量，更不用谈及整个系统的价值了。这还不完全是数据进行备份的全部原因，一旦系统崩溃，除了显而易见的金钱损失，隐含的各种损失有时候是更加触目惊心的。

所以，只有拥有了安全可靠的备份后，身为系统管理员（SA）的我们才可舒心地享受生活。反之，如果没有一个可靠的备份策略，那么各位同事一定时时在为数据的丢失而烦恼。

有研究机构表明，企业每损失 10 MB 的数据，就会造成 5000 美元的损失。如果丢失的关键数据没有及时恢复的话，损失还会加重。数据库备份的意义如下。

⑴ 提高信息管理系统的风险修复能力，在数据库崩溃的时候能及时找到备份数据。

⑵ 在 Web 2.0 时代，没有用户数据的应用没有任何意义，数据库的备份是一种防患于未然的强力且最有效的手段。

⑶ 使用数据库的备份和还原是数据应急方案中代价花费最小的，是企业数据保护的最优选择。

定制一套合理的备份策略尤为重要，可以让数据库管理员全局掌控数据库的备份恢复。以下是一些数据库管理员可以思考的因素。

⑴ 数据库要定期做备份，备份的周期应当根据应用数据系统可承受的恢复时间，而且定期备份的时间应当在系统负载最低的时候进行。对于重要的数据，要保证在极端情况下的损失都可以正

常恢复。

⑵ 定期备份后，同样需要定期做恢复测试，了解备份的正确可靠性，确保备份是有意义的、可恢复的。

⑶ 根据系统需要来确定是否采用增量备份，增量备份只需要备份每天的增量数据，备份花费的时间少，对系统负载的压力也小。缺点就是恢复的时候需要加载之前所有的备份数据，恢复时间较长。

⑷ 确保 MySQL 打开了 log-bin 选项，MySQL 在做完整恢复或者基于时间点恢复的时候都需要 BINLOG。

⑸ 可以考虑异地备份。

11.1.2 逻辑备份和恢复

1. 逻辑备份

逻辑备份也可称为文件级备份，是将数据库中的数据备份为一个文本文件，而备份的大小取决于文件大小。并且该文本文件是可以移植到其他机器上的，甚至是不同硬件结构的机器。

⑴ 使用 mysqldump 命令生成 INSERT 语句备份。

此方法类似于 oracle 的 expdp/exp 工具，语法如下。

```
mysqldump [arguments] > file_name.sql
```

使用帮助如下。

```
[root@gc ~]# mysqldump
Usage: mysqldump [OPTIONS] database [tables]
OR     mysqldump [OPTIONS] --databases [OPTIONS] DB1 [DB2 DB3...]
OR     mysqldump [OPTIONS] --all-databases [OPTIONS]
For more options, use mysqldump --help
```

【范例 11-1】数据库的备份操作

备份所有数据库，语句如下。

```
# mysqldump -uroot -proot --all-database > /tmp/dumpback/alldb.sql
```

备份某些数据库，语句如下。

```
# mysqldump -uroot -proot --database sqoop hive > /tmp/dumpback/sqoop_hive.sql
```

备份某数据库中的表，语句如下。

```
# mysqldump -uroot -proot sqoop tb1 > /tmp/dumpback/sqoop_tb1.sql
```

查看备份内容，语句如下。

```
[root@gc dumpback]# more sqoop_tb1.sql
-- MySQL dump 10.13  Distrib 5.5.24, for Linux (x86_64)
--
-- Host: localhost    Database: sqoop
```

```
-- -----------------------------------------------------
-- Server version	5.5.24
/*!40101 SET @OLD_CHARACTER_SET_CLIENT=@@CHARACTER_SET_CLIENT */;
......
--
-- Table structure for table 'tb1'
--
DROP TABLE IF EXISTS 'tb1';
/*!40101 SET @saved_cs_client     = @@character_set_client */;
/*!40101 SET character_set_client = utf8 */;
CREATE TABLE 'tb1' (
'table_schema' varchar(64) CHARACTER SET utf8 NOT NULL DEFAULT '',
'table_name' varchar(64) CHARACTER SET utf8 NOT NULL DEFAULT '',
'table_type' varchar(64) CHARACTER SET utf8 NOT NULL DEFAULT ''
) ENGINE=InnoDB DEFAULT CHARSET=latin1;
/*!40101 SET character_set_client = @saved_cs_client */;
--
-- Dumping data for table 'tb1'
--
LOCK TABLES 'tb1' WRITE;
/*!40000 ALTER TABLE 'tb1' DISABLE KEYS */;
INSERT INTO 'tb1' VALUES ('information_schema','CHARACTER_SETS','SYSTEM VIEW')
......
/*!40000 ALTER TABLE 'tb1' ENABLE KEYS */;
UNLOCK TABLES;
/*!40103 SET TIME_ZONE=@OLD_TIME_ZONE */;
.....
-- Dump completed on 2013-03-25 18:26:53
```

这里需要思考的是：如何保证数据备份的一致性？要想保证数据的一致性可以通过以下两种方法做到。

① 同一时刻取出所有数据。

对于事务支持的存储引擎，如Innodb或BDB等，可以通过控制将整个备份过程在同一个事务中，使用“--single-transaction”选项。示例语句如下。

```
# mysqldump --single-transaction test > test_backup.sql
```

② 数据库中的数据处于静止状态。

通过锁表参数未完成。

◎ lock-tables 每次锁定一个数据库的表，此参数默认为 true（见上面备份内容实例）。

◎ lock-all-tables 一次锁定所有的表，适用于 dump 的表分别处于各个不同的数据库中的情况。

(2) 生成特定格式的纯文本文件备份。

① 通过 SELECT … TO OUTFILE FROM …命令。

通过 Query 将特定数据以指定方式输出到文本文件中，类似于 oracle 中的 spool 功能。

参数说明如下。

◎ FIELDS ESCAPED BY ['name']：在 SQL 语句中需要转义的字符。

◎ FIELDS TERMINATED BY：设定每两个字段之间的分隔符。

◎ FIELDS [OPTIONALLY] ENCLOSED BY 'name'：包装，有 optionally 数字类型不被包装，否则全包装。

◎ LINES TERMINATED BY 'name'：行分隔符，即每记录结束时添加的字符。

【范例 11-2】使用 Query 将特定数据输出到文本文件中

```
mysql> select * into outfile '/tmp/tb1.txt'
    -> fields terminated by ','
    -> optionally enclosed by '"'
    -> lines terminated by '\n' -- 默认
-> from tb1 limit 50;
Query OK, 50 rows affected (0.00 sec)
 [root@gc tmp]# more tb1.txt
"information_schema","CHARACTER_SETS","SYSTEM VIEW"
"information_schema","COLLATIONS","SYSTEM VIEW"
……
```

② 通过 mysqldump 工具命令导出文本。

用此方法可以生成一个文本数据和一个对应的数据库结构创建脚本，主要重要参数如下。

```
-T, --tab=name      Create tab-separated textfile for each table to given
                    path. (Create .sql and .txt files.) NOTE: This only works
                    if mysqldump is run on the same machine as the mysqld
                    server.
```

> 提示：如果没有指定具体备份的数据表，则 MySQL 默认会导出该数据库的所有表。

【范例 11-3】使用 mysqldump 命令导出文本

导出 sqoop 库的 tb1 表。

```
# mysqldump -uroot -proot -T /tmp sqoop tb1 --fields-enclosed-by=\" --fields-terminated-by=,
[root@gc tmp]# ls
tb1.sql  tb1.txt
```

2. 逻辑备份的恢复

(1) INSERT 语句文件的恢复。

① 使用 MySQL 命令直接恢复。

把 sqoop 库的 tb1 表恢复到 test 库，语句如下。

```
# mysql -uroot -proot -D test < /tmp/dumpback/sqoop_tb1.sql
```

② 连接上 MySql 在命令行中执行恢复。

【范例 11-4】表的恢复

上面的例子同样可以使用下面的方法。

```
[root@gc ~]# mysql -uroot -proot -D test
mysql> select database();
+------------+
| database() |
+------------+
| test       |
+------------+
1 row in set (0.00 sec)
 mysql> source /tmp/dumpback/sqoop_tb1.sql
Query OK, 0 rows affected (0.00 sec)
Query OK, 0 rows affected (0.00 sec)
......
```

或是如下语句。

```
mysql> \. /tmp/dumpback/sqoop_tb1.sql
```

(2) 纯文本文件的恢复。

① 使用 LOAD DATA INFILE 命令。

此命令是 SELECT … TO OUTFILE FROM 反操作，类似于 Oracle 的 Sqlldr 工具，其语法如下。

```
LOAD DATA [LOW_PRIORITY | CONCURRENT] [LOCAL] INFILE 'file_name.txt'
  [REPLACE | IGNORE]
 INTO TABLE tbl_name
 [FIELDS
  [TERMINATED BY 'string']
  [[OPTIONALLY] ENCLOSED BY 'char']
  [ESCAPED BY 'char' ]
 ]
 [LINES
  [STARTING BY 'string']
```

```
    [TERMINATED BY 'string']
   ]
   [IGNORE number LINES]
   [(col_name_or_user_var,...)]
   [SET col_name = expr,...]]
```

【范例 11-5】文本文件的恢复

```
mysql> use sqoop;
Database changed
mysql> load data infile '/tmp/tb1.txt' into table tb1
    -> fields terminated by ','
    -> optionally enclosed by '” '
    -> lines terminated by '\n';
Query OK, 50 rows affected (0.01 sec)
Records: 50  Deleted: 0  Skipped: 0  Warnings: 0
```

② 使用 mysqlimport 工具恢复。

此工具可用于恢复上面 mysqldump 生成 txt 和 sql 两文件，所以要保证 txt 文件对应的数据库中的表存在。

【范例 11-6】使用 mysqlimport 工具恢复

首先恢复表结构，语句如下。

```
[root@gc ~]# mysql -uroot -proot -D test < /tmp/tb1.sql
```

恢复数据，语句如下。

```
[root@gc ~]# mysqlimport -uroot -proot test --fields-enclosed-by=\" --fields-terminated-by=, /
tmp/tb1.txt
test.tb1: Records: 93  Deleted: 0  Skipped: 0  Warnings: 0
```

11.1.3 物理备份和恢复

物理备份和逻辑备份的最大优点是备份和恢复的速度都很快，这是因为物理备份的原理都是基于文件复制。当然实际操作过程中并没有文件复制那么简单。

物理备份比逻辑备份速度更快，物理备份分为以下两种。

⑴ 冷备份：这种方式是最直接的备份方式，就是首先停掉数据库服务，然后复制数据文件，恢复时停止 MySQL，先进行操作系统级别恢复数据文件，然后重启 MySQL 服务，使用 mysqlbinlog 工具恢复自备份以来的所有 binlog。虽然这种方式简单且对各个存储引擎都支持，但是有一个非常大的弊端就是需要关闭数据库服务。当前的大多信息系统都是不允许长时间停机的。

⑵ 热备份：对于不同的存储引擎方法也不同。

① MyISAM 存储引擎，本质就是将要备份的表加读锁，然后再复制数据文件到备份目录。方

法有如下两种。

方法 1：使用 mysqlhotcopy 工具。

mysqlhotcopy 工具是 mysql 自带的热备份工具，使用方法如下。

```
mysqlhotcopy db_name [/path/to/new_directory]
```

方法 2：手工锁表复制，语句如下。

```
mysql&gt;flush tables for read;
```

然后复制数据文件到备份目录下。

② InnoDB 存储引擎。

ibbackup 工具可以热备份 InnoDB 存储引擎类数据库，但它是收费的，此处不赘述。

笔者在这里为读者推荐开源工具 xtrabackup。xtrabackup 是 Percona 公司参与开发的一款在线备份工具，主要具备以下特点：免费开源、支持在线备份，备份速度快，占用磁盘空间小，等等，并且支持不同情况下的备份形式。它是商业备份工具 InnoDB Hotbackup 的一个很好的替代品。xtrabackup 包含两个主要的工具，即 xtrabackup 和 innobackupex。

xtrabackup 只能备份 InnoDB 和 XtraDB 两种数据表，而不能备份 MyISAM 数据表。而 innobackupex 是一个封装了 xtrabackup 的 Perl 脚本，所以能同时备份处理 InnoDB 和 XtraDB，但在处理 myisam 时需要加一个读锁。

11.1.4 各种备份与恢复方法的具体实现

(1) 利用 select into outfile 实现数据的备份与还原。

① 把需要备份的数据备份出来。

复制代码如下。

```
mysql> use hellodb;    // 打开 hellodb 库
mysql> select * from students;// 查看 students 的属性
mysql> select * from students where Age > 30 into outfile '/tmp/stud.txt' ;  // 将年龄大于 30
的同学的信息备份出来
```

> 提示：备份的目录路径必须让当前运行 MySQL 服务器的用户 Mysql 具有访问权限，备份完成之后需要把备份的文件从 tmp 目录复制走，要不就失去备份的目的了。

回到 tmp 目录下查看刚才备份的文件。

```
[root@www ~]# cd /tmp
[root@www tmp]# cat stud.txt
3Xie Yanke53M216
4Ding Dian32M44
6Shi Qing46M5\N
13Tian Boguang33M2\N
```

```
25Sun Dasheng100M\N\N
[root@www tmp]#
```

会发现是个文本文件。所以不能直接导入数据库。需要使用 LOAD DATA INFILE 恢复回到 MySQL 服务器端，删除年龄大于 30 的用户，模拟数据被破坏，代码如下。

```
mysql> delete from students where Age > 30;
mysql> load data infile '/tmp/stud.txt' into table students;
```

② 利用 mysqldump 工具对数据进行备份和还原。

mysqldump 常用来做温备，所以首先需要对想备份的数据施加读锁。

(2) 施加读锁的方式。

① 直接在备份的时候添加选项。

◎ lock-all-tables 是对要备份的数据库的所有表施加读锁。

◎ lock-table 仅对单张表施加读锁，即使是备份整个数据库，它也是在备份某张表的时候才对该表施加读锁，因此适用于备份单张表。

② 在服务器端书写命令，代码如下。

```
mysql> flush tables with read lock; 施加锁，表示把位于内存上的表统统都同步到磁盘上去，
然后施加读锁
mysql> flush tables with read lock; 释放读锁
```

但这对于 InnoDB 存储引擎来讲，虽然也能够请求到读锁，但是不代表它的所有数据都已经同步到磁盘上，因此当面对 InnoDB 的时候，要使用“mysql → show engine innodb status;” 看看 InnoDB 所有的数据都已经同步到磁盘上，才进行备份操作。

(3) 备份的策略：完全备份 + 增量备份 + 二进制日志。

演示备份的过程如下。

① 先给数据库做完全备份。

复制代码如下。

```
[root@www ~]# mysqldump -uroot --single-transaction --master-data=2 --databases hellodb
> /backup/hellodb_'date +%F'.sql
```

–single–transaction：基于此选项能实现热备份 InnoDB 表，因此，不需要同时使用 –lock–all–tables。

–master–data=2：记录备份那一时刻的二进制日志的位置，并且注释掉，1 是不注释的。

–databases hellodb：指定备份的数据库。

然后回到 MySQL 服务器端。

② 回到 MySQL 服务器端更新数据。

复制代码如下。

```
mysql> create table tb1(id int); 创建表
mysql> insert into tb1 values (1),(2),(3); 插入数据，这里只做演示，随便插入了几个数据
```

③ 先查看完全备份文件里边记录的位置。

复制代码如下。

```
[root@www backup]# cat hellodb_2013-09-08.sql | less
-- CHANGE MASTER TO MASTER_LOG_FILE='mysql-bin.000013', MASTER_LOG_POS=
15684; 记录了二进制日志的位置
```

④ 再回到服务器端。

复制代码如下。

```
mysql> show master status; 显示此时的二进制日志的位置，从备份文件里边记录的位置到我
们此时的位置，即为增量的部分
+------------------+----------+--------------+------------------+
| File             | Position | Binlog_Do_DB | Binlog_Ignore_DB |
+------------------+----------+--------------+------------------+
| mysql-bin.000004 |    15982 |              |                  |
+------------------+----------+--------------+------------------+
```

⑤ 做增量备份。

复制代码如下。

```
[root@www backup]# mysqlbinlog --start-position=15694 --stop-position=15982
/mydata/data/mysql-bin.000013 > /backup/hellodb_'date +$F_%H'.sql
```

⑥ 再回到服务器。

复制代码如下。

```
mysql> insert into tb1 values (4),(5); 再插入一些数值
mysql> drop database hellodb;  删除 hellodb 库
```

⑦ 导出这次的二进制日志。

复制代码如下。

```
[root@www backup]# mysqlbinlog --start-position=15982 /mydata/data/mysql-bin.000013 查
看删除操作时二进制日志的位置
[root@www backup]# mysqlbinlog --start-position=15982 --stop-position=16176 /mydata/
data/mysql-bin.000013 > /tmp/hellodb.sql  // 导出二进制日志
```

⑧ 先让 MySQL 离线。

回到服务器端，复制代码如下。

```
mysql> set sql_log_bin=0; 关闭二进制日志
mysql> flush logs; 滚动下日志
```

⑨ 模拟数据库损坏。

复制代码如下。

```
mysql> drop database hellodb;
```

⑩ 开始恢复数据。

复制代码如下。

```
[root@www ]# mysql < /backup/hellodb_2013-09-08.sql  // 导入完全备份文件
[root@www ]# mysql < /backup/hellodb_2013-09-08_05.sql // 导入增量备份文件
[root@www ]# mysql< hellodb.sql // 导入二进制文件
```

验证完成，显示结果为所预想的那样。

提示：(1) 在真正的生产环境中，应该导出的是整个 MySQL 服务器中的数据，而不是单个库，因此应该使用 –all–databases。

(2) 在导出二进制日志的时候，可以直接复制文件即可，但是要注意的是，备份之前滚动下日志。

(3) 利用 lvm 快照实现几乎热备份的数据备份与恢复。

---

(4) 策略：完全备份 + 二进制日志。

① 准备。

注：事务日志必须跟数据文件在同一个 LVM 上。

② 创建 lvm

Lvm 的创建这里不再详述。

③ 修改 MySQL 主配置文件存放目录内的文件的权限与属主属组，并初始化 MySQL。

复制代码如下。

```
[root@www ~]# mkdir /mydata/data              // 创建数据目录
[root@www ~]# chown mysql:mysql /mydata/data  // 改属组属主
[root@www ~]#
[root@www ~]# cd /usr/local/mysql/   // 必须站在此目录下
[root@www mysql]# scripts/mysql_install_db --user=mysql --datadir=/mydata/data  // 初始化
mysql
```

④ 修改配置文件。

复制代码如下。

```
vim /etc/my.cof
datadir=/mydata/data  添加数据目录
sync_binlog = 1  开启此功能
```

⑤ 启动服务。

复制代码如下。

```
[root@www mysql]# service mysqld start
mysql> set session sql_log_bin=0;  关闭二进制日志
mysql> source /backup/all_db_2013-09-08.sql   读取备份文件
```

⑥ 回到 MySQL 服务器。

复制代码如下。

```
mysql> FLUSH TABLES WITH READ LOCK; 请求读锁
注：不要退出，另起一个终端：
mysql> SHOW MASTER STATUS;          查看二进制文件的位置
+------------------+----------+--------------+------------------+
| File             | Position | Binlog_Do_DB | Binlog_Ignore_DB |
+------------------+----------+--------------+------------------+
| mysql-bin.000004 |      107 |              |                  |
+------------------+----------+--------------+------------------+
1 row in set (0.00 sec)
mysql> FLUSH LOGS; 建议滚动下日志。这样备份日志的时候就会很方便了
```

⑦ 导出二进制文件，创建个目录单独存放。

复制代码如下。

```
[root@www ~]# mkdir /backup/limian
[root@www ~]# mysql -e 'show master status;' > /backup/limian/binlog.txt
[root@www ~]#
```

⑧ 为数据所在的卷创建快照。

复制代码如下。

```
[root@www ~]# lvcreate -L 100M -s -p r -n mysql_snap /dev/myvg/mydata
```

回到服务器端，释放读锁，复制代码如下。

```
mysql> UNLOCK TABLES;
[root@www ~]# mount /dev/myvg/mysql_snap /mnt/data
[root@www data]# cp * /backup/limian/
[root@www data]#lvremove /dev/myvg/mylv_snap
```

⑨ 更新数据库的数据，并删除数据目录先的数据文件，模拟数据库损坏。

复制代码如下。

```
mysql>  create table limiantb (id int,name CHAR(10));
mysql> insert into limiantb values (1,'tom');
[root@www data]# mysqlbinlog --start-position=187 mysql-bin.000003 > /backup/limian/binlog.sql
[root@www backup]# cd /mydata/data/
[root@www data]#  rm -rf *
[root@www ~]# cp -a /backup/limian/* /mydata/data/
[root@www data]# chown mysql:mysql *
```

⑩ 测试。

启动服务，代码如下。

```
[root@www data]# service mysqld start
[root@www data]# mysql 登录测试
mysql> SHOW DATABASES;
mysql> SET sql_log_bin=0
mysql> source/backup/limian/binlog.sql; # 二进制恢复
mysql> SHOW TABLES;        # 查看恢复结果
mysql> SET sql_log_bin=1;  # 开启二进制日志
```

> 提示：此方式实现了接近于热备份的方式备份数据文件，而且数据文件放在 LVM 中，可以根据数据的大小灵活改变 lVM 的大小，备份的方式也很简单。

最后，需要详细说一下基于 Xtrabackup 做备份恢复。

其优势如下。

① 快速可靠地进行完全备份。

② 在备份的过程中不会影响到事务。

③ 支持数据流、网络传输、压缩，所以它可以有效地节约磁盘资源和网络带宽。

⑸ 可以自动备份校验数据的可用性。

安装 Xtrabackup，代码如下。

```
[root@www ~]# rpm -ivh percona-xtrabackup-2.1.4-656.rhel6.i686.rpm
```

其最新版的软件可从 http://www.percona.com/software/percona-xtrabackup/ 获得。注意：在备份数据库的时候，应该具有权限，但需要注意的是应该给备份数据库时的用户最小的权限，以保证安全性。

使用 Xtrabackup 的前提：应该确定采用的是单表一个表空间，否则不支持单表的备份与恢复。在配置文件里边的 mysqld 段加上如下语句。

```
innodb_file_per_table = 1
```

Xtrabackup 的备份策略为：完全备份 + 增量备份 + 二进制日志。

准备一个目录用于存放备份数据，代码如下。

```
[root@www ~]# makdir /innobackup
```

做完全备份，代码如下。

```
[root@www ~]# innobackupex --user=root --password=mypass /innobackup/
```

这一步的操作中需要注意如下几点。

① 只要在最后一行显示 innobackupex: completed OK!，就说明备份是正确的。

② 另外要注意的是，每次备份之后，会自动在数据目录下创建一个以当前时间点命名的目录，用于存放备份的数据，代码如下。

```
[root@www 2013-09-12_11-03-04]# ls
backup-my.cnf ibdata1 performance_schema xtrabackup_binary xtrabackup_checkpoints
hellodb mysql test xtrabackup_binlog_info xtrabackup_logfile
[root@www 2013-09-12_11-03-04]#
```

xtrabackup_checkpoints ：备份类型、备份状态和 LSN（日志序列号）范围信息。

xtrabackup_binlog_info ：MySQL 服务器当前正在使用的二进制日志文件及至备份这一刻为止二进制日志事件的位置。

xtrabackup_logfile ：非文本文件，xtrabackup 自己的日志文件。

xtrabackup_binlog_pos_innodb ：二进制日志文件及用于 InnoDB 或 XtraDB 表的二进制日志文件的当前位置。

backup-my.cnf ：备份时数据文件中关于 mysqld 的配置。

回到 MySQL 服务器端对数据进行更新操作，代码如下。

```
mysql> use hellodb;
mysql> delete from students where StuID>=24;
```

Xtrabackup 的增量备份，代码如下。

```
innobackupex --user=root --password=mypass --incremental /innobackup/--incremental-basedir=/innobackup/2013-09-12_11-03-04/
```

-incremental：指定备份类型。

-incremental-basedir=：指定这次增量备份是基于哪一次备份的，这里是完全备份文件，这样可以把增量备份的数据合并到完全备份中去。

用如下方法进行第二次增量，先去修改数据，代码如下。

```
mysql> insert into students (Name,Age,Gender,ClassID,TeacherID) values ('tom',33,'M',2,4);
innobackupex --user=root --password=mypass --incremental /innobackup/ --incremental-basedir=/innobackup/2013-09-12_11-37-01/
```

这里只需要把最后的目录改为第一次增量备份的数据目录即可。

最后一次对数据更改但是没做增量备份，代码如下。

```
mysql> delete from coc where id=14;
```

把二进制日志文件备份出来（因为最后一次修改没做增量备份，要依赖二进制日志做时间点恢复），代码如下。

```
[root@www data]# cp mysql-bin.000003 /tmp/
```

模拟数据库崩溃，代码如下。

```
[root@www data]# service mysqld stop
[root@www data]# rm -rf *
```

恢复前准备如下。

① 对完全备份做数据同步，代码如下。

```
[root@www ~]# innobackupex --apply-log --redo-only /innobackup/2013-09-12_11-03-04/
```

② 对第一次增量做数据同步，代码如下。

```
innobackupex --apply-log --redo-only /innobackup/2013-09-12_11-03-04/ --incremental-basedir=/innobackup/2013-09-12_11-37-01/
```

③ 对第二次增量做数据同步，代码如下。

```
innobackupex --apply-log --redo-only /innobackup/2013-09-12_11-03-04/ --incremental-basedir=/innobackup/2013-09-12_11-45-53/
```

–apply–log 的意义在于把备份时没做错的事务撤销，已经做错的但还在事务日志中的应用到数据库。

需要注意的是，对于 Xtrabackup 来讲，它是基于事务日志和数据文件备份的，备份的数据中可能会包含尚未提交的事务或已经提交但尚未同步至数据库文件中的事务，还应该对其做预处理，把已提交的事务同步到数据文件，未提交的事务要回滚。因此，其备份的数据库不能立即拿来恢复。

预处理的过程如下。

首先，对完全备份文件只把已提交的事务同步至数据文件。要注意的是，有增量的时候不能对事务做数据回滚，不然增量备份就没有效果了。

然后，把第一次的增量备份合并到完全备份文件内，以此类推，把后几次的增量都合并到前一次合并之后的文件中，这样只要拿着完全备份 + 二进制日志，就可以做时间点恢复。

数据恢复，代码如下。

```
[root@www ~]# service mysqld stop
[root@www data]# rm -rf *  模拟数据库崩溃
[root@www ~]# innobackupex --copy-back /innobackup/2013-09-12_11-03-04/
```

–copy–back 数据库恢复，后面跟上备份目录的位置。

检测，代码如下。

```
[root@www ~]# cd /mydata/data/
[root@www data]# chown mysql:mysql *
[root@www data]#service mysqld start
```

另外，需要值得一提的是，mysqldump 无法实现不完全恢复，有点像 Oracle 的没开归档模式。另一种把库所在的目录打个包，类似于 Oracle 归档的一种，开启二进制日志，可以实现不完全恢复，恢复到任意时间点。

```
vi /etc/my.cnf
log-bin=binary-log
```

重启 MySQL 数据库，然后在 /var/lib/mysql 目录下就可以看到二进制日志 binary–log.000001my.cnf 记载了 MySQL 数据的存放位置。

总结：也就是说，mysqlbinlog 是一种辅助，如果需要不完全恢复，则需要借助 mysqlbinlog。

mysqldump 备份整个数据库，代码如下。

```
mysqldump -u root -ppassword databasename >data.sql
// 输入 root 密码即可
```

例如：在命令行输入如下代码。

```
mysqldump -uroot -p123456 bugs>data.sql
```

备份某个或多个表，代码如下。

```
mysqldump -u root -p databasename table1name table2name >data.sql
// 输入 root 密码即可
```

只备份数据结构，代码如下。

```
mysqldump -u root -p databasename –no-data >data.sql（未必好用，需要验证）// 输入 root
密码即可
```

恢复代码如下。

```
mysql -u root -p -database=databasename
// 输入 root 密码即可
```

导入数据库常用 source 命令，进入 MySQL 数据库控制台，如 mysql –u root–p。

```
mysql>use 数据库
```

然后使用 source 命令，后面参数为脚本文件（如这里用到的 .sql）。

```
mysql>source d:\wcnc_db.sql
```

经过验证，此种方法可以恢复某个数据库里的所有数据和某些表。

MySQL 提供了 mysqlbinlog 命令来查看日志文件，如 mysqlbinlog xxx–bin.001 | more。在记录每条变更日志的时候，日志文件都会把当前时间给记录下来，以便进行数据库恢复。

关于日志文件的停用，可以使用 SET SQL_LOG_BIN=0 命令停止使用日志文件，然后可以通过 SET SQL_LOG_BIN=1 命令来启用。

如果遇到灾难事件，应该用最近一次制作的完整备份恢复数据库，然后使用备份之后的日志文件把数据库恢复到最接近现在的可用状态。

使用日志进行恢复时需要依次进行，即最早生成的日志文件要最先恢复。

```
mysqlbinlog xxx-bin.00001 | mysql –u root –p
mysqlbinlog xxx-bin.00002 | mysql –u root –p
```

mysqlbinlog 的输出是可重复执行的，可以直接作为 MySQL 程序的输入，若服务器崩溃后，可以利用 mysqlbinlog 的这个功能对二进制日志进行恢复，如 mysqlbinlog binlog.000001 | mysql。此外，也可以将 mysqlbinlog 的输出重定向到一个文件中，删除不需要的 SQL 后再交给 MySQL 去执行。需要注意的是，在恢复过程中，不要将多个日志文件同时交给不同的 MySQL 客户端执行，因为恢复时需要保持二进制日志中的 SQL 语句的执行顺序。下边是一种可选的方式：mysqlbinlog binlog.000001 binlog.000002 | mysql，或者将多个二进制文件复制到单个文件再执行。

此外，mysqlbinlog 还提供了读取远程机器的二进制日志的功能，其用法比较简单，只需要指定 –read–from–remote–server 选项即可，当然，远程主机的连接信息也是必要的，包括 –host、–password、–port、–protocol、–socket 及 –user 等，如表 11–1 所示。

表 11–1　　mysqlbinlog 读取远程机器二进制日志功能选项

选项	功能描述
–help	打印帮助信息并退出
–character–sets–dir	指定字符集的安装目录
–database	只列出该数据库的日志项（该选项只用于本地日志）
–debug	打印调试级别的日志，典型的选项是 'd:t:o,file_name'
–disable–log–bin	关闭二进制日志（例如从日志中恢复时或者指定了 –to–last–log 选项时）。使用该选项时，mysqlbinlog 会调用 MySQL 的 SET SQL_LOG_BIN=0 语句关闭二进制日志
–force–read	当碰到不能识别的事件时，打印警告信息并忽略
–hexdump	连接到服务器时使用的 TCP/IP 端口
–host	指定日志文件所在的主机地址
–local–load	为 LOAD DATA INFILE 指定一个本地临时目录
–offset=N	指定读取的事件偏移量（忽略前 N 个事件）
–password	连接到服务器时使用的密码
–port	连接到服务器时使用的 TCP/IP 端口
–position	该选项已经废除，使用 –start–position 替换
–protocol	指定使用的连接协议 ={TCP¦SOCKET¦PIPE¦MEMORY}
–read–from–remote–server	指定从远程服务器读取日志，不指定该选项时，–host、–password、–port、–protocol、–socket，以及 –user 等选项都被忽略
–result–file	将输入结果定向到该选项指定的文件中
–short–form	只显示执行的 SQL 语句，不显示其他附加信息
–socket	本机连接时使用，指定使用的 Unix 的 Socket 文件或 Windows 的命名管道
–stop–datetime	指定开始读取的起始日志时间，如 –start–datetime="2005–12–25 11:25:56"
–start–position=N	从第一个等于该序号的事件开始读取
–stop–position=N	到第一个等于该序号的事件时结束

续表

选项	功能描述
–to–last–log	不要在请求的日志文件结束后结束，而要到最后一个日志文件的结束处为止，若 mysqlbinlog 和 MySQL 服务器在同一台机器，由于 mysqlbinlog 也会生成二进制文件，所以可能导致死循环，所以通常用于远程主机
–user	连接远程主机时使用的用户名
–version	打印程序版本并退出

下边是一个二进制文件的打印示例。

```
# at 4
#070813 14:16:36 server id 1  log_pos 4    Query   thread_id=2    exec_time=0    error_code=0
use config_center3;
SET TIMESTAMP=1186985796;
UPDATE t_client_info SET f_sync = 1, f_version=13, f WHERE f_ip_addr = '192.168.64.49';
```

上述输出包括如下要素。

◎ Position：位于文件中的位置，即第一行的“#at 4”和第二行的“log_pos 4”，说明该事件记录从文件第 4 字节开始。

◎ Timestamp：事件发生的时间戳，即第二行的“#070813 14:16:36”。

◎ Exec_time：事件执行花费的时间。

◎ Error_code：错误码。

◎ Type：事件类型。

MySQL 通过 C++ 的类来描述事件的基本类型 log event，在这里我们可以通过 MySQL 源码的 log_event.cc 来详细了解各种各样的 event 事件类型。log event 是一个描述事件的基本类型，更加细致的 log event 组成了基本的 log event，即 log event 是可派生的，并派生出了一些描述事件信息更详细的子事件类型。例如 row event 就是一个母事件类型。在 MySQL 源码中是通过一系列枚举整数值来描述各个事件的，如下所示。

```
enum Log_event_type {
  UNKNOWN_EVENT= 0,
  START_EVENT_V3= 1,
  QUERY_EVENT= 2,
  STOP_EVENT= 3,
  ROTATE_EVENT= 4,
  INTVAR_EVENT= 5,
  LOAD_EVENT= 6,
  SLAVE_EVENT= 7,
  CREATE_FILE_EVENT= 8,
```

```
APPEND_BLOCK_EVENT= 9,
EXEC_LOAD_EVENT= 10,
DELETE_FILE_EVENT= 11,
NEW_LOAD_EVENT= 12,
RAND_EVENT= 13,
USER_VAR_EVENT= 14,
FORMAT_DESCRIPTION_EVENT= 15,
XID_EVENT= 16,
BEGIN_LOAD_QUERY_EVENT= 17,
EXECUTE_LOAD_QUERY_EVENT= 18,
TABLE_MAP_EVENT = 19,
PRE_GA_WRITE_ROWS_EVENT = 20,
PRE_GA_UPDATE_ROWS_EVENT = 21,
```

11.2 权限管理

1. MySQL 权限系统的作用

MySQL 权限系统用于对用户执行的操作进行限制。用户的身份由用户用于连接的主机名和使用的用户名来决定。连接后，对于用户每一个操作，系统都会根据用户的身份判断该用户是否有执行该操作的权限，如 SELECT、INSERT、UPDATE 和 DELETE 权限。附加的功能包括匿名的用户对于 MySQL 特定的功能（例如 LOAD DATA INFILE）进行授权及管理操作的能力。

2. MySQL 权限系统工作原理

MySQL 存取控制包含 2 个阶段。

阶段 1：服务器检查是否允许连接。

阶段 2：假定允许连接，服务器需要检查用户发出的每个请求，判断是否有足够的权限。例如，如果用户从数据库表中选择行或者从数据库删除表，服务器需确定用户对表有 SELECT 权限或对数据库有 DROP 权限。

服务器在存取控制的两个阶段使用 MySQL 数据库中的 user、db 和 host 表。user 表中范围列决定是否允许或拒绝到来的连接。对于允许的连接，user 表授予的权限指出用户的全局（超级用户）权限。这些权限适用于服务器上的 all 数据库。db 表中范围列决定用户能从哪个主机存取哪个数据库。权限列决定允许哪个操作。授予的数据库级别的权限适用于数据库和它的表。

除了 user、db 和 host 授权表，如果请求涉及表，服务器还可以参考 tables_priv 和 columns_priv 表。tables_priv 和 columns_priv 表类似于 db 表，但是更精致。它们是在表和列级应用而非在数据库级，授予表级别的权限适用于表和它的所有列，授予列级别的权限只适用于专用列。另外，为了对涉及保存程序的请求进行验证，服务器将查阅 procs_priv 表。procs_priv 表适用于保存的程序，授予程序级别的权限只适用于单个程序。

3. MySQL 权限系统提供的权限

GRANT 和 REVOKE 语句所用的涉及权限的名称、在授权表中每个权限的表列名称以及每个权限有关的对象如表 11-2 所示。

表 11-2　　GRANT 和 REVOKE 语句涉及的权限、列和对象

权限	列	对象
CREATE	Create_priv	数据库、表或索引
DROP	Drop_priv	数据库或表
GRANT OPTION	Grant_priv	数据库、表或保存的程序
REFERENCES	References_priv	数据库或表
ALTER	Alter_priv	表
DELETE	Delete_priv	表
INDEX	Index_priv	表
INSERT	Insert_priv	表
SELECT	Select_priv	表
UPDATE	Update_priv	表
CREATE VIEW	Create_view_priv	视图
SHOW VIEW	Show_view_priv	视图
ALTER ROUTINE	Alter_routine_priv	保存的程序
CREATE ROUTINE	Create_routine_priv	保存的程序
EXECUTE	Execute_priv	保存的程序
FILE	File_priv	服务器主机上的文件访问
CREATE TEMPORARY TABLES	Create_tmp_table_priv	服务器管理
LOCK TABLES	Lock_tables_priv	服务器管理
CREATE USER	Create_user_priv	服务器管理
PROCESS	Process_priv	服务器管理
RELOAD	Reload_priv	服务器管理
REPLICATION CLIENT	Repl_client_priv	服务器管理
REPLICATION SLAVE	Repl_slave_priv	服务器管理

续表

权限	列	对象
SHOW DATABASES	Show_db_priv	服务器管理
SHUTDOWN	Shutdown_priv	服务器管理
SUPER	Super_priv	服务器管理

不同的 MySQL 图形化管理工具中都有权限管理模块，下面以 Navicat for MySQL 为例简单介绍如何给用户账号授权。打开“用户”界面，如图 11-1 所示。

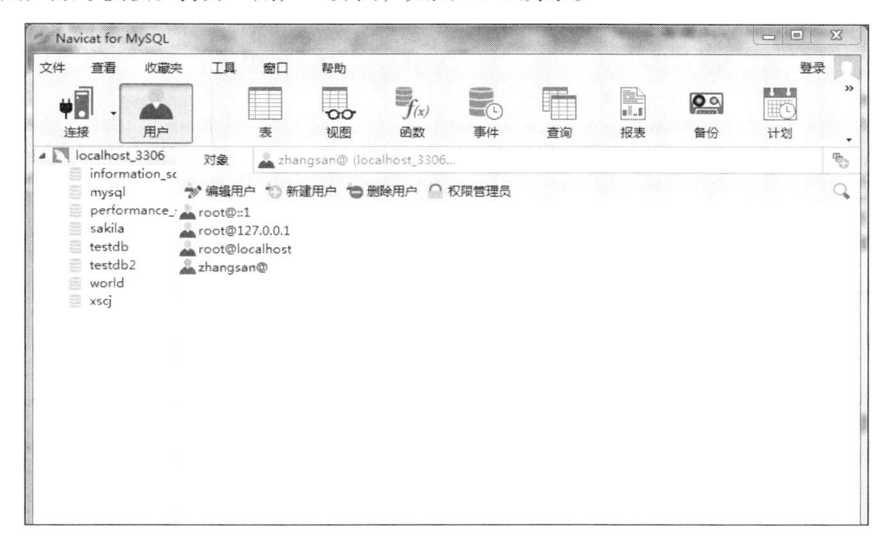

图 11-1

选择某用户，如“zhangsan”，假定后面的代码需要对数据库“xscj”插入数据，故需要授予用户“Insert”权限，然后单击“编辑用户”按钮，打开“权限”页面，如图 11-2 所示。

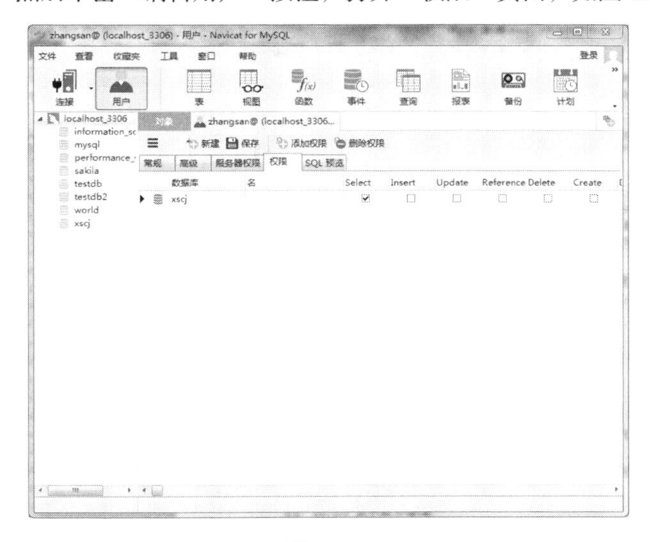

图 11-2

直接勾选“Insert”列，或者可以单击“添加权限”按钮打开添加权限窗口进行设置，完成后单击“保存”按钮，保存权限设置。

也许应用程序需要更多的权限，如“UPDATE”和“DELETE”等，可以用同样的方法授予权限。但要注意的是，权限越多，安全性越低，必须对每个用户都实行控制。

如果需要批量对多个用户的权限进行管理，可以单击“权限管理员”打开“权限管理员”窗口进行管理，如图 11–3 所示。

图 11–3

11.3 用户账户管理

MySQL 用户账户管理通常包括用户账户的创建和删除。下面来介绍这两个操作。

1. 创建账户

创建账户有以下 3 种方法。

(1) 使用 GRANT 创建新用户。

使用 GRANT 创建新用户，语法如下。

```
GRANT priv_type [(column_list)]  ON [object_type] {tbl_name | * | *.* | db_name.*}
TO user [IDENTIFIED BY [PASSWORD] 'password']
[WITH with_option [with_option] ...]
with_option =
GRANT OPTION
```

```
| MAX_QUERIES_PER_HOUR count
| MAX_UPDATES_PER_HOUR count
| MAX_CONNECTIONS_PER_HOUR count
| MAX_USER_CONNECTIONS count
```

此方法必须以 root 登录，并且须有 mysqlDB 的 insert 权限与 reload 权限。

(2) 直接操作授权表。

直接操作 mysql.user 表，向里面插入数据。

(3) 使用图形化管理工具，以 Navicat for MySQL 为例介绍。连接到 MySQL 之后，单击“用户”，然后选择“新建用户”，如图 11–4 所示。

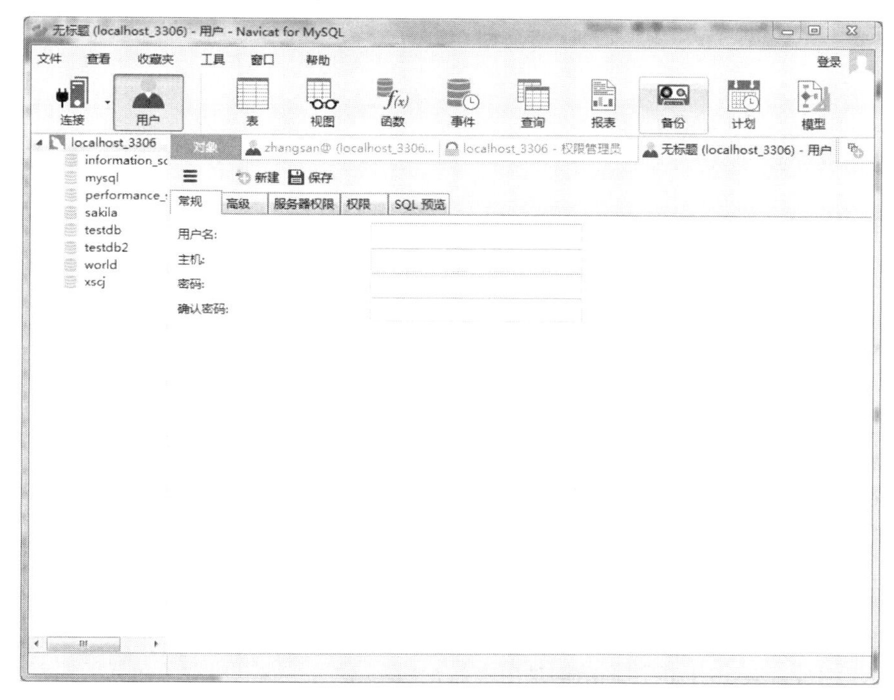

图 11–4

设置好相关属性，单击“保存”按钮即可。

2. 删除用户

删除用户可以使用 SQL 语句“drop user user_name;”，其中，user_name 是账户名称，为两项，包括 user 与 host 列。例如 'admin2'@'localhost'，如果使用“drop user admin2”，就会出现删除不掉的情况。

同样，可以在 Navicat for MySQL 中执行删除用户的操作，仍然是单击“用户”，打开用户管理界面，然后选择某用户，单击“删除用户”按钮，如图 11–5 所示。

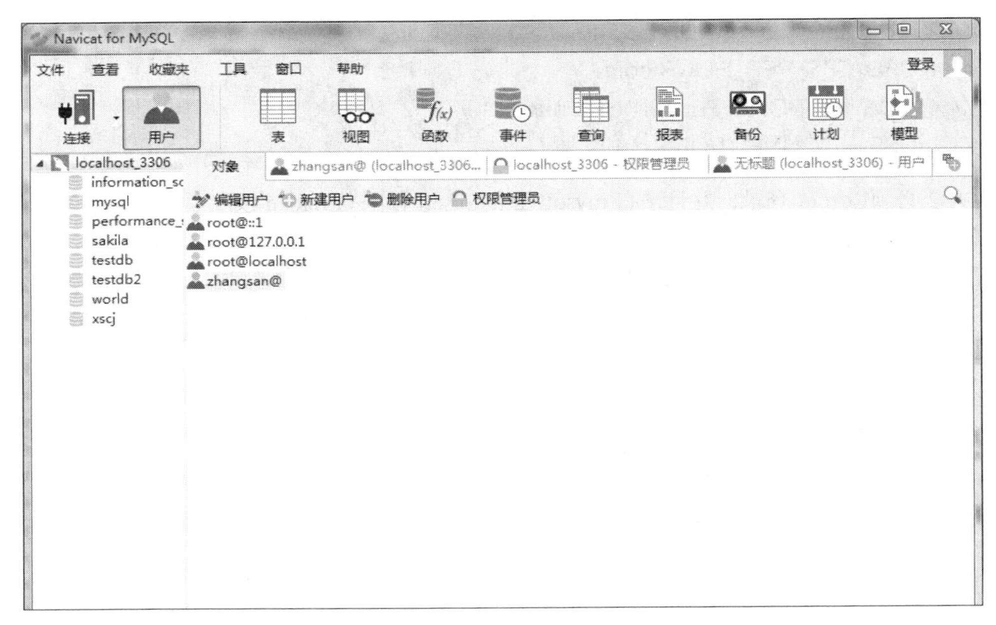

图 11-5

11.4 安全管理

随着网络的普及，基于网络的应用也越来越多，MySQL 作为网络数据库就是其中之一。通过一台或几台服务器可以为很多客户提供服务，这种方式给人们带来了很多便利，但也存在安全性问题。下面介绍 MySQL 数据库在网络安全方面的一些功能。

1. 账户安全

账户是 MySQL 最简单的安全措施。每一账户都由用户名、密码以及位置（一般由服务器名、IP 或通配符）组成。MySQL 的用户结构是用户名 / 密码 / 位置。这其中并不包括数据库名。下面的两条命令为 database1 和 database2 设置了 SELECT 用户权限。

```
GRANT SELECT ON database1.* to 'abc'@'server1' IDENTIFIED BY 'password1';
GRANT SELECT ON database2.* to 'abc'@'server1' IDENTIFIED BY 'password2';
```

第一条命令设置了用户 abc 在连接数据库 database1 时使用 password1。第二条命令设置了用户 abc 在连接数据库 database2 时使用 password2。因此，用户 abc 在连接数据库 database1 和 database2 的密码是不一样的。

上面的设置是非常有用的。如果只想让用户对一个数据库进行有限的访问，而对其他数据库不能访问，这样可以对同一个用户设置不同的密码。如果不这样做，当用户发现这个用户名可以访问其他数据库时，那将会造成麻烦。

MySQL 使用了很多授权表来跟踪用户和这些用户的不同权限。这些表就是在 MySQL 数据库中的 MyISAM 表。将这些安全信息保存在 MySQL 中是非常有意义的。因此，可以使用标准的 SQL 来设置不同的权限。

一般在 MySQL 数据库中可以使用 3 种不同类型的安全检查。

⑴ 登录验证：也就是最常用的用户名和密码验证。一旦输入了正确的用户名和密码，这个验证就可通过。

⑵ 授权：在登录成功后，就要求对这个用户设置它的具体权限，如是否可以删除数据库中的表等。

⑶ 访问控制：这个安全类型更具体。它涉及用户可以对数据表进行什么样的操作，如是否可以编辑数据库，是否可以查询数据等。访问控制由一些特权组成，这些特权涉及到如何操作 MySQL 中的数据。它们都是布尔型，即要么允许，要么不允许。

2. MySQL 中的 SSL

以上的账户安全只是以普通的 Socket 进行数据传输的，这样非常不安全。因此，MySQL 在 4.1 版以后提供了对 SSL（Secure Scokets Layer）的支持。MySQL 使用的是免费的 OpenSSL 库。

由于 MySQL 的 Linux 版本一般都是随 Linux 本身一起发布的，因此，它们默认都不使用 SSL 进行传输数据。如果要打开 SSL 功能，需要对 hava_openssl 变量进行设置： MySQL 的 Windows 版本已经加入了 OpenSSL。

3. 哈希加密

如果数据库保存了敏感的数据，如银行卡密码、客户信息等，用户可能想将这些数据以加密的形式保存在数据库中。这样即使有人进入了用户自己的数据库，并看到了这些数据，也很难获得其中的真实信息。

在应用程序的大量信息中，也许只想对很小的一部分进行加密，如用户的密码等。这些密码不应该以明文的形式保存，它们应该以加密的形式保存在数据库中。一般情况下，大多数系统中包括 MySQL 本身都是使用哈希算法对敏感数据进行加密的。

哈希加密是单向加密，也就是说，被加密的字符串是无法得到原字符串的。这种方法使用很有限，一般只使用在密码验证或其他需要验证的地方。在比较时并不是对加密字符串进行解密，而是对输入的字符串也使用同样的方法进行加密，再与数据库中的加密字符串进行比较。这样即使知道了算法并得到了加密字符串，也无法还原最初的字符串。银行卡密码就是采用这种方式进行加密的。

MySQL 提供了 4 个函数用于哈希加密：PASSWORD、ENCRYPT、SHA1 和 MD5。

11.5 综合案例——通过 phpMyAdmin 实现备份和恢复

前面介绍过数据库 MySQL 的管理工具 phpMyAdmin，数据库管理员可以通过 Web 控制和操作数据库。其功能非常全面，包括数据库管理、数据对象管理、用户管理、数据备份恢复、数据库管理、数据管理等，因此成为众多数据库管理员维护数据库的首选工具。下面详细介绍数据的备份和恢复。

phpMyAdmin 提供的数据库备份恢复是通过导入导出功能来实现的，支持导出成 CSV、Excel、SQL 等多种格式，SQL 兼容性允许导出其他数据库语法的 SQL 语句，支持的数据库包括 Oracle、DB2、SQL Server 等，为数据在异构数据库之间的迁移提供了便利。进入 phpMyAdmin 网页管理界面后单击“导出”按钮，进入数据导出页面，如图 11–6 所示。

图 11-6

导出方式分为快速和自定义两种。无论哪种方式都需要首先在左侧选择要导出的数据库，然后选择导出的数据格式，最后单击“执行”按钮完成数据导出。

导入数据的操作也非常简单，从管理主页进入导入页面后，单击“浏览”按钮，选择需要导入的文件，然后单击“执行”按钮，即可完成导入操作。导入界面如图 11-7 所示。

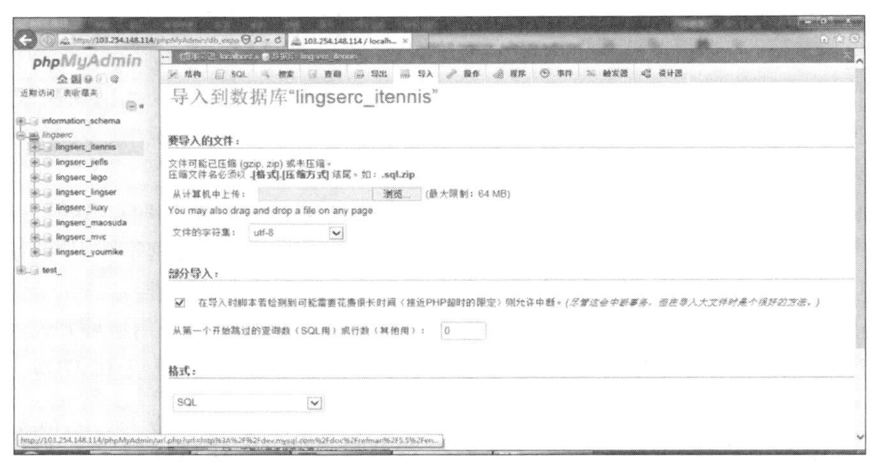

图 11-7

通过 phpMyAdmin 实现备份和恢复的方法总结如下（基于 phpMyAdmin Version 3.1.1 ，虽然 phpMyAdmin 版本不断变化，但这些基本的操作还是保持不变的）。

(1) 数据备份。

① 打开浏览器，用账号和密码登录 phpMyAdmin。

② 在 phpMyAdmin 的左边，可以看到显示的数据库，单击选择要备份的数据库。

③ 然后就可以在 phpMyAdmin 右框架的顶部看到“导出”按钮，单击它。

④ 之后可以看到一个多行的选择区域，在该区域可以选择要备份的表，如果不选择表或者选择所有的表，phpMyAdmin 会备份整个数据库。

⑤ 在左边的“导出”中选择选中“SQL”，右边如图 11-8 所示的设置。

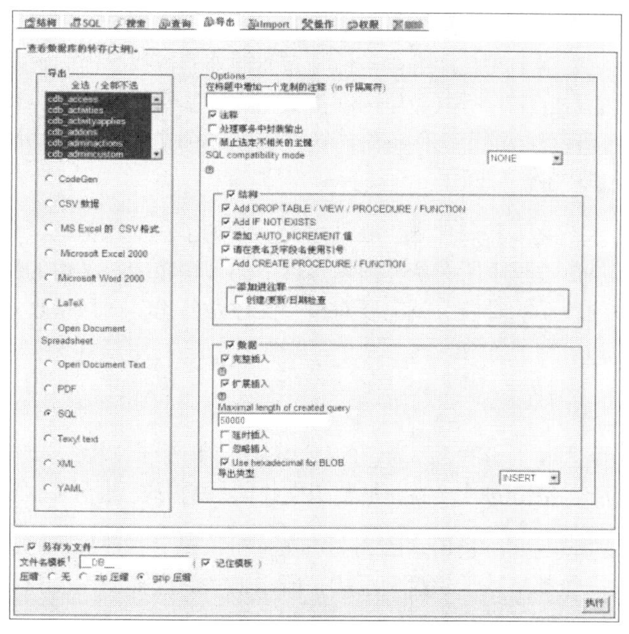

图 11-8

备份后在本地得到 .gz 格式的文件，备份到此成功。

⑵ 恢复过程。

① 打开浏览器，用账号和密码登录 phpMyAdmin，建立同名的数据库及同名的用户和密码。

② 在 phpMyAdmin 的左框架，单击刚才建立的同名数据库。

③ 在 phpMyAdmin 右框架的顶部，可以看到“import”，单击它。

④ 在文本框下面应该有一个文件选择框，单击它，找到数据库备份文件，然后单击“Go”。

⑤ 如果没有显示出错信息，那么恢复就已经完成了。

11.6 本章小结

本章主要讲解数据的备份与还原、用户管理、权限管理等。通过本章的学习，可以帮助读者掌握数据的备份与还原、数据库的权限管理、用户账户管理、安全管理等。

11.7 疑难解答

问：前面对 MySQL 的备份和恢复操作进行了讲解，逻辑备份恢复和物理备份恢复需要多实践操作才能深刻理解。但是在维护数据的时候我们究竟应当选择逻辑备份还是物理备份呢？

答：下面我们就备份的高效性、实时性和支持度来分别谈谈这两种备份模式的区别。

⑴ 高效性。

逻辑备份是基于文件级别的备份。由于每个文件都是由不同的逻辑块组成的，每一个逻辑的文

件块存储在连续的物理磁盘块上，但组成一个文件的不同逻辑块极有可能存储在分散的磁盘块上。逻辑备份在对非连续存储磁盘上的文件进行备份时需要额外的查找操作。这些额外的操作增加了磁盘的开销，降低了磁盘的吞吐率。所以，与物理备份相比，备份性能较差。逻辑备份模式下，文件即使有一个很小的改变，也需将整个文件备份。这样如果一个文件很大的情况下，就会大幅度降低备份效率，增加磁盘开销和备份时间。

物理备份位于文件系统之下和硬件磁盘驱动之上。增加了一个软驱动，它忽略了文件和结构，处理过程简洁，因此在执行过程中所花费在搜索操作上的开销较少，备份的性能很高。物理备份避免了当文件出现一个小的改动的时候，就需要对整个文件做备份，而只是会对改动部分做备份，从而有效提高了备份效率，节省了备份时间。

(2) 实时性。

逻辑备份是很难做到实时备份的，因为它的每次修改都是基于文件的，而文件的哪部分被修改，系统很难实时捕获到，所以备份的时候需要把整个文件读一遍再发到备机，实时效率不是很高。

物理备份可以做到高效的实时备份，因为在每次主机往磁盘写数据的时候，都需要同时将数据写入到备机，这种写入操作都是基于磁盘扇区的，所以很快就能被识别。只有在备机完成之后，才会返回给上层的应用系统来继续下一步工作。

(3) 支持度。

逻辑备份是以单个文件为单位对数据进行复制，所以它受文件系统限制，仅能对部分支持的文件系统做备份，不支持 RAW 分区。

物理备份是在文件系统之下对数据进行复制，所以它不受文件系统限制，可以支持各种文件系统包括 RAW 分区。

不妨再更深刻地总结一下关于备份的知识。首先需要知道，备份的本质就是将数据集另存一个副本，但是原数据会不停地发生变化，所以利用备份只能恢复到数据变化之前的数据。那变化之后的呢？所以制定一个好的备份策略很重要。

1. 备份的目的

(1) 做灾难恢复：对损坏的数据进行恢复和还原。

(2) 需求改变：因需求改变而需要把数据还原到改变以前。

(3) 测试：测试新功能是否可用。

2. 备份需要考虑的问题

(1) 可以容忍丢失多长时间的数据。

(2) 恢复数据要在多长时间内完成。

(3) 恢复的时候是否需要持续提供服务。

(4) 恢复的对象，是整个库、多个表，还是单个库、单个表。

3. 备份的类型

(1) 根据是否需要数据库离线。

冷备（cold backup）：需要关 MySQL 服务，读写请求均不允许的状态下进行。

温备（warm backup）： 服务在线，但仅支持读请求，不允许写请求。

热备（hot backup）：备份的同时，业务不受影响。

注：

① 这种类型的备份，取决于业务的需求，而不是备份工具。

② MyISAM 不支持热备，InnoDB 支持热备，但是需要专门的工具。

(2) 根据要备份的数据集合的范围。

完全备份（full backup）：备份全部字符集。

增量备份（incremental backup）：上次完全备份或增量备份以来改变了的数据，不能单独使用，要借助完全备份，备份的频率取决于数据的更新频率。

差异备份（differential backup）：上次完全备份以来改变了的数据。

建议的恢复策略：

① 完全 + 增量 + 二进制日志；

② 完全 + 差异 + 二进制日志。

(3) 根据备份数据或文件。

① 物理备份：直接备份数据文件。

优点：备份和恢复操作都比较简单，能够跨 MySQL 的版本，恢复速度快，属于文件系统级别的。

建议：不要假设备份一定可用，要测试“mysql → check tables”。

② 检测表是否可用逻辑备份：备份表中的数据和代码 。

优点：恢复简单，备份的结果为 ASCII 文件，可以编辑，与存储引擎无关，可以通过网络备份和恢复。

缺点：备份或恢复都需要 MySQL 服务器进程参与，备份结果占据更多的空间，浮点数可能会丢失，精度还原之后缩影需要重建。

4. 备份的对象

(1) 数据。

(2) 配置文件。

(3) 代码：存储过程、存储函数、触发器。

(4) os 相关的配置文件。

(5) 复制相关的配置。

(6) 二进制日志。

11.8 实战练习

(1) 制定备份计划，每天完成数据库 xscj 的备份工作。

(2) 将数据库 xscj 导出，并导入到另外一台 MySQL 服务器上，修改应用程序的数据库连接，保证程序的正常运行。